演習で学ぶ
有機化合物のスペクトル解析

横山 泰・廣田 洋・石原晋次 著

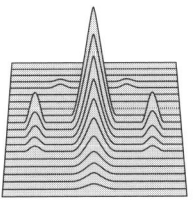

東京化学同人

序

　有機化合物の数は多く，種類も多様である．私たちが実験室で扱う有機化合物の由来もさまざまである．試薬会社から購入した化合物には，分子式とともに純度や物性が書いてあり，それを信じて実験に用いる．ある研究室では新規反応を開発し，新しい化合物を得ている．その隣の研究室では海藻から抽出した含ハロゲン抗腫瘍活性天然物の構造を決定しようとしている．その隣では，新たに単離されたペプチドの三次元構造を決定しようとしている．いずれの場合も，さまざまな分析機器を用いて情報を集め，未知化合物の構造を決定する．

　合成に用いた出発物質や試薬がわかっている場合は，それらの情報が決定的なヒントになるので，多くの場合に構造決定は困難ではない．しかし，逆にその情報に縛られて，思いもよらなかった反応などが起こっているために正しい構造になかなかたどり着けないこともある．また，天然から得られた化合物は，時として構造決定に非常な困難を伴う．それがペプチドであるか糖類であるか，あるいはテルペンであるのか，というところから考え始めなくてはならない．

　では，私たちが有機化合物の構造を決めるにあたって，どのような方策（strategy）があるだろうか．多くの研究機関では，核磁気共鳴装置，質量分析装置，赤外分光装置，紫外可視分光装置，元素分析装置，ラマン分光装置，X線回折装置などを備えているだろう．対象の化合物が結晶になるなら，原子の空間配置を直接調べるX線結晶構造解析法が非常に有用である．まさに分子の立体構造が解き明かされるわけであるから．しかし，なかにはタンパク質の結晶のように，水の存在の有無によって異なる結晶構造をとることがある．また，結晶を成長させるには時間と技術と，時には運が必要であるし，一つ一つの化合物の構造決定に多くの時間を割けないこともあるだろう．そこで，X線結晶構造解析法は迅速に測定可能な機器分析とは別の範疇に属する手法だと考える．

　元素分析は構造決定に有力であるが，原理が単純で得られる結果もわかりやすいので，解析法を専門書で学ぶまでもない．ラマン分光装置は，過去のデータの蓄積，装置の普及，測定感度などの点から，赤外分光装置と比較して有機化合物の分析にはあまり用いられない．紫外可視分光装置は古くから構造解析に用いられており，現在も電子スペクトルは重要であるが，ほとんどの場合他の手法で構造に関する情報は十分に得られるようになったために構造決定に用いられることは少ない．したがって本書では，質量分析法，核磁気共鳴法，赤外分光法を組合わせて有機化合物の構造決定を行う方法を，解説と演習を通して示すこととした．

　構造決定を行ううえで重要なのが，分析する試料の純度である．わずかな不純物のシグナルによって誤った結論を導き出してしまう可能性は常にある．機器分析の精度・感度が高くなるにつれて，分離精製の技術の重要性が高まっている．mgやμgはもちろん，最近では質量分析法などはngやpgでも分析できるので，試料や用いる補助材料（溶媒やマトリックスなど）の純度も重大な問題であることを覚えておいていただきたい．

本書では，大学・高専の高学年で有機化合物の機器分析を行うことが必要になった学生や，大学院で有機化学分野の研究に携わっている学生を対象とし，質量分析法，核磁気共鳴法，赤外分光法について，得られる情報を総合してその試料の構造を決定する訓練を積むことを目的としている．人間のなす業についてすべて当てはまることではあるが，時間をかけ，場数を踏んで初めてプロフェッショナルとしての仕事ができるようになる．構造決定も然り，多くの化合物に触れ，スペクトルを測定し，じっくり眺め，詳細に解析することが構造決定のプロになる王道である．その過程では時には間違えることもあるだろうし，さじを投げることもあるだろう．しかし，根気よく取組めば，必ず正しい答への道が開けるものである．

　皆さんにとって，本書の問題は初めて見るときは難しく感じるかもしれないが，問題を基礎編と実践編に分け，やさしいものから順を追って配列してあるので，構造決定に慣れてくればくるほど問題の中のスペクトルからいろいろな情報をくみ取れるようになるはずである．一問解けるごとに，皆さん自身が構造決定のプロフェッショナルに近づいたことが実感できるのではないかと思う．著者一同は，皆さんが各種測定装置を使いこなし，スペクトルをすらすらと読み解いて，「構造決定なら任せて下さい」といえるようになる日を待ち望んでいる．

　本書の中に取上げたすべてのスペクトルは，著者らが測定の対象化合物を決め，測定し，帰属を行い，解説を書き下ろしたものである．説明の文の中には，著者らのスペクトル解析の経験と知識が凝縮されていることがわかっていただけると自負している．しかし，予期せぬ思い違いや誤りがあるかもしれない．それらはすべて著者らの責に帰するものである．もしそのような誤りを見つけられたら，編集部までご一報いただければ幸いである．

　本書の構想を立てたころ，機器分析についていろいろな情報をいただいた元横浜国立大学機器分析評価センター准教授の中越雅道博士に御礼申し上げる．また，本書をまとめるにあたって予想外に時間をとってしまい，くじけそうになるところを常に元気づけて下さり，文章の隅々まで気を配って下さった東京化学同人の山田豊氏に心から感謝する次第です．

　　　2010 年 1 月

横　山　　　泰
廣　田　　　洋
石　原　晋　次

目　次

基　礎　編

1章　質量分析法 ... 3
- 1・1　はじめに ... 3
- 1・2　質　量 ... 4
  - 1・2・1　同位体パターン ... 4
  - 1・2・2　質量と m/z ... 5
  - 1・2・3　窒素ルール ... 5
- 1・3　イオン化法 ... 6
  - 1・3・1　電子イオン化法 ... 6
  - 1・3・2　化学イオン化法 ... 6
  - 1・3・3　高速原子衝撃イオン化法 ... 7
  - 1・3・4　マトリックス支援レーザー脱離イオン化法 ... 7
  - 1・3・5　エレクトロスプレーイオン化法 ... 7
- 1・4　EI/MSのイオン化とフラグメンテーション ... 8
  - 1・4・1　フラグメンテーションとは ... 8
  - 1・4・2　ラジカルカチオンの局在化 ... 8
  - 1・4・3　よく起こるフラグメンテーション ... 9
    - 1・4・3・1　ラジカル開裂 ... 9
    - 1・4・3・2　中性分子の脱離機構 ... 12
- 1・5　ソフトイオン化法のマススペクトル ... 15
- 練習問題 ... 15

2章　赤外分光法 ... 19
- 2・1　はじめに ... 19
- 2・2　おもな特性吸収帯 ... 21
- 2・3　赤外分光装置と試料調製法 ... 22
- 練習問題 ... 25

3章　核磁気共鳴分光法 ... 29
- 3・1　NMRの概要 ... 29
  - 3・1・1　はじめに ... 29
  - 3・1・2　NMRの用語 ... 30

3・1・3　化学シフト（ケミカルシフト）……………………32
　　　　3・1・3・1　電子の偏りと化学シフト……………………32
　　　　3・1・3・2　異方性効果……………………34
　　　　3・1・3・3　分子構造の推定……………………36
　　3・1・4　積　分……………………36
　　3・1・5　スピン結合（スピンカップリング）……………………37
　　　コラム　NMRとパルス……………………31
　　　コラム　誘起効果と共鳴効果……………………34
　　　コラム　スピン結合のまとめ……………………41
3・2　一次元NMRスペクトル……………………41
　　3・2・1　測定法……………………41
　　3・2・2　^{1}H NMR……………………42
　　3・2・3　^{13}C NMR……………………43
3・3　二次元相関NMRスペクトル……………………45
　　3・3・1　同種核のスペクトル……………………45
　　3・3・2　異種核のスペクトル……………………48
練習問題……………………50

実　践　編

4章　構造解析へのアプローチ……………………61
4・1　構造解析の心得……………………61
4・2　既知試料と未知試料……………………61
4・3　簡単な構造解析へのアプローチ……………………62
4・4　さまざまなスペクトルを複合した官能基の確認……………………63
4・5　やや複雑なNMRスペクトル解析のアプローチ……………………63
4・6　実際のスペクトルの解析例……………………64
　　4・6・1　分子式の確認と決定……………………65
　　4・6・2　官能基の確認と決定……………………68
　　4・6・3　NMRによる構造解析……………………70
　　　コラム　高分解能マススペクトロメトリー……………………66
　　　コラム　精密質量と整数質量……………………66

5章　演習問題……………………77

練習問題の解答……………………131
演習問題の解答……………………140
索　引……………………183

基礎編

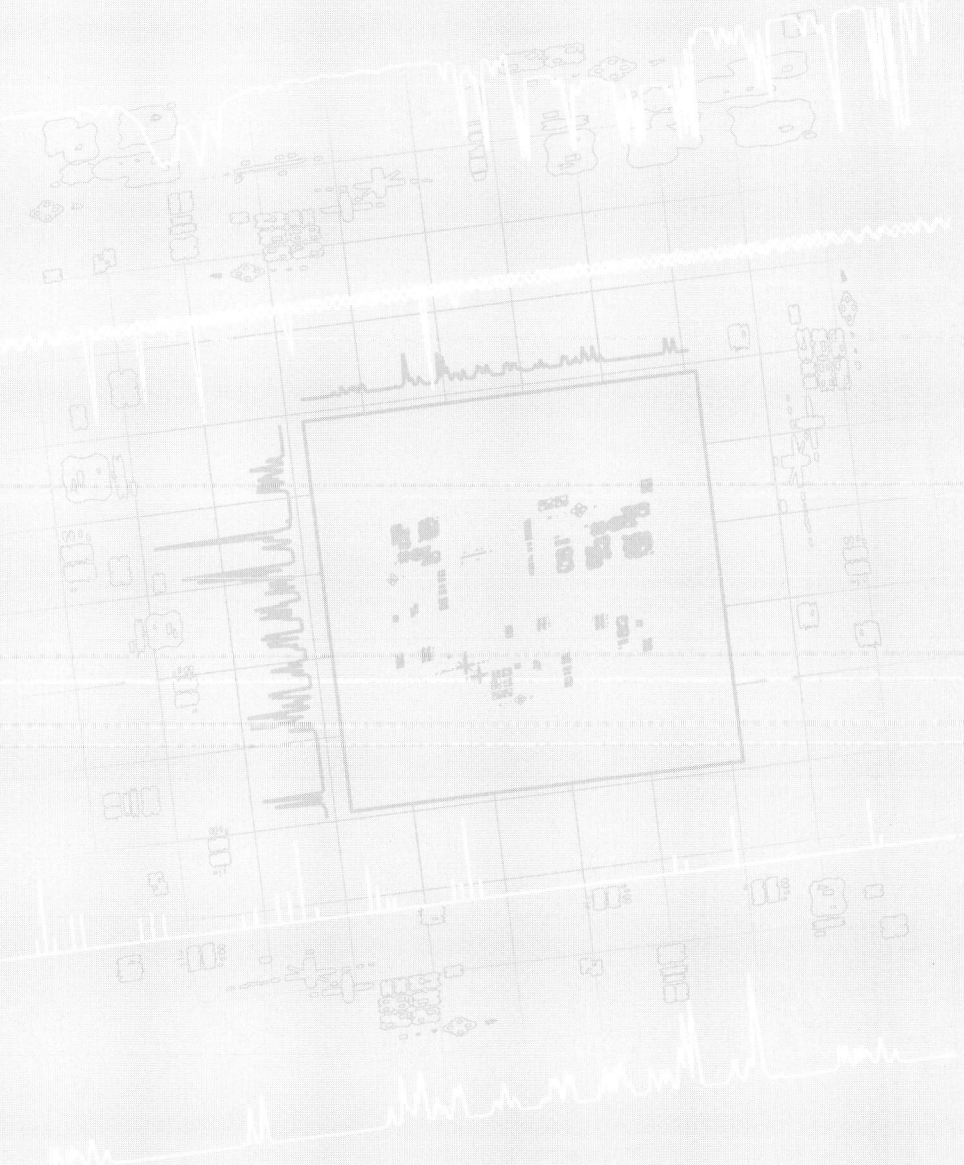

1 質量分析法

1・1 はじめに

質量分析法（Mass Spectrometry, **MS**）で得られる**マススペクトル**は，分子量，分子式，および分子の部分構造の情報を与えてくれる．MSでは，分子をイオンに変え，その電場・磁場などにおける挙動からマススペクトルを得て，イオンの質量を間接的に求める．実際のマススペクトルは図1・1のようになり，横軸が質量に対応する m/z という物理量（用語の説明は1・2節で述べる），縦軸が信号強度となる．マススペクトルの各シグナルは，それぞれわずかな線幅をもっているが，本書のマススペクトルでは，横軸と縦軸の値をピークから計算して1本の線シグナルとみなして記載している．

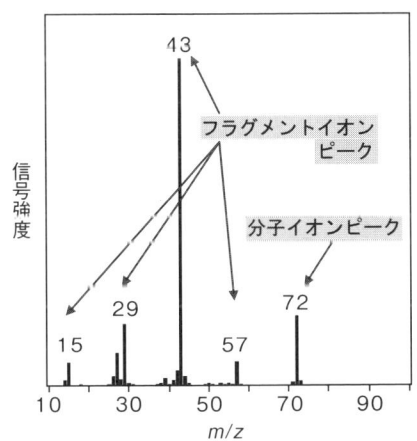
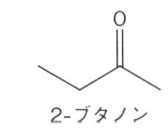

2-ブタノン

分子式： C_4H_8O
分子量： 72.1057
整数質量： 72
精密質量： 72.0575

整数質量，精密質量については4章で述べる．

図1・1 マススペクトルの実例．このマススペクトルは，1・3・1節で説明するEI法で測定したものである．以下，本書では特に断りがない限り，EI法で測定したものとする．

図中に示した**分子イオンピーク**は，分子そのものに由来するピークであり，分子の質量を確かめることができる*．このスペクトルからは分子式の決定ができないが，小数点以下の m/z が計測できれば分子式（元素組成）を調べることができる（詳しくは4章で解説する）．一方，**フラグメントイオンピーク**は，分子が断片化

分子イオンピーク
（molecular ion peak）

* 後述するソフトイオン化法では，一般にイオン付加分子となるため，付加したイオンの質量についても考えなければならない（1・3節および1・5節参照）．

フラグメントイオンピーク
（fragment ion peak）

フラグメンテーション
(fragmentation)

*1 本書では構造解析を目的としているため、フラグメンテーションが特に有用となるので、1・4節で詳しく解説する.

（フラグメンテーション）を起こして生じたピークであり、減った質量がいくつであるかを解析すれば、分子の部分構造の情報が得られる*1.

質量分析装置は試料導入部、イオン化部、分析部、検出部からなる（図1・2）.

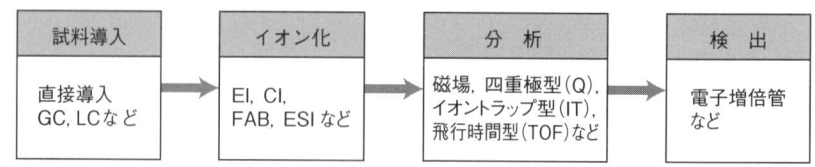

図1・2 質量分析装置の概略

　試料導入部は、試料を直接真空系に置く方法もあるが、ガスクロマトグラフ（GC）や液体クロマトグラフ（LC）を介して導入することもよく行われる。イオン化部では、試料をさまざまな方法でイオンに変化させ、その後の分析部における検出・分離を容易に行えるようにする。後述するイオン化の方法によっては、生成した分子イオンのフラグメンテーションが起こることもある。フラグメンテーションによって、質量分析法は分子量の決定だけでなく構造解析にも応用することができる。分析部では、質量に応じてイオンを分離し、分析する。磁場や電場を用いてイオンを分離したり、電場で加速されたイオンが質量に応じて飛行速度が異なることを用いて分離したりする方法などがある.

1・2 質　量
1・2・1 同位体パターン

*2 分子量は各元素の同位体の天然存在度と質量を使って計算したものである.

同位体パターン
(isotope pattern)

　マススペクトルで観測される質量は、モルの計算に用いる分子量*2 ではない。検出器は一つ一つのイオンを検出するので、元素の同位体も区別されることになる。そのため、マススペクトルを測定すると分子イオンやフラグメントイオンは、含まれる同位体の存在度に応じて特有の分布（**同位体パターン**）を示すことになる。たとえば、CF_4 のマススペクトルを測定すると、炭素では ^{12}C が98.93 %、^{13}C が1.07 %、フッ素は ^{19}F が100 %なので、m/z 88 のシグナル強度を100としたとき、同位体存在度によって m/z 89 のシグナル強度が1.08で観測される。炭素および有機化合物で特に重要な元素の同位体組成を表1・1にまとめた.

表1・1に遷移金属は掲載してないが、遷移元素はほとんどの元素で特徴的な同位体パターンを示すので、必ず確認する必要がある.

表1・1　MSで重要な元素の天然同位体組成

^1H 99.9985 %	^2H 0.0115%	100 :	0.01
^{12}C 98.93 %	^{13}C 1.07 %	100 :	1.08
^{14}N 99.636 %	^{15}N 0.364 %	100 :	0.37
^{35}Cl 75.76 %	^{37}Cl 24.24 %	100 :	32.00
^{79}Br 50.69 %	^{81}Br 49.31 %	100 :	92.28
^6Li 7.59 %	^7Li 92.41 %	8.21 :	100
^{10}B 19.9 %	^{11}B 80.1 %	24.8 :	100

© 2009 日本化学会　原子量小委員会

そのほか、1種類の同位体で天然存在度がほぼ100 %である元素は、^{19}F, ^{23}Na, ^{31}P, ^{127}I などがある.

^{13}C が含まれる同位体ピーク[*1] は，炭素数が少ない場合には無視できるほど小さいが，炭素数が増えるに従って分子中に ^{13}C 同位体が含まれる確率が増えるので，同位体ピークのほうが大きくなることもある[*2]．たとえば，図 1・3 に示すように，C_{120} フラーレンでは $^{12}C_{120}$ より $^{12}C_{119}{}^{13}C_1$ のほうが大きい．

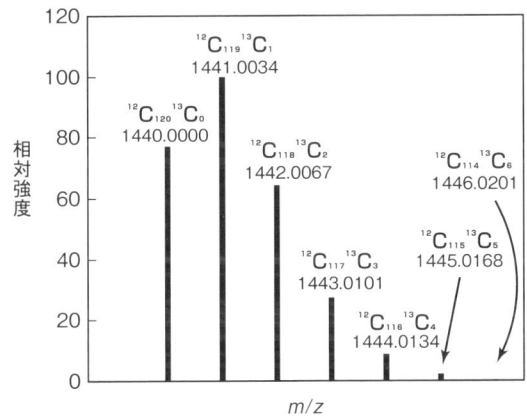

図 1・3 C_{120} フラーレンの同位体パターン．横軸の正確な計算値（精密質量）をピークの上に示した．相対強度は $^{12}C_{119}{}^{13}C_1$ を 100 としたときの値

[*1] マイナーな同位体を含む同位体イオンに対して，^{12}C だけからなるイオンのピークは，モノアイソトピックイオンという．モノアイソトピックという用語については 4 章で述べる．

[*2] 2 種類の同位体を含む元素の同位体ピーク強度の計算は，同位体元素の存在度を a, b, 原子の数を n とすると，二項式 $(a+b)^n$ によって求められる．たとえば，Cl_2 分子について考えてみよう．$(a+b)^2 = a^2 + 2ab + b^2 = 10000 + 6392 + 1021$．すなわち，同位体パターンは $^{35}Cl_2 : {}^{35}Cl^{37}Cl : {}^{37}Cl_2 = 100\% : 64\% : 10\%$ となる．

1・2・2 質量と m/z

原子や分子の質量は，SI 基本単位であるキログラムで表記できるが，統一原子質量単位 (u)[*3] を SI 単位と併用して用いることが公式に認められている．本書では，イオン化されていない中性種の質量を "u" と表記する．一方，質量分析で観測されるスペクトルの横軸は m/z [*4]という物理量であり，イオンの質量を電荷数で割った無次元の値を表している[*5]．たとえば，検出されるイオンが 1 価であればイオンの質量に等しく，2 価であればイオンの質量の 1/2 になる．すなわち，スペクトルの横軸は，電荷数によっては質量と等しくないので注意していただきたい．また，スペクトルの縦軸は電流として検出されたイオンの量を積算した信号強度である．

1・2・3 窒素ルール

一般的な有機物質に含まれる元素（H, C, N, O, Si, P, S, F, Cl, Br, I など）では，原子価が奇数となる元素の質量は奇数（H:1, P:31, F:19, Cl:35, Br:79, I:127），偶数となる元素の質量は偶数（C:12, O:16, Si:28, S:32）である．窒素だけ例外で，原子価が奇数なのに対して質量は偶数になる（N:14）．分子の質量はこれらを加算すると得られるので，窒素が奇数個含まれる場合だけ異なるルールが成立する．分子は偶数電子をもつわけだから，その分子の質量は含まれる窒素原子の数が偶数となる場合（または窒素がない場合）に偶数となり，窒素が奇数となる場合に奇数となる（窒素ルール）．したがって，マススペクトルでは，分子イオンピークの判定に窒素ルールが役立つ．

図 1・4 は，窒素を一つ含む分子イオン（m/z 87, 奇数）が開裂する過程を示して

[*3] 統一原子質量単位 (unified atomic mass unit)：^{12}C の質量 12.00000 の 1/12 を 1 u と定めた値．ダルトン (Dalton, 記号は Da) と同義．

[*4] エムオーバーズィーと読む．m/z は数式や単位ではなく，単なる物理量である．したがって，エムオーバーズィー以外の表現は適切でない．

[*5] m/z には単位が存在せず，その本質はイオンの質量をどのように分離したかによって決まる．たとえば，TOF 型（飛行時間型）とよばれる装置であれば時間で分離し，磁場型であれば磁場の強さで分離する（1・3 節参照）．これらの値を質量が既知である標準試料を用いて校正することで，マススペクトルが得られる．

窒素ルール (nitrogen rule)

*1 EI/MS において,ホモリシスでは奇数電子が偶数電子に変わるが,ヘテロリシスでは変わらない.

*2 1・4・3・1 節参照.

*3 1・4・3・2 節参照.

*4 なお,窒素を含む分子については注意して扱う必要があるが,よく考えれば有用な情報が得られる.

いるが,開裂によって変化する電子数*1 と窒素数に注目してほしい.窒素数が変化しない場合に限っていえば,第 1 段階のホモリシス(均一開裂)*2 では,生成する m/z 72 は奇数と偶数が入れ替わっているが,第 2 段階のヘテロリシス(不均一開裂)*3 では,m/z 30 のように偶数のままである.しかし,m/z 43 のように窒素が一つ(奇数個)減ると,m/z は奇数となって,開裂による偶数・奇数の規則が入れ替わっている.ホモリシスはラジカル開裂によって起こり,ヘテロリシスはおもに転位反応や熱反応によって起こる.したがって,窒素を含まない分子のフラグメンテーションは,偶数・奇数を判定することで反応機構を推定することが可能となる*4.

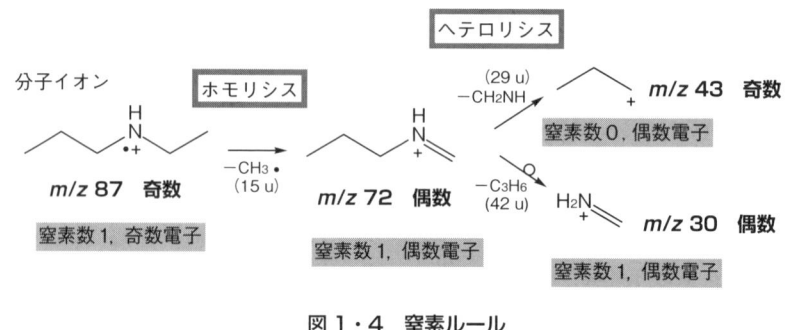

図 1・4 窒素ルール

1・3 イオン化法

質量分析を行うためには,イオン化が必要であり,さまざまな方法が開発されている.本書では,代表的なイオン化法について解説し,その後代表的な分子のフラグメンテーションについて説明する.

1・3・1 電子イオン化法

電子イオン化
(Electron Ionization, EI)

電子イオン化(EI)法は,歴史的に最も多用されてきたイオン化法である.通常,70 eV 程度のエネルギーをもつ熱電子を真空中で加熱気化させた試料に照射し,その衝撃で電子を欠損させイオン化させる($M^{+\bullet}$ が生じる).あたかも分子を電子のハンマーでたたきつぶすようなものであるので,分子が容易にフラグメンテーションを起こす.生じた陽イオンや中性ラジカル分子のうち,高電圧によって加速されるイオンのみが検出器に導入され,検出される.分子イオンピークが見えないこともよく起きるが,開裂しやすい構造やイオンになりやすい構造が経験的に知られており,開裂パターンから分子の部分構造を推測することもできる.測定範囲は質量 1000 程度までである.

1・3・2 化学イオン化法

化学イオン化
(Chemical Ionization, CI)

化学イオン化(CI)法では,メタン,アンモニアなどの反応ガスと加熱気化させた試料とに,EI 法と同様に熱電子を照射する.相対的に過剰量の反応ガスがイオン化と,ひき続くイオン分子反応を起こし,CH_5^+ や NH_4^+ といった安定なイオンを生じる.これらが試料ガスと電荷の交換を起こす.電荷交換反応は試料の性質(特に酸性度や塩基性度)によって異なり,陽イオンや陰イオンを生じる.EI 法と異なって

反応ガスによって間接的にイオン化されるので，フラグメンテーションが起きにくく[M＋H]⁺や[M＋ガス分子]⁺などのピークが強く観測される．したがって，分子量を容易に知ることができる．なお，このような分子イオンを壊しにくいイオン化法のことを，ソフトイオン化法という．

ソフトイオン化
(soft ionization)

1・3・3 高速原子衝撃イオン化法

高速原子衝撃（**FAB**）イオン化法ではアルゴンやキセノンの高速原子を，グリセリンのような低揮発性媒体（マトリックス）と混合した試料に照射し，イオン化させる．CI法と同様に試料が間接的にイオン化されるため，分子イオン由来のピークが観測されやすい．試料を気化せずにマトリックス溶液として測定できるため，高沸点の強極性から中極性の低分子試料によく用いられる．一般に，分子量数百から数千程度までの試料に用いられることが多い．

高速原子衝撃
(Fast Atom Bombardment,
FAB)

1・3・4 マトリックス支援レーザー脱離イオン化法

マトリックス支援レーザー脱離イオン化（**MALDI**）法[*1]では，試料を2,5-ジヒドロキシ安息香酸（DHB）やα-シアノ-4-ヒドロキシケイ皮酸（CHCA）のような芳香族化合物（マトリックス）と混合し，マトリックスが吸収できる窒素レーザーなどの紫外レーザーパルスを照射することによって試料を急速に加熱気化させ，イオン化させる．質量に制限はないが，現実的には分子量100万程度までの測定に対応できる．非常にソフトなイオン化であることから，分子量が1万を超える場合も，1価のイオンとして安定に検出されることが多い．パルスレーザーを用いることから応答速度が速く積算の容易な飛行時間型の分析装置（一定の電圧でイオンを加速し，速度すなわち一定距離を飛行する時間がイオンの質量に従って異なることを利用する検出装置）と組合わせて用いることが多い．また，ソフトイオン化法であることから，分子イオンを特定することが容易である．一方，フラグメンテーションが起こりにくいために構造情報を得にくいというデメリットもある[*2]．

マトリックス支援レーザー脱離イオン化
(Matrix-Assisted Laser Desorption/Ionization,
MALDI)

[*1] 田中耕一博士は，タンパク質などの巨大分子をイオン化する方法として，このMALDI法の原型となるイオン化法を開発し，2002年度のノーベル化学賞を受賞した．

[*2] そのため，意図的にイオンの開裂を促進してフラグメンテーションを起こさせ，それを検出する付属装置（MS/MS測定装置など）を標準装備とした装置も多い．

1・3・5 エレクトロスプレーイオン化法

エレクトロスプレーイオン化（**ESI**）法では，キャピラリーから送られた試料溶液は，キャピラリー先端のニードルに印加された高電圧によって帯電したエアロゾルとなる．ここからさらに溶媒が除去されるとイオンの反発によって液滴が分解し，帯電した試料イオンが生じ，これが質量分析部へと誘導される．多数の多価イオンが観測されるのが特徴であり，解析には注意が必要である．ソフトなイオン化法であり，一般の有機物質からタンパク質や不安定分子の測定など，幅広い用途で使われる．溶液で測定できる特徴から，試料の制限が少ないだけでなく，液体クロマトグラフと接続して測定することもできる[*3]．ESI法は中〜高極性分子に用いられることが多く，類似のイオン化法のAPCI法（大気圧イオン化法：大気圧下，コロナ放電でイオン化する方法）やAPPI法（大気圧光イオン化法：大気圧下，光によってイオン化する方法）は低〜中極性分子に用いられる．

エレクトロスプレーイオン化
(ElectroSpray Ionization,
ESI)

[*3] MALDIと同様にフラグメンテーションが起こりにくいので，分析部に分離装置を複数もつMS/MS測定が可能な装置もある．

上記以外にも一般に利用されているイオン化法はいくつかあり，またつぎつぎに

*1 現在，MS装置の開発競争は有機化合物を対象とする機器分析装置で最も激しいといっても過言ではなく，目覚しい進歩を遂げている．機種も多様に存在するので，測定には目的に合わせた装置の選択が重要であろう．

新しい手法が開発されている*1．

1・4 EI/MS のイオン化とフラグメンテーション
1・4・1 フラグメンテーションとは

EI法は，中性分子から電子を一つ欠損させてラジカルカチオンとするイオン化法である．EI/MSを測定すると，イオンとなった分子は質量と同じ m/z をもつ分子イオンピークとして観測される．しかしながら，EI法は一般の有機化合物のイオン化エネルギー（数eVから10eV程度）より大きい70eV程度の熱電子を試料に当てるため，イオン化された分子は過剰なエネルギーを有しており，容易に断片化を引き起こしフラグメントイオンピークが観測される．フラグメンテーションの過程は，官能基や不飽和結合によって，ある程度の位置選択性がある．したがって，フラグメンテーションは決してネガティブな現象ではなく，貴重な分子構造の情報を得ることができる*2．

*2 そのため，ソフトイオン化が主流となった現在でも，EI法は欠かせないイオン化法となっている．

本書では，構造解析を主眼においているため，フラグメンテーションについてより詳しく解説を行うこととする．

1・4・2 ラジカルカチオンの局在化

イオン化後のフラグメンテーションによる反応経路を理解するためには，電子移動の過程がきわめて重要である．最初に欠損される電子は分子中のどこの電子でもあり得るし，イオンの電荷は非局在化されているとするのが妥当である．しかし，反応の発端となるラジカルカチオンの位置は，電気陰性度や共鳴効果によって，ある程度絞り込むことができる．イオン化後の開裂反応であるフラグメンテーションを考える場合，以下の条件を満たす原子に電荷を局在化させると，解釈が容易になる．

・非共有電子対をもつヘテロ原子
・π電子をもつ原子

局在化したラジカルカチオンの例を図1・5に示した．一般的な教科書ではヘテロ原子の非共有電子対を省略することが多いが，初心者はすべて書いておくと理解しやすい．ラジカルカチオンの位置が特定できないときは，非局在化しているという意味で分子式の右上に書くこともある．

電子
・　不対電子(中性ラジカル)
・・　非共有電子対
＋　正イオン(偶数電子)
－　負イオン(偶数電子)
・＋　正のラジカルイオン
・－　負のラジカルイオン

電子移動と結合の開裂
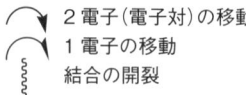
　2電子(電子対)の移動
　1電子の移動
　結合の開裂

反応
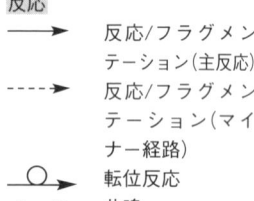
　反応/フラグメンテーション(主反応)
　反応/フラグメンテーション(マイナー経路)
　転位反応
　共鳴

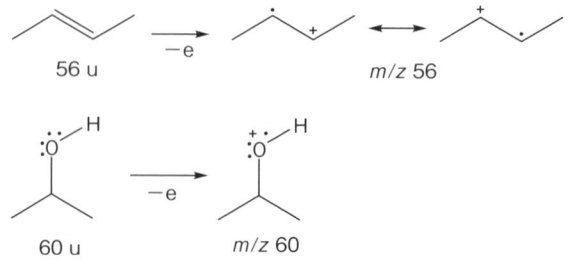

図1・5　局在化したラジカルカチオンの例

1・4・3 よく起こるフラグメンテーション
1・4・3・1 ラジカル開裂

イオン化によって生じたラジカルカチオンは，電子が一つ足りない状態になっているので，隣接する結合が**ホモリシス（均一開裂）**＊することによって，その電子と電子対を形成する（結合をつくる）ことができる．このとき，開裂した後の正電荷は，もともと存在していた断片のほうに保持される．もう一方の断片は，中性のラジカルとなりMSでは検出されない．なぜ，このような開裂をするのかについては，実際の例から電子の動きを追うと理解しやすい．以下に，主要なホモリシスについて解説する．

α-開 裂

イオン化機構で述べたように，ヘテロ原子には正電荷および不対電子が局在化しやすい．したがって，ヘテロ原子の隣のC－C結合（α結合）は，容易に開裂する．図1・6に例を示した．

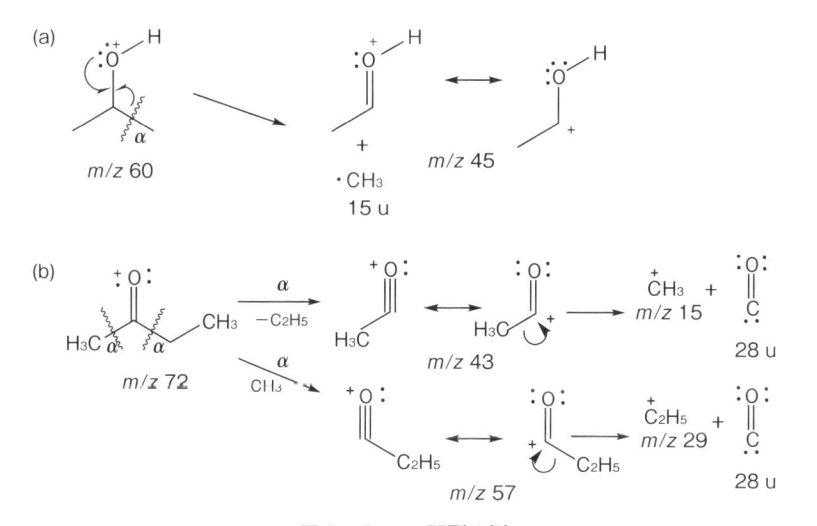

図1・6　α-開裂の例

ヘテロ原子の不対電子を基点とするこれらのフラグメンテーションは**α-開裂**とよばれ，ヘテロ原子を含む分子での主要なフラグメンテーション機構の一つとなっている．中性ラジカルが脱離するので，生成したイオンは不対電子をもたない（偶数電子をもつ）カチオンとなる．このようなホモリシスは，奇数電子をもつラジカルカチオンだから起こるものであり，たとえ同じ分子構造であっても偶数電子をもつ場合とはその後の経路も全く異なっている．窒素ルールにおいて前述したが，ラジカル開裂における偶数・奇数の反転は，開裂の種類を判別するのによい指標になる．窒素を含まない場合，偶数質量をもつイオンがラジカル開裂を起こすと，生成するイオンは奇数質量をもつ．また，奇数質量の場合は，同様に生成イオンが偶数質量となる．したがって，偶数と奇数の反転はラジカル開裂の指標になる．一方，窒素を含む場合については，脱離するラジカルが窒素を奇数個もつ場合は，窒素ルールによってこれらの規則が逆転する．

ホモリシス（homolysis）

＊　共有結合が開裂して二つのフラグメントが生成するとき，2個の電子がそれぞれ1個ずつ配分されるような結合の開裂．**ラジカル開裂**（radical cleavage）ともいう．不対電子をもったイオンでは，その不対電子と開裂によって生じた不対電子とが電子対をつくって新しい結合となる．

なお，電子移動過程を矢印で示す場合，1電子のホモリシスは片羽矢印で描き，2電子のヘテロリシスは両羽矢印で描くことにする．

* これらはラジカル開裂ではなく，2電子が移動する開裂なので，α-開裂とはいわない．

なお，C=O結合をもつ分子では，α-開裂によってアシリウムイオンRCO⁺が検出されることが多いが，その後にCO脱離を伴う特徴的なフラグメンテーションを起こす*．

また，アルデヒドではα-開裂だけでなく，水素脱離も起こすことがある．正確にはα-開裂といわないが，類似の機構で進行する（図1・7）．

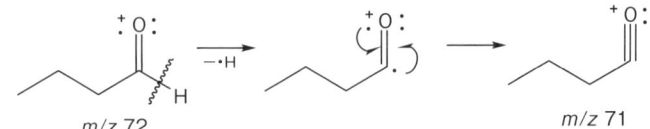

図1・7　アルデヒドの水素脱離

ラジカル開裂後の正イオンの行方

マススペクトルでは，イオンが観測され，中性種は観測されない．したがって，"フラグメンテーションの過程でどちらに正イオンが残るのか"という問題は重要な意味をもつ．一般に，開裂した結合の近くにヘテロ原子があるほうが正電荷をもちやすい．例外もあるが，まとめると以下のようになる．

- ヘテロ原子が隣接している
- フラグメントイオンが環状構造をもつ
- 正電荷が共鳴安定化されている

正電荷が残るほうのフラグメントがどちらであるかという問題については，熱力学的な考えから理論的な解釈もされている．それは，「より小さいイオン化エネルギーをもつフラグメント側に正電荷が残る」（スティーブンソン則）ということである．

以下に，例として2-ブタノンについて示した（図1・8）．

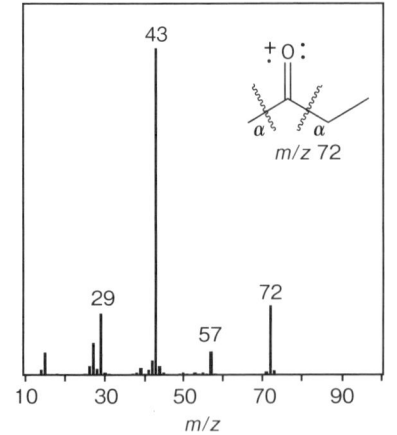

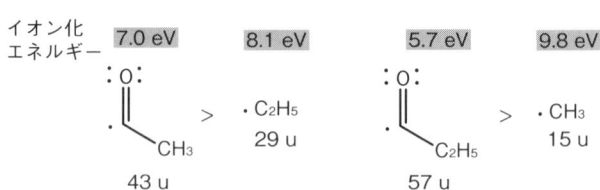

イオン化エネルギーについては，NISTにデータベース情報が公開されている．NISTについては演習問題2の脚注参照．

図1・8　2-ブタノンのマススペクトルとフラグメント

2-ブタノンは，先に示したように，二つのα-開裂があり得る．スペクトルでは，アセチルカチオン（m/z 43）が最も強度が強く，エチルカチオン（m/z 29）よりも有利に正電荷が残っていることがわかる．すなわち，アセチルラジカルのほうがエ

チルラジカルよりイオン化エネルギーが小さいことから、スティーブンソン則が成り立っている.

一方, $m/z\,57$ と $m/z\,15$ では前者のプロパノイルカチオンのほうが有利なはずであるが, 実際はほとんど強度が変わっていない. これはアセチルカチオン生成の1段目の α-開裂だけでなく, 続く反応経路 ($CH_3CO^+ \rightarrow CH_3^+ + CO$) があるためメチルカチオンが生成するからであり, フラグメンテーションが複雑になるほどスティーブンソン則は適用できなくなる. また, $m/z\,43$ と $m/z\,57$ では, 圧倒的に前者が有利であり, イオン化エネルギーの大きさと一致してない. これは, メチルカチオンよりエチルカチオンのほうが安定なためにプロパノイルカチオンからエチルカチオンが生成しやすいからであり, 複数段階を経る開裂反応ではイオン化エネルギーだけで単純な比較ができないことがわかる.

このように、スティーブンソン則は必ずしもいつも成り立つわけではない. したがって, ラジカル開裂した場合にどちらに電荷が残りやすいかを判断するための, 一つの指針として用いるとよいだろう. 一般に, ケトンのフラグメンテーションで生成するイオンは, アシリウムイオンとカルボカチオンのうち, 前者のほうが有利になることが多い.

アリル開裂

α-開裂と同様に, アリル結合の隣の $C-C$ 結合も比較的容易に開裂する (図1・9). ただし, α-開裂よりもマイナーな経路であり, 観測されないこともある. また, イオン化された二重結合は, 電子移動によって容易に移動し, 水素移動を伴って異性化されるため, 明確なルールとならないことも多い*.

* マクラファティー転位の項を参照.

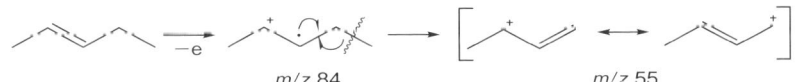

図1・9 アリル開裂の例

ベンジル開裂

芳香族炭化水素は, ベンジル位の $C-C$ 結合が開裂しやすい. また, 図1・10のようにトロピリウムイオンによって共鳴安定化するので, 強い強度で観測されることが多い. したがって, フラグメントイオン $m/z\,91$ は, しばしば芳香族炭化水素の存在の指標になり, 非常に重要である. また, トロピリウムイオンはアセチレンを脱離して $m/z\,65$ となる. 一方, フェニルイオン $m/z\,77$ とアセチレン脱離した

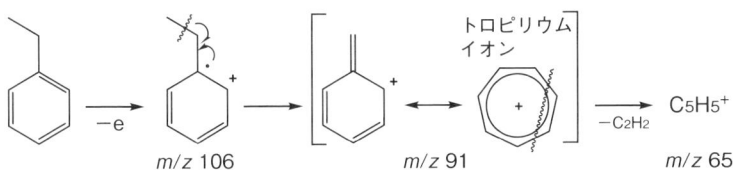

図1・10 ベンジル開裂とトロピリウムイオン

*1 詳しくは，後述のマクラファティー転位を参照されたい．

*2 炭化水素では観測されにくいメチルラジカル(15 u)の脱離は，ヘテロ原子や二重結合が関与すると起こりやすくなることがある．15 uとなる脱離基は限られるので，末端メチル基をもつアルキル基の存在を確かめることができる．

*3 詳細は窒素ルールや転位反応の頁を参照．

*4 これらの規則はあまり有用とはいえないが，データベース検索を用いた解析において，わずかな差が貴重な情報となる．

m/z 51 が観測されることもあり，競争する経路となる．しかし，芳香族炭化水素の場合は通常，m/z 91, 65 > m/z 77, 51 となる．

アルキル鎖長が3以上の芳香族炭化水素は m/z 91 とともに，水素転位した m/z 92 が観測されることがある*1．

不活性な結合の開裂

イオンに優先的に開裂すべき結合がないときは，C−C結合が単純に開裂することがあり，しばしば連続的な開裂を伴って起こる．メチルやエチルなどの短いアルキルラジカルやカチオンはできにくく*2，長いアルキル鎖ではその中間あたりで結合が開裂し始めることが多い．アルキル鎖長が長い分子や枝分かれが多い分子ほど開裂が起こりやすく，分子イオンピークがほとんど観測されないことも多い．また，ラジカル開裂だけでなく，水素転位を伴う分子イオンからのアルカンの脱離も起こることがある．そのフラグメントイオンは，m/z が偶数になる特徴がある*3．

直鎖の炭化水素では，m/z 43 または 57 を最大として m/z 14 の間隔で強度が単調に減少するフラグメントイオンが観測されるが，分子イオンの強度が弱くなると，必ずしも信頼できる構造情報を与えるわけではない．その場合は EI 法でなく，別のソフトイオン化法が有用である．一方，枝分かれした炭化水素では，m/z 14 の間隔は変わらないものの，強度分布に若干の違いが見られることがある*4．

1・4・3・2 中性分子の脱離機構

マクラファティー転位

二重結合をもつカチオンとその分子内の水素原子が6員環遷移状態をつくることが可能な場合，そのイオンは水素転位反応を有利に起こす．このような水素転位と，それに伴うβ結合開裂による一連のフラグメンテーションは，**マクラファティー転位**とよばれる．マクラファティー転位は，6員環をつくるという条件から，γ水素の存在が不可欠である．そのため，鎖長の短い構造では起こらないことから，構造解析を行ううえでアルキル鎖長のよい指標になる．一方，その他の条件についてはゆるい規則となっており，類似の転位反応も多い．

マクラファティー転位
(McLafferty rearrangement)

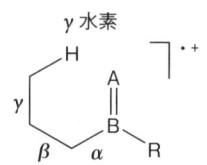

A, B：ヘテロ原子または炭素
R：任意の置換基

*5 ヘテロ原子の非共有電子対の電子は脱離しやすく，イオン化されやすい．

*6 オニウム反応を参照．

イオン化の段階で二重結合にカチオンができる構造は，以下のようなものがある．「カルボニル基，カルボキシ基，シアノ基，フェニル基など」

マクラファティー転位を特に起こしやすい官能基は，ヘテロ原子をもつカルボニル基などがあり*5，しばしば最も強いフラグメントイオンとして観測されることがある．また，上記以外にも α-開裂後に生成したカチオンがマクラファティー転位を起こすことがある*6．したがって，フラグメンテーション解析ではきわめて重要な機構の一つとなっている．

図1・11に，一般的なマクラファティー転位の例をあげて示す．注目すべき点は電荷と不対電子の動きであり，水素の転位と二つの結合のホモリシスの結果，マクラファティー転位によって脱離するのは中性分子である．したがって，ラジカル開裂とは異なり，生成したフラグメントイオンも奇数電子をもつラジカルカチオンとなっている．そのため，水素転位したフラグメントイオンは，その後のフラグメン

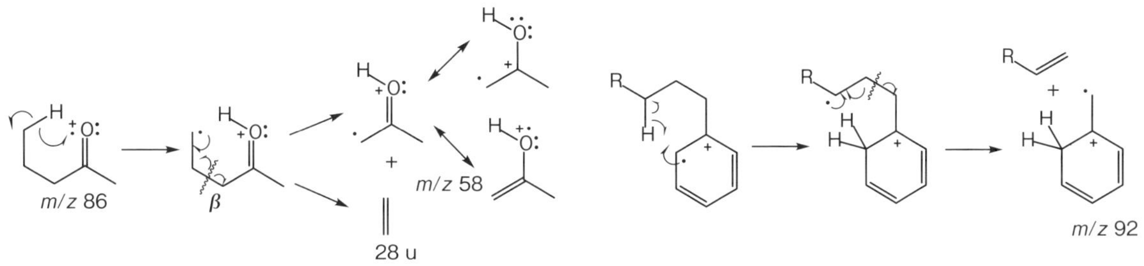

1・4 EI/MSのイオン化とフラグメンテーション　13

図1・11　マクラファティー転位の例

テーションがラジカル開裂と異なる過程を経て進み，あたかも自身が分子イオンであるかのように振舞う．窒素ルールに基づくと，<u>脱離する中性分子が窒素を含まない場合</u>，分子イオンとフラグメントイオンは電子の偶数・奇数が変わらない．したがって，数多くフラグメントイオンが観測されたとき，簡単な転位反応の判定に利用することも可能である．

その他の水素転位

水素転位はマクラファティー転位以外でも容易に起こることがある．一般に，二重結合や環状構造をもつ場合はきわめて容易に水素転位し，異性化を伴うことがある．また，ヘテロ原子をもつ場合は，その原子に水素が転位することも多い．ただし，水素転位には少なからず規則があるので，電子と違って適当な水素を転位させてよいというわけでもない．そのため，フラグメント解析を難解にする一つの要因にもなっており，注意が必要である．

逆ディールス-アルダー反応

シクロヘキセン構造をもつ分子は，フラグメンテーションによってジエンとオレフィンを生成することがある．このときの経路は逆ディールス-アルダー反応に似ており，主要なフラグメンテーションの一つになっている．経路は，図1・12のような協奏的な過程と，段階的な過程が考えられる．

逆ディールス-アルダー反応
(retro Diels-Alder reaction)

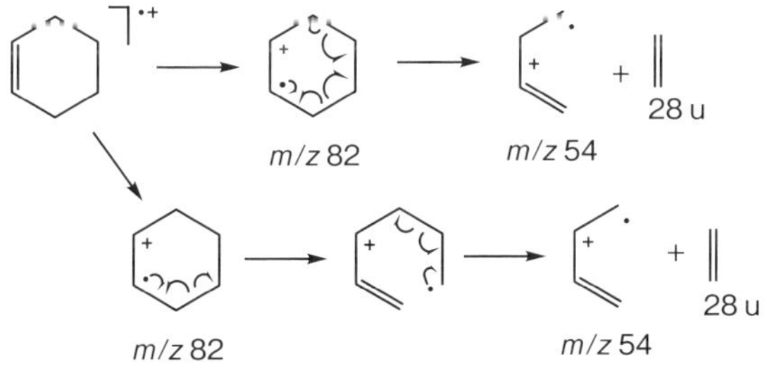

図1・12　逆ディールス-アルダー反応の経路

この反応機構は位置選択性が高く，置換基の組合わせによっても起こりやすさが異なる．したがって，他の機器分析では難解な構造異性体について，しばしば明快に構造情報を示すことがある．

天然物では，ステロイドやテルペン系化合物において特に有用である．

オニウム反応(onium reaction)

*1 ヘテロ原子の配位数が通常よりも一つ多くなっており，このようなイオンの総称を"オニウムイオン"という．

ヘテロリシス（heterolysis）

*2 共有結合が開裂して二つのフラグメントが生成するとき，2個の電子が片方に2個とも配分されるような結合の開裂．

オニウム反応

α-開裂後のフラグメントイオンは，ヘテロ原子に電荷が残りやすい．そのようなフラグメントイオンには，オキソニウム，アンモニウム，ホスホニウム，スルホニウムなど[*1]があり，これらのイオンから進む反応経路を総じて**オニウム反応**という．オニウム反応は，炭素とヘテロ原子の結合（C-X）の**ヘテロリシス（不均一開裂）**[*2]と，それに伴うアルキルカチオンからヘテロ原子へのプロトン転位である．

オニウム反応において起こるプロトン転位は，アルキル鎖のいずれの水素からも起こる可能性があることが詳細な解析によって示されており，反応経路はジエチルエーテルの例のようなコンプレックスを伴う中間体を経ていると考えられている（図1・13a）．一方，オニウム反応は，C-X結合のヘテロリシスによるアルキルカチオンの生成やマクラファティー転位（γ水素存在下）としばしば競争になる（図1・13b）．

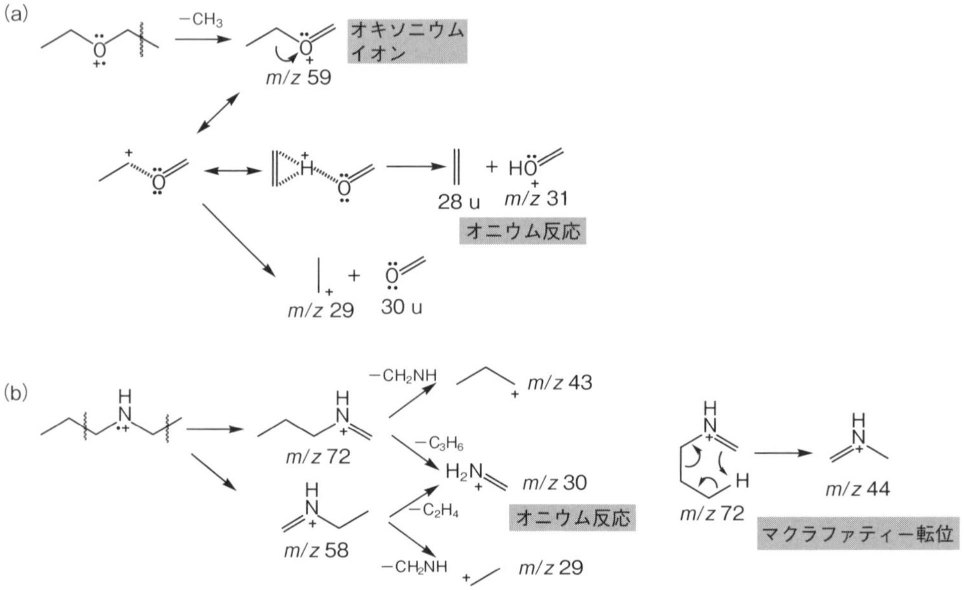

図1・13 オニウム反応

*3 マクラファティー転位で示したような6員環型の過程を伴う場合は，しばしば優勢になる．このとき，シクロブタン構造が生成すると考えられる．4員環構造は比較的不安定とされているが，フラグメンテーションにおいては環状構造が有利になる．

脱　水

ヒドロキシ基をもつ化合物は，水分子の脱離が容易に起こり，主要なフラグメンテーションの一つとなる．中性の水分子が脱離するので，転位反応と同様，生成したイオンはラジカルカチオンのままである．特にH_2Oが脱離する場合は，結合電子を二つ奪ってヘテロリシスを起こすのが常である（図1・14）．脱水の過程は水素転位を伴って起こるので，しばしば解析が難解なフラグメンテーションの一つとなる．反応例は，以下の通りである[*3]

また，脱水の過程はイオン化後のフラグメンテーションでなく，後述の熱反応による，イオン化前に起こる経路もある．特に，ヒドロキシ基をもつと沸点が高くなりやすいため，熱反応による寄与が増えることがある．

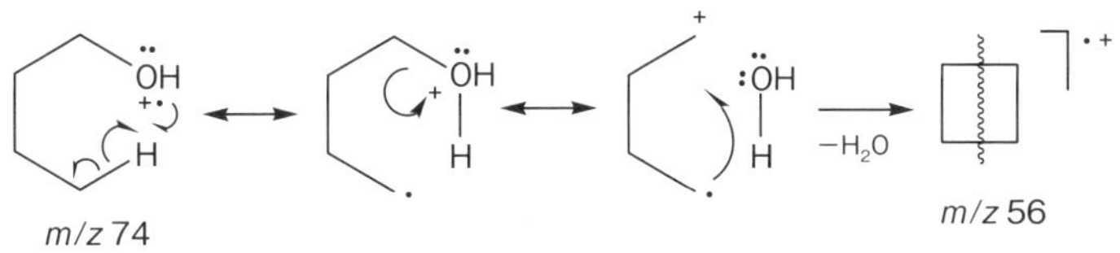

図 1・14 脱水の過程

熱反応による開裂

フラグメントイオンには，イオン化の後に起こる過程だけではなく，気化させる際の昇温過程や加熱したイオン源との衝突などによって，有機化学的な熱分解反応を起こす過程もある．これらの熱反応は，正確にはフラグメンテーションではなく，測定条件（試料の導入方法，昇温条件，チャンバー温度）によって変化するものである．したがって，データの再現性がとれない場合や，データベース検索と一致しない場合など，厄介な問題を引き起こす．しかしながら，知識として不可欠なだけでなく，有益な構造情報が得られることもあるので，理解しておく必要がある．

これらの反応は，気化しにくい極性の高い分子やイオンなどで起こりやすい．
・脱炭酸
・脱水
・逆ディールス–アルダー反応
・逆アルドール反応
・異性化反応
・脱水素，水素化反応
詳しくは他書を参考とされたい．

1・5 ソフトイオン化法のマススペクトル

EI 法（ハードイオン化法）では直接分子をイオン化しているが，ソフトイオン化法では間接的なイオン化を行う．イオン化の反応機構には，以下のような例がある．

- プロトン移動　　　$M + [X+H]^+ \longrightarrow [M+H]^+ + X$
- 求電子付加　　　　$M + X^+ \longrightarrow [M+X]^+$
- アニオン引き抜き　$M + X^+ \longrightarrow [M-A]^+ + AX$
- 電荷移動　　　　　$M + X^{+\bullet} \longrightarrow M^{+\bullet} + X$

本書で用いる CI 法（正イオン測定）では，主にプロトン移動が起こり，1 価の陽イオンとなる．したがって，分子イオンに相当する m/z は分子の質量より m/z が 1 だけ大きくなる．

ソフトイオン化法はフラグメンテーションが起こりにくい分析法である．したがって，主に分子イオンの同定に用いるが，フラグメンテーションが全く起こらないというわけでもない．

ソフトイオン化法のフラグメンテーションは，EI 法のような奇数電子（ラジカル）イオンから始まるのではなく，偶数電子イオンから始まる．それぞれのフラグメンテーションの機構は異なるので，観測されるフラグメントパターンも異なる．

練 習 問 題

1・1 以下のイオンがマススペクトルで観測されたとき，m/z はいくつに観測されるか計算せよ．なお，各元素の同位体の精密質量は以下の値を用い，計算の有効数字は小数点以下 4 桁とすること．^{12}C：12.00000，^{13}C：13.003355，^{1}H：1.007825，^{14}N：14.003074，^{16}O：15.994915，^{79}Br：78.918336

a) $[^{13}C^1H_4]^+$,　b) $[^{12}C_4^1H_4^{16}O_5]^{2-}$,　c) $([^{12}C_5^1H_9^{14}N_2]^+)_3 \cdot [^{79}Br]^-$

【ヒント】
イオンの多量体は，電荷数を総数で考える．

1・2 下図は塩素と臭素を合わせて複数個含む含ハロゲン炭化水素について，EI法で測定したマススペクトルである．以下の問いに答えよ．なお，m/z 98〜102 の一連の同位体パターンは，分子イオンピークに相当するものである．

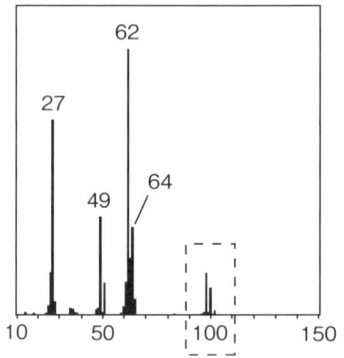

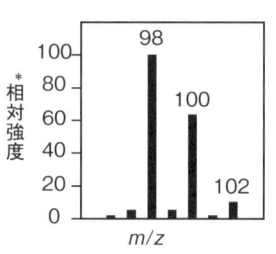

＊ m/z 98 を 100 とした相対強度

a）図①〜④は塩素と臭素が合計2〜3個含まれる1価イオンの典型的な同位体パターンである．これらの同位体パターンは，塩素および臭素がいくつ含まれるときに観測されるか．1・2・1節の表1・1の天然同位体存在度を用いて考えよ．

Mがモノアイソトピックイオンであるとき，M+1 は整数質量が 1 大きいことを示している．

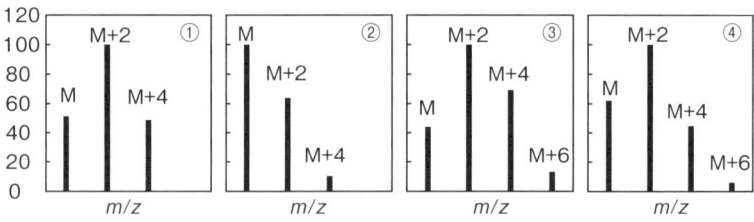

b）この有機化合物の分子式を推定せよ．

c）m/z 98 の強度を 100 としたときの，m/z 100 の理論相対強度を整数で求めよ．ハロゲン以外の天然同位体存在度は考慮しなくてよい．

1・3 下記 (a), (b) の2種類のスペクトルは EI/MS で測定したものである．どちらがブタナールのスペクトルであるか．その根拠となるフラグメントイオンを示し，生成機構を説明せよ．

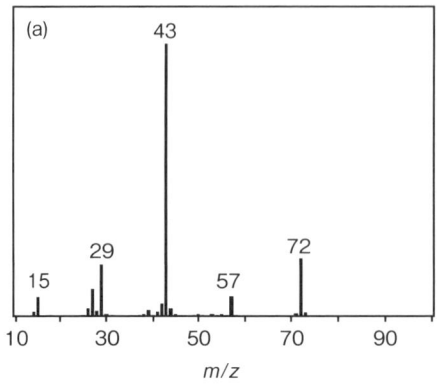

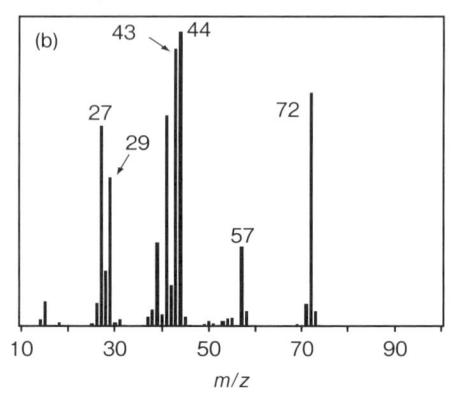

1・4 下記 1～6 は，それぞれの化合物のマススペクトル（EI/MS）である．m/z の整数値を記入しているピークのうち，分子イオンピークを除くフラグメントイオンについて，その構造と生成機構を推定せよ．

1. 酪酸（$C_4H_8O_2$）

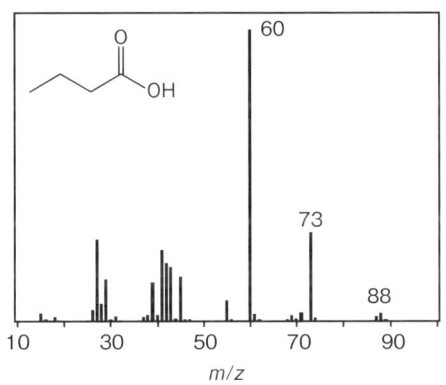

2. 酢酸エチル（$C_4H_8O_2$）

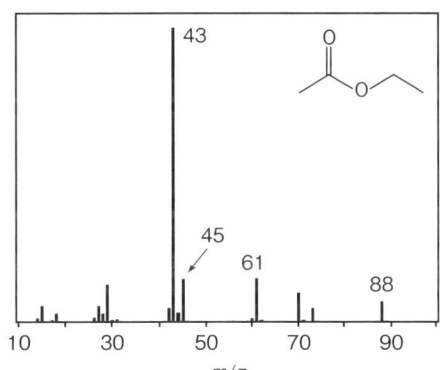

3. 1-ブタノール（$C_4H_{10}O$）

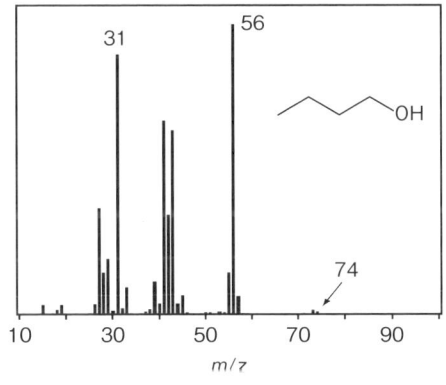

4. 1-ペンチン（C_5H_8）

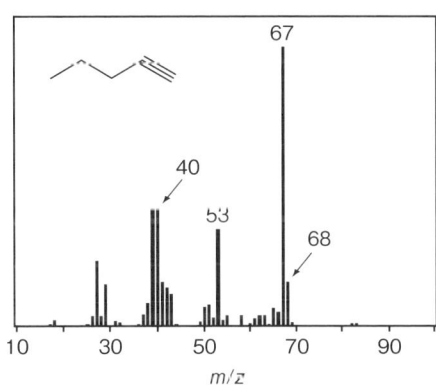

5. ジイソプロピルアミン（$C_6H_{15}N$）

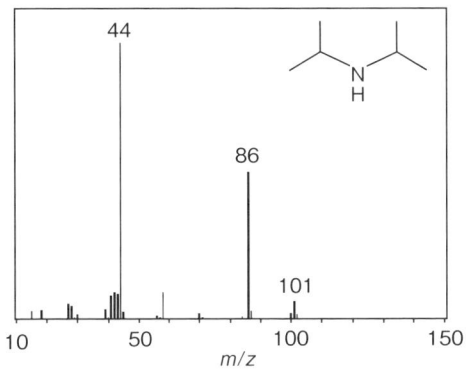

6. 1-ブロモ-5-ヘキセン（$C_6H_{11}Br$）

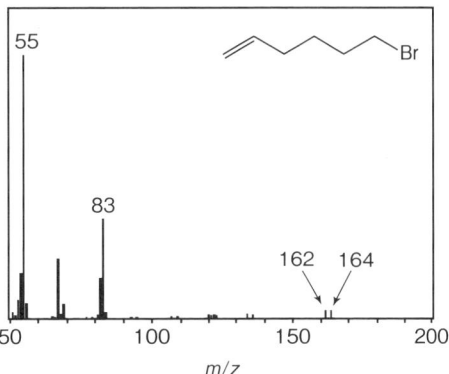

【ヒント】
分子イオンピークの m/z の差を求めてみよう.

1・5 分子式が C_8H_8O である化合物のマススペクトル（EI/MS）を測定したところ，下記のようになった．この化合物の構造を予想せよ．

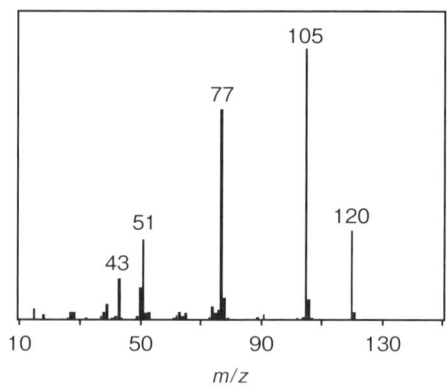

【ヒント】
この化合物には窒素が含まれている．

1・6 C_mH_nNO からなるアミド化合物のマススペクトル（EI/MS）は，以下のようになった．

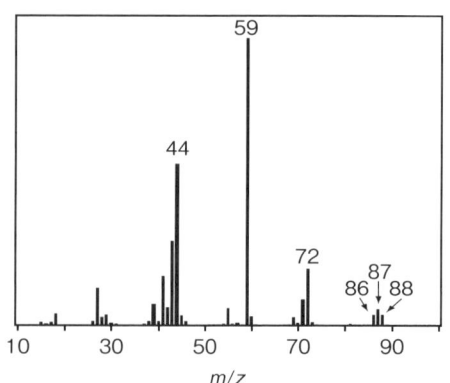

a) 分子イオンが m/z 86, 87, 88 のいずれかであった場合，どれが分子イオンピークとして最も適切であるか？

b) m/z 59 のフラグメントイオンは下記のような反応式によって生じる．四角に当てはまる構造式を電子移動経路がわかるように示し，反応式を完成させよ．また，脱離する R は何か．

c) m/z 44 および 72 について，その構造と生成機構を示せ．

2 赤外分光法

2・1 はじめに

赤外分光法（infrared spectroscopy，**IR**）によるスペクトル（IRスペクトル）からは，分子の振動についての情報が得られ，有機化合物がどのような官能基をもっているのかを知ることができる．

有機分子中の原子同士は結合電子によってつながれている．この原子間の結合は強固ではあるが，多少の伸び縮みをするので，バネとみなすことができる．2原子からなる分子（たとえば水素分子，窒素分子，塩化水素，一酸化炭素など）であれば，このバネは1本だけであり，単振動するだけである．この単振動のエネルギーおよび振動数は量子化されており，室温程度ではほとんどの分子は最低エネルギーの振動準位に存在する．この分子の振動準位のエネルギー差に相当する電磁波（赤外線）を照射すると，分子はこれを吸収して上のエネルギー準位に昇り，振動が活発になる[*1]．

ある2原子分子の振動の準位の励起に要するエネルギー ΔE は，この分子の結合をバネとみなしたときの力の定数 k と各原子の質量 m_1, m_2 に依存し，以下の式で表される．

$$\Delta E = \frac{h}{2\pi}\sqrt{\frac{k}{\mu}} \qquad (2\cdot 1)$$

ここで μ は換算質量とよばれ，$m_1 m_2/(m_1+m_2)$ で表される．また，慣例的に赤外吸収のエネルギーは 1 cm あたりの波の数 $\tilde{\nu}$（波数：cm^{-1}）で表され，これは波長の逆数になる．すなわち，

$$\Delta E = h\nu = hc\tilde{\nu} \qquad (2\cdot 2)$$

したがって，赤外線の波数は，

$$\tilde{\nu} = \frac{1}{2\pi c}\sqrt{\frac{k}{\mu}} \qquad (2\cdot 3)$$

IRスペクトルは，上記の波数に対して，どのくらいのエネルギー強度の吸収になるかということを，透過率で表す．吸収がなければ透過率100％，照射されたエネルギーがすべて吸収されたら透過率0％ということになる[*2]．

われわれが扱う分子は，通常2原子分子より複雑で，結合も一つだけではない．

[*1] われわれが温度が高いと感じるのは，振動準位の上のほうまでボルツマン分布に従って大気中の気体分子が存在している場合である．

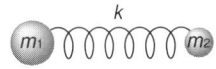

[*2] 透過率とは，入射した光の強度 I_0 に対する透過した光の強度 I の比 I/I_0 で定義される．

伸縮振動
(stretching vibration)

変角振動
(bending vibration)

＊ 変角振動は，はさみ振動（"はさみ"のような動きをする振動），ゆれ振動（隣の原子との結合距離が変わるような振動），ねじれ振動（対称軸の回転による振動）がある．

たとえば sp^3 混成の炭素原子には4本の結合があって，その先にはそれぞれ原子が結合している．これらの結合は振動するわけであるが，それぞれ独立なわけではなく，相関をもって振動している．結合が**伸縮振動**する際に，図2・1に示すように，ある原子を中心に見たときに"対称的"に伸縮する場合と"逆対称的"に伸縮する場合がある．また，振動の種類も伸縮振動だけではなく，角度が変化する**変角振動**がある＊．

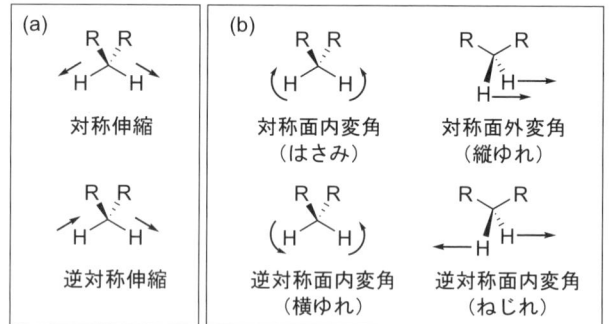

図2・1 伸縮振動（a）および変角振動（b）の例．二つの矢印の向きが逆向きでも同じ振動モードである．

幸いなことに，これらの伸縮や変角の振動は，局所的な原子構成によってその振動数が大体決まる．したがって，ある少数の原子からなるグループに共通な振動数で振動が起きる．このグループを**官能基**とよぶ．たとえば，カルボニル基，シアノ基，ベンゼン環などである．特定の官能基の振動数は，ある決まった帯域に観測されるので，構造解析，特に着目する官能基の有無の有用な手がかりになる．赤外分光法は，後述する核磁気共鳴（NMR）分光法の有用さによって構造解析における存在感が薄れてきてはいるが，いまでも重要な機器分析法の一つである．

官能基（functional group）

IRスペクトルの例を図2・2に示す．これは，o-アニシジンという化合物のスペクトルである．スペクトルのおもに 4000〜1500 cm^{-1}（これより低波数にもある）には分子内の官能基の特徴的な吸収（**特性吸収帯**）が現れており，このスペクトルだけ

特性吸収帯
(characteristic infrared absorption)

IRスペクトルは図2・2のように歴史的に，透過率を波数の関数として表すのだが，横軸の波数には少し説明が必要である．通常，波数範囲は高エネルギー側の 4000 cm^{-1} から低エネルギー側の 400 cm^{-1} までを測定する．この範囲のうち，4000 cm^{-1} から 2000 cm^{-1} までは比較的間延びしたスペクトルになるので，2分の1の幅に圧縮して示すのが通例である．本書でもそのように表している．

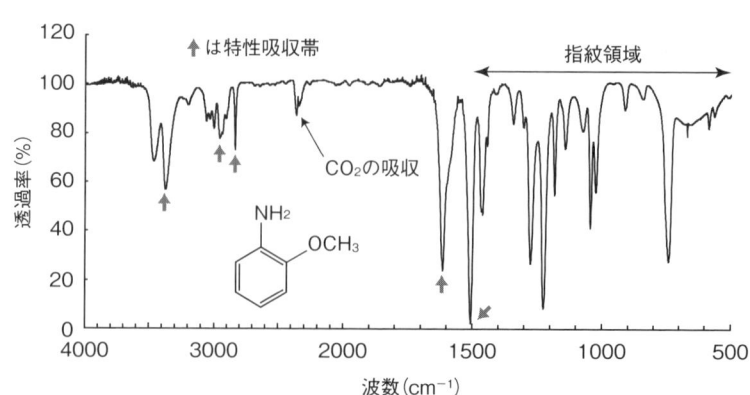

図2・2 IRスペクトルの例． 2350 cm^{-1} の吸収は，装置内や試料室の光路にある空気中の CO_2 の吸収である．また，4000〜3000, 2000〜1300 cm^{-1} には，多数のピークをもつ水蒸気の吸収が出ることもある．装置によっては，不活性ガスを導入したり排気したりすることで，水蒸気や CO_2 を軽減できるものがある．

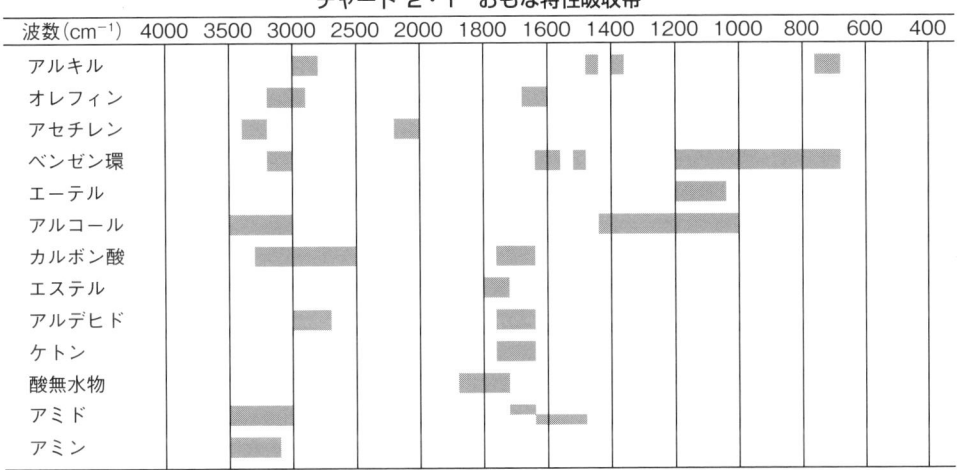

チャート 2・1 おもな特性吸収帯

から構造を決定することはきわめて困難であるが、どのような官能基があるかということの重要な手掛かりが得られる。また、スペクトルの右方（1500 cm⁻¹ 以下）の低波数の領域は、さまざまな振動モードが交じり合ってピーク一つ一つを帰属するのは困難であるが、人の指紋のように分子全体を特定できる。そのため、この領域は**指紋領域**とよばれ、NMR などの分析機器が発展する以前から分子の同定に用いられている。

指紋領域
(fingerprint region)

チャート 2・1 に、おもな官能基の特性吸収帯を示す。IR スペクトルの解析でよく用いられるのは、これらの特性吸収帯である。

2・2 おもな特性吸収帯

C−H

C−H 伸縮振動は、その炭素に結合する原子や結合次数によって吸収帯が異なる。特に炭化水素が結合する場合、飽和では 3000 cm⁻¹ 以下、不飽和および芳香族では 3000 cm⁻¹ 以上に観測される（チャート 2・1 参照）。どちらも強い強度ではないが、飽和結合または不飽和結合の有無を確認するのによく用いられる。アルキン C≡C−H では、さらに高波数の約 3300 cm⁻¹ に観測される。アルキンの吸収は、後述する O−H 吸収帯に重なることがあるが、ピークが鋭いために明確に区別できる。

本書では一般的によく用いられる特性吸収帯のみ取上げる。

アルデヒドの C−H 伸縮振動は、2800〜2700 cm⁻¹ に 2 個のやや強い吸収をもつ。炭化水素の C−H 伸縮と区別しやすく、後述する C=O 伸縮振動と併用して解析するとホルミル基 CHO の存在を確認することができる。

O−H および N−H

O−H や N−H 結合は、水素結合によって吸収帯の領域やピークの形が異なる。水素結合を全くしてない"自由"な O−H (N−H) 吸収は、気相中や希薄な溶液中でのみ 3600 cm⁻¹ 付近に観測される。それに対し、一般的な脂肪族アルコールやフェノール類は水素結合した多量体構造となり、なだらかで幅広い一つの吸収（3550〜3200 cm⁻¹）となることが多い。ただし、分子内水素結合する場合は試料の状態に

依存せず，強固な水素結合により複雑かつ幅広い吸収となる．また，カルボキシ基 COOH は固体や液体，または希薄でない溶液において二量体を形成し，強い水素結合がある．そのため，3300～2500 cm^{-1} の非常に幅広い領域に観測される．

一方，N-H 伸縮振動は O-H と同様の水素結合を形成するが，O-H よりも水素結合を形成しにくいため，比較すると鋭い吸収になることがある．全般に O-H 吸収よりも強度が弱く，低波数側に現れる．

O-H や N-H 伸縮振動は，試料によって水素結合の状態が変わることが多いので，さまざまな試料調製法を用いて測定すると異なった結果が得られることがある．

試料調製法については後述する．

C=O

C=O 伸縮振動は赤外分光で最も強い吸収帯の一つであり，他に波数が近い吸収帯がほとんどないことから，きわめて有用な吸収である．波数は，カルボン酸＞エステル＞ケトンの順に低波数に観測される傾向があり，飽和脂肪族ケトンがおよそ 1715 cm^{-1} になる．ただし，隣接する官能基によってはケトンでも 1900～1500 cm^{-1} に観測されることがある[*1]．

*1 これは電子的な効果，共役効果，結合のひずみなどを受けることによって起こる．

電子求引基が結合すると，C=O 結合の距離が短くなるから波数を増大させる傾向がある．たとえば，カルボン酸ハロゲン化物は 1800 cm^{-1} 付近に吸収がある．一方，共役構造があると電子の非局在化によって二重結合性が弱められるから波数が減少する傾向がある．たとえば，芳香族ケトンでは 20 cm^{-1} ほど低波数シフトする．環状構造では，環のひずみが大きいほど高波数に大きくシフトする傾向があり，4 員環は 6 員環より 100 cm^{-1} ほど大きくシフトすることもある．

C=C

アルケンの C=C 伸縮振動は 1670～1640 cm^{-1} に観測され，C=O ほど強くは観測されない．二重結合の存在を確認するうえで用いられることがある．また，共役構造では複数の吸収帯になることがある．芳香族 C=C 伸縮振動では 1600～1500 cm^{-1} に二つから三つの吸収帯が観測され，高波数側の C-H 伸縮振動や低波数側の C-H 変角振動と組合わせて構造解析に用いられることがある．

*2 C≡C 伸縮は対称性が高いと赤外分光では著しく弱くなるため，C≡C が末端でないアルキンは検出しにくいこともある．しかし，本書では扱わないが，ラマン分光法では対称性のよい振動は強く現れる．

C≡C および C≡N

C≡C や C≡N 伸縮振動は 2300～2100 cm^{-1} に観測され，他に重なる吸収帯がほとんどないことから三重結合の存在を示唆する重要な吸収帯である[*2]．特に C≡N 結合は NMR 法で区別や検出がしにくい官能基であるため，赤外分光法が構造解析において有力になる場合もある．末端アルキンは C-H 伸縮振動と組合わせると容易に区別することができる．

*3 これらについての詳細は成書にゆずるが，スペクトル測定のための試料調製法について少しだけ述べておこう．というのは，IR スペクトルを見るときに，どのような試料調製法によって測定したか，ということをまず知る必要があるからである．O-H や N-H の吸収が見たいとき，空気中の水の影響はないのか，注目する吸収と重なりそうな媒体の吸収はないのか，媒体との水素結合の影響はあり得るのかどうか，などである．

2・3 赤外分光装置と試料調製法

IR スペクトルを測定するためには，赤外線の光源と分光装置が必要である[*3]．図 2・3 は，最新の赤外分光装置の例である．IR スペクトルの測定原理には，赤外線を

図2・3　FT-IR 4100 赤外分光器*1.
写真提供：日本分光㈱

図2・4　セルホルダー

透過させる方法（透過法）と反射させる方法（反射法）とがある．以下にあげる手法のうち，ATR法は反射法であり，それ以外は透過法である．

　IRスペクトルを測定する場合，赤外線を透過するセルに試料や試料溶液を入れて，あるいはプレートにはさんだりのせたりして測定する．赤外線（おおむね4000 cm^{-1}（2.5 μm）から400 cm^{-1}（25 μm））を透過するセルには，NaClやKBrの結晶*2，あるいはKRS-5というTlBrおよびTlIの混晶（赤橙色をしている）が多く使われる．使用する結晶は，一般に透過波数範囲や水に対する溶解度などによって選択する．また，測定する場合，試料が固体であるか液体であるかによって，選べる測定法に差がある．

固体：ヌジョール法，KBr錠剤法（KBr法ともいう），溶液法，ATR法
液体：液膜法，ヌジョール法，溶液法，ATR法

　試料を正しく光路上にセットするために，分光器のメーカーによってさまざまなセルホルダーが用意されている．図2・4はATR法以外の測定で用いられるセルホルダーである．

液 膜 法

　試料が液体の場合，2枚の平滑なNaClなどの結晶の間に試料をしっかりはさみ，薄い膜（液膜）をつくって測定する方法．非常に簡単であり，また試料の回収も簡単である．

ヌジョール法

　ヌジョールとは，高沸点であるが室温で液状の飽和炭化水素の混合物（流動パラフィン）である．赤外部に限られた吸収をもつがほとんどの部分は透明であり，また多くの物質と反応することなく混和あるいは溶解させることができる．通常は，試料を少量のヌジョールとよく混ぜ合わせて均一に分散あるいは溶解させ，NaCl，KBr，KRS-5などの平滑な結晶の間にはさんで測定する．ヌジョールは炭化水素であるのでC-C結合とC-H結合しかないが，C-C結合に由来する伸縮振動は弱く，変角振動は低波数領域に現れるので妨害しない．図2・5はヌジョールのIRスペクトルである．4000 cm^{-1}から400 cm^{-1}の領域に現れるヌジョールの吸収は，3000 cm^{-1}から2800 cm^{-1}の間に複数のピークの集団として現れるC-H伸縮振動，1465

*1　FT-IRについては，光の干渉現象をよく理解する必要がある．FT-IRは，半透鏡を通した光の二つの経路を反射板で反射させ，合成した光を使って測定する仕組みである．反射板の一方は可動になっており，一定速度で光路長を変えながら測定を行うことができる．単色光で考えた場合，合成した光は位相の違いによって干渉し，周波数が光路差（＝反射板の移動速度に伴う時間）の変調を受ける．変調を受けた光を検出すると，時間に依存して周期的に信号強度が変化する様子が観測される．単色光でない複数の周波数成分が混じった光でも，それぞれの周波数が速度に比例した変調を受けるのは変わらないので，分析すれば元の周波数の光の強度を確かめることができる．この分析に用いるのが**フーリエ変換**（時間に依存した波形信号から周波数の情報を取出す数学処理）であり，このような仕組みの装置は**FT-IR**とよばれる．フーリエ変換は，一定の周期があるものであればさまざまな分析機器に応用でき，周波数の掃引が不要になることや，位相差の検出精度（分解能）の向上などの劇的な効果が得られる．そのため，MSやNMRにおいても利用されており，現在はIRとNMRについてほとんどすべての装置がFT型に置き換わっている．

*2　アルカリハロゲン化物は，有機化合物のIR測定に用いられる波数範囲（4000 cm^{-1}から400 cm^{-1}）のほとんどで透明であるが，NaClは600 cm^{-1}付近から徐々に暗くなり，400 cm^{-1}付近では透過光量が極端に低下する．一方，KBrは4000 cm^{-1}から400 cm^{-1}の領域ではほぼ完全に透明である．

ヌジョール
（Nujol）

*1 これらの吸収帯に試料の吸収帯が重なるときは、吸収の異なるヘキサクロロブタジエンをヌジョールの代わりに用いて測定することがある。

透過率で表すと、ベースライン（吸収のないところ）の傾きや、透過率が100%を超えるなどの異常が見られることがある。この現象は、参照スペクトルに対する試料スペクトルの透過光量が光の散乱によって変わることで起こるので、試料の性質ではなく、調製などに伴う実験的な要因（セルの傷、粉砕の粗さなど）による。

cm^{-1} および $1375\ cm^{-1}$ に現れる CH_2 および CH_3 基の変角振動、および $720\ cm^{-1}$ 付近の CH_2 基の横ゆれ変角振動の4種類である*1.

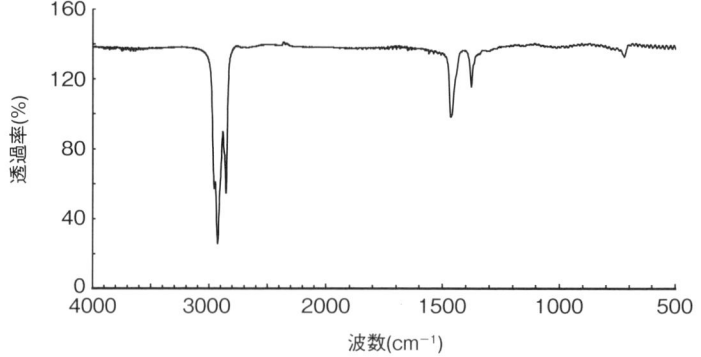

図2・5 ヌジョールのIRスペクトル

KBr錠剤法

試料を粉末のKBrと均一に混ぜ合わせ、プレスする装置で加圧すると平滑で透明なディスクができる。これを用いて透過法でIRスペクトルを測定することができる。KBrは $4000\ cm^{-1}$ から $400\ cm^{-1}$ の領域で透明であるが、難点は、吸湿性であるために試料ディスクを作製している最中に空気中の水分を吸収し、水のOH伸縮振動（$3600\ cm^{-1}$ 付近）および変角振動（$1600\ cm^{-1}$ 付近）の吸収ピークが観測されてしまうことである。特に $3600\ cm^{-1}$ 付近の吸収は有機化合物のヒドロキシ基の吸収と紛らわしく、KBr錠剤法でヒドロキシ基の有無を論じることは避けるべきである。

溶液法

IRスペクトル測定に用いられる溶媒は、赤外域の光をできるだけ吸収しないほうがよい。分子の対称性がよい CCl_4 および CS_2 がよく用いられる。光を透過する窓をくり抜いたスペーサーを、窓板となる2枚の平滑なNaCl, KBrあるいはKRS-5などの間にはさんでセルを形成し、溶液を窓板の間に注入して測定する。窓板の間にはさむテフロンや鉛のスペーサーでセルの厚さを変えることができるので、濃度を薄くした場合にセルを厚くして同程度の吸収強度を得ることができる。これは、分子内水素結合と分子間水素結合を見分けるときに有用である*2.

*2 アルコールなどの分子内水素結合は濃度を薄くしても強度が弱くならないが、分子間水素結合は濃度が薄くなると強度が弱くなり、フリーのヒドロキシ基の鋭い吸収が目立つようになる。

ATR
(Attenuated Total Reflection)

ATR法

ATR法は赤外光を全反射条件のプリズムに導き、プリズムの外側に置かれた固体あるいは液体試料への光のにじみ出しによる吸収を検出する手法である。プリズムの構成成分が赤外光を吸収しないことが求められる。用いられる材質はZnSe, Ge, ダイヤモンドなどであり、試料の平均屈折率によって材質を使い分けることがある。試料をプリズム上に置くだけであるので、非常に簡便に測定ができる。

練 習 問 題

2・1 下記の IR スペクトル (a)～(d) は,化合物 (1)～(4) のいずれかのものである.該当する化合物番号を示せ.

【ヒント】
- いずれの化合物もカルボニル基をもっている.
- ケトンのカルボニルの伸縮振動の吸収の波数と比較すると,エステルのカルボニルのそれは一般に大きい.
- アルデヒドでは特徴的な C–H 伸縮振動が観測される.
- 共役する置換基が結合していると,低波数シフトする.
- C–H 伸縮振動は,その炭素に結合する原子や炭素の混成状態によって吸収帯が異なる.芳香環や二重結合などの sp^2 混成や,末端アセチレンの sp 混成の炭素上の水素の C–H 伸縮振動は,$3000\,cm^{-1}$ より大きい波数に現れる.

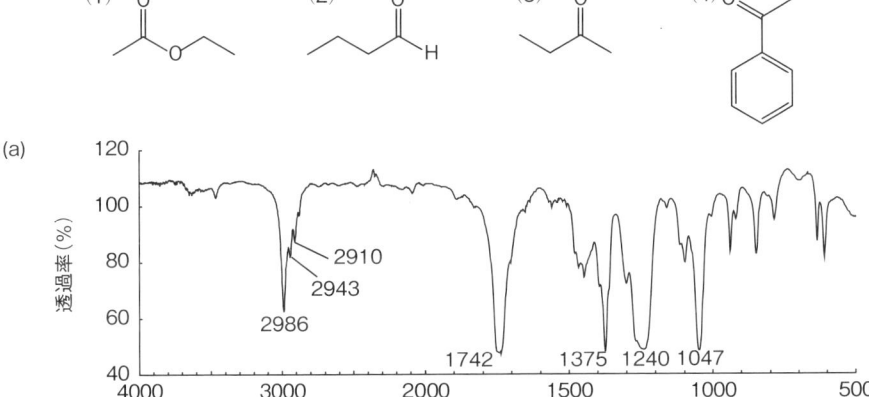

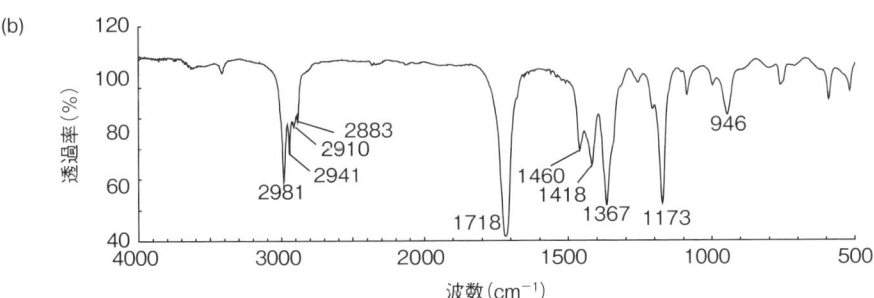

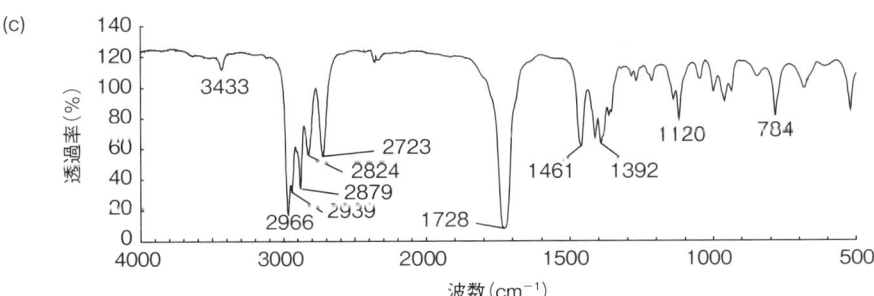

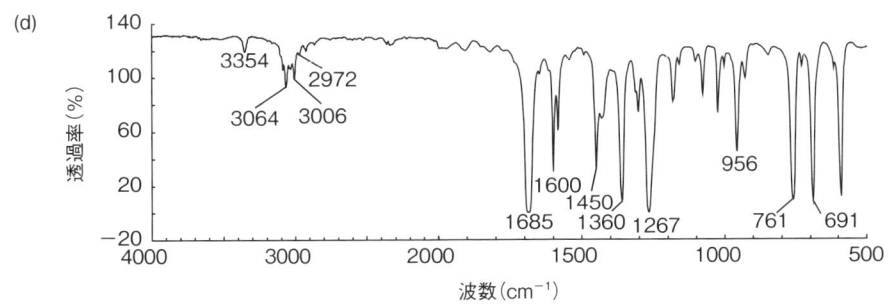

【ヒント】
・OH や NH 結合は幅広い吸収帯になる．
・カルボン酸は二量体による強い分子間水素結合をするので，吸収帯が複雑で，かつ低波数に観測されやすい．
・アミドは C=O 伸縮振動と N-H 変角振動が近いところに観測され，二つのバンドをもつ吸収帯（アミド I，アミド II 吸収帯という）となる．
・アミドの N-H 結合の伸縮振動は，第一級（NH₂）の場合は 2 本に分裂する．

2・2 下記の IR スペクトル (a)〜(c) は，化合物 (1)〜(3) のいずれかのものである．該当する化合物番号を示せ．

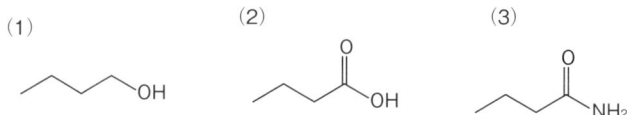

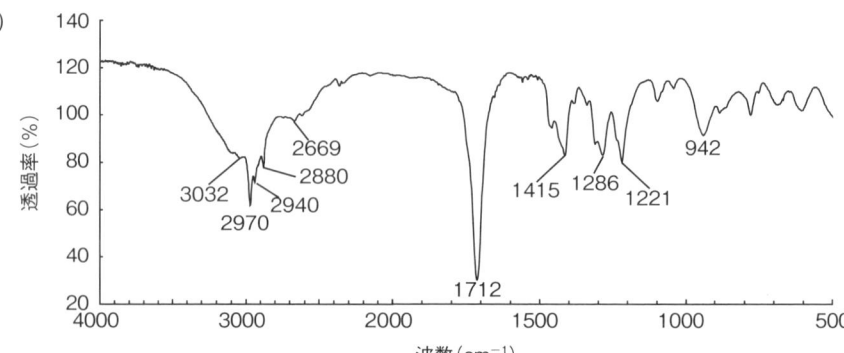

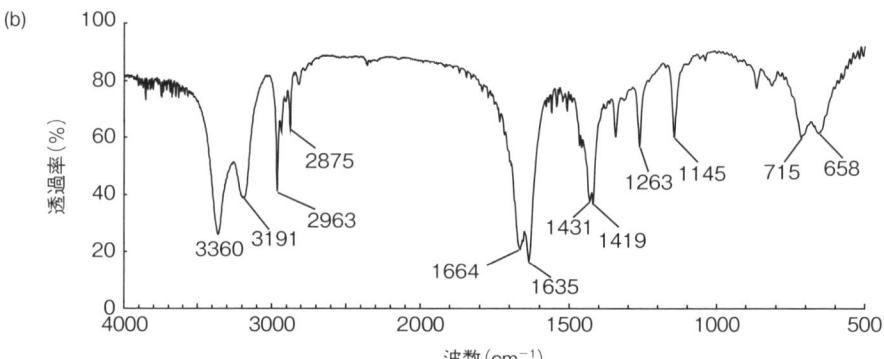

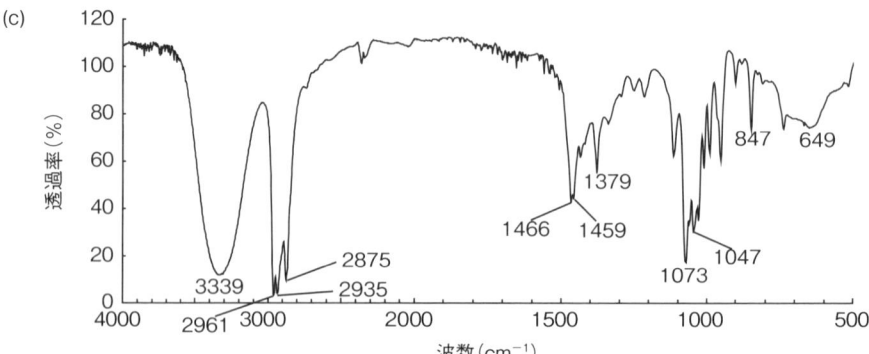

2・3 下記のIRスペクトル(a)～(d)は，化合物(1)～(4)のいずれかのものである．該当する化合物番号を示せ．

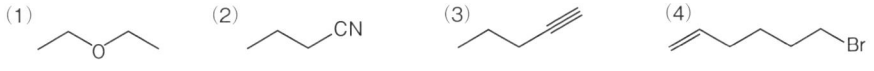

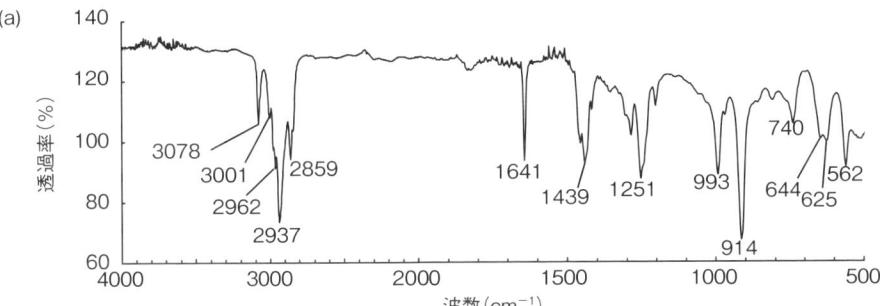

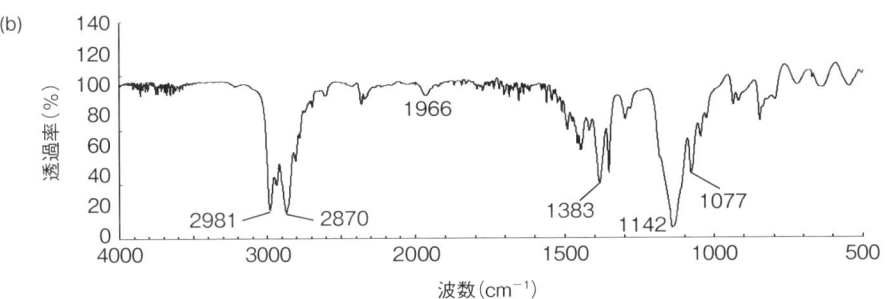

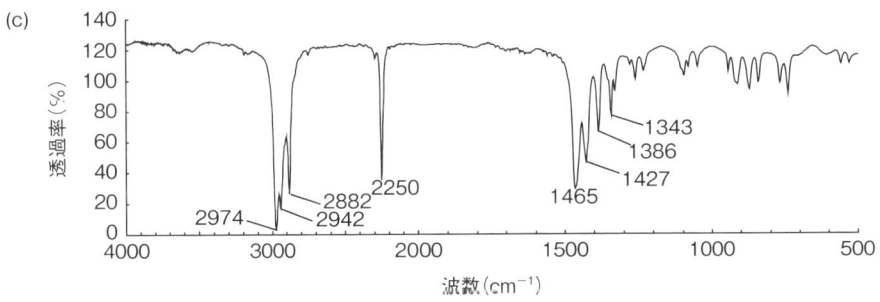

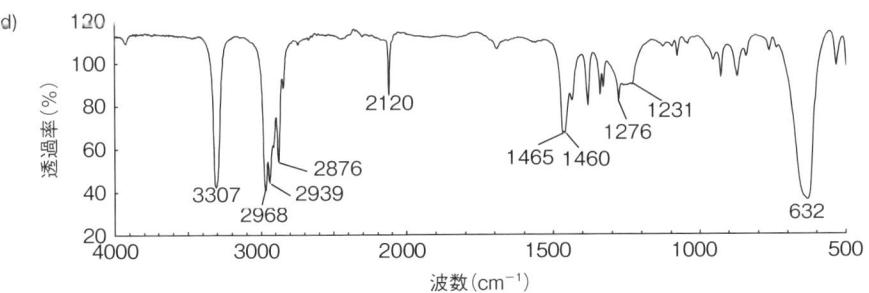

【ヒント】
・C≡CやC≡N伸縮振動は，2300～2100 cm^{-1}に観測される．
・C–H伸縮振動は，その炭素に結合する原子や炭素の混成状態によって吸収帯が異なる．芳香環や二重結合などのsp^{2}混成や，末端アセチレンのsp混成の炭素上の水素のC–H伸縮振動は，3000 cm^{-1}より大きい波数に現れる．

2・4 N-メチルアセトアミド $CH_3CONHCH_3$ を液膜法で測定すると，IRスペクトルにはどのような吸収帯が現れるか予想せよ．

【ヒント】
練習問題2・2の化合物(3)のスペクトルを参照せよ．

3 核磁気共鳴分光法

3・1 NMRの概要
3・1・1 はじめに

　核磁気共鳴（Nuclear Magnetic Resonance, NMR）**分光法**によるスペクトルは，原子核の周囲の環境についての情報を与えるスペクトルである．一つ一つの情報は分子の局所的情報であるが，集積すると分子全体の情報も得ることが可能である．NMRは溶液測定と固体測定に分類され[*1]，装置の仕様や観測される物理現象が大きく異なっている．本書では取扱わないが，タンパク質などの生体高分子の立体構造を解析することも可能である．ただし，後述するように MS や IR と比べて NMR はその原理ゆえにきわめて低感度である．

　NMR 法は，「磁気モーメントをもつ原子核（磁性核）が磁場の中に入れられ適当な周波数の電磁波を与えられると，その磁気スピンが共鳴[*2]を起こす」という原理に基づく分光法である．すなわち，磁性核は磁気スピンを有しており，その磁気スピンは磁場がないと一つのエネルギー状態にある（縮重している）が，磁場の中では複数のエネルギー状態をとり，そのエネルギー差に相当する電磁波で共鳴する[*3]．ただし，このエネルギー差が周波数として 10 MHz から 1 GHz で，他の分光法と比べて桁外れ（4桁から8桁程度）に小さい．一方，NMR で用いる電磁波の種類として，連続波ではなくパルス波を用いた手法[*4]があり，NMR の発展に多大な貢献をしている．この手法の利点として，積算が容易・迅速になり NMR 法の低感度を補うだけでなく，複数のパルスを使用することによって核から核への磁化移動を可能にすることなどがあり，二次元・多次元 NMR へと展開していった．

　最初に述べたとおり，NMR 法から得られる一つ一つの情報は分子の局所的情報であるが，情報を集積すると官能基などの分子内の部分構造に関する情報のみならず，たとえば水素と水素の距離情報も得られるので立体化学も含め分子全体の構造情報も得ることが可能である．これにより，NMR は有機化合物から生体高分子までの広範囲の化合物の同定[*5]には不可欠なものになっている．

　NMR の理論は量子力学に基づいており，その詳細はきわめて難解である．本書ではなるべく数式での表現を避け，構造解析に必要な事項・概念をわかりやすく理解することを目指した解説をする．

[*1] 一般に構造解析に用いるのは溶液測定であり，本書でも溶液のみを取扱う．

[*2] ある系に何か（NMR では電磁波）を働きかけたときに，その系が特徴的な応答（NMR では後述する磁性の変化）を返すことを"共鳴"という．

[*3] 巨視的に見ると，どのエネルギー準位に存在するかはボルツマン分布に従うが，複数の状態間での存在数の差はきわめて小さい．そのために，共鳴によりエネルギー準位間を移動する核の数がきわめて小さい．このこともNMR 法の感度が低い原因となっている．

[*4] パルスNMR（FT-NMR）については，後述のコラムに記載している．

[*5] 物質が何であるかを明らかにすることを"同定する（identify）"という．

3・1・2 NMRの用語

核スピン

　原子核は電荷をもっており，電子と同じように"回転（スピン）"によって磁気双極子モーメントと角運動量を生じる．すなわち，原子核は磁石として考えることができる．スカラー量で表すと，核磁気モーメントの大きさ μ は核スピン量子数 I (単にスピンともいう) を用いて，以下のように記述される．

$$\mu = \frac{\gamma h I}{2\pi} \quad (3\cdot 1)$$

ここで h はプランク定数，γ は磁気回転比とよばれる核固有の定数である．(3・1)式で示したように，スピン I が0でない核（磁性核）は磁気モーメントをもっている．NMR スペクトルを観測できる核は，磁気モーメントをもっていることが条件である．スピンが0でない原子核は，原子番号（すなわち核内の陽子数）が奇数であるか，あるいは質量数（すなわち核内の陽子数と中性子数の合計）が奇数のものである（表3・1）．これらの中でスピンが1/2の原子核は，電荷分布が球対称となるため電荷の偏りがない．ところが，1/2でない核は電荷が非対称性をもち，電気四極子モーメントによって支配されるため，スピン1/2核と同一には扱えない．

表 3・1 磁場強度と共鳴周波数

核種	核スピン	天然同位体存在度(%)	7.046 T での共鳴周波数 (MHz)
^{1}H	1/2	99.9885	300.000
^{2}H	1	0.0115	46.052
^{12}C	0	98.93	—
^{13}C	1/2	1.07	75.435
^{14}N	1	99.63	21.679
^{15}N	1/2	0.37	30.410
^{16}O	0	99.757	—
^{17}O	5/2	0.038	40.687
^{19}F	1/2	100	282.282
^{31}P	1/2	100	121.442

ゼーマン分裂

　^{1}H はスピン量子数が1/2であり，とりうるスピンの値（磁気量子数）は $-1/2$ と $+1/2$ の二つである．外部からの磁場がない状態では，スピンに区別はないから，エネルギー差がなく電磁波による遷移も起こらない．しかし，原子核が磁場中に置かれると，スピンの磁気モーメントとの相互作用エネルギーを生じて，スピンに応じた数 $(2I+1)$ の準位に分裂（**ゼーマン分裂**）する（図3・1）．このとき，二つのスピンの磁気モーメントは，磁場の方向に対して平行と逆平行になっている．すなわち，^{1}H では二つのエネルギー準位をとり，そのエネルギー差は与えた磁場の大きさ B_0 に比例するので，以下のようになる．

$$\Delta E = \frac{B_0 \gamma h}{2\pi} \quad (3\cdot 2)$$

　このエネルギー差に対応する遷移を起こさせるような電磁波（＝エネルギー）の周波数（**共鳴周波数**という）ν は，$\Delta E = h\nu$ の関係と(3・2)式から以下のようになる．

$$\nu = \frac{\Delta E}{h} = \frac{\gamma B_0}{2\pi} \quad (3\cdot 3)$$

すなわち，<u>NMR 共鳴周波数は原子核に固有であり，磁場強度に比例する</u>．市販のNMR 装置では大体ラジオ波の領域（数百MHz～1 GHz 程度）の周波数になる．また，(3・3)式で示したように，共鳴周波数は磁気回転比に比例する．たとえば，^{1}H 核の磁気回転比 γ は ^{13}C 核の約4倍であるから，^{1}H における共鳴周波数が 300 MHz の装置では ^{13}C における共鳴周波数が約 75 MHz となる．また，^{1}H における共鳴周波数が 300 MHz の装置は磁場強度 B_0 が 7.05 T（テスラ）であり，600 MHz の装置では磁場強度 B_0 が 14.1 T となる．表3・1に代表的な原子核の磁場強度と共鳴周波数の関係を示した．

図 3・1 ゼーマン分裂 (Zeeman splitting)

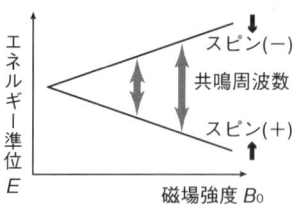

共鳴周波数 (resonance freguency)

NMRとパルス

NMRの測定法について簡単に補足しておこう。ただし，以下の解説はやや不十分なところもあるので，興味ある読者は専門書を参考にしていただきたい。3・1・2節では，^{1}Hのようなスピン量子数が1/2の核に二つのスピン状態があることを述べた．通常の有機化合物では，その分子中に複数の^{1}Hを有しており，これらのスピンは個々に回転の周波数と磁気モーメントをもっているが，わかりやすくするために同じ周波数のスピンだけを取出して，それらのモーメントの総和（磁化ベクトル）を考えてみることにする．NMRでは静磁場と平行な向きを縦（z軸），垂直な向きを横（xy軸）にするので，磁化の平行成分は縦磁化ベクトル，垂直成分は横磁化ベクトルとして扱う．結論だけ述べると，静磁場に置かれて熱力学的な平衡状態では，磁化ベクトルは静磁場の方向と同じになり[*1]，横磁化ベクトルがゼロになっている[*2]（図1a）．ここにスピンが共鳴できる周波数の電磁波を与えると，磁化ベクトルに回転のモーメントが与えられる（歳差運動をする）[*3]（図1b）．磁化ベクトルが傾くということは，横磁化が生じていることを示しており，同時に縦磁化が小さくなる（図1c）．そのため，熱力学的に安定な状態ではなく，縦磁化ベクトルは時間とともに元に戻ろうとする[*4]．また，同時に横磁化も元に戻る過程が別にある．電磁波をマイクロ秒（μs）オーダーの**パルス**（pulse）[*5]で与えた場合，NMR装置は横磁化ベクトルのその後の挙動（時間変化）を**自由誘導減衰**（Free Induction Decay, FID）として検出できる．時間変化であるFIDは，フーリエ変換（2・3節参照）によって周波数へ変換できるので，周波数と信号強度の関係のスペクトルが得られる．

測定の流れは以下のようになる．

　　待ち時間 → パルスの照射 → 熱平衡へ戻るまでの待ち時間 → つぎのパルス照射 …

この一連の流れを**パルスシークエンス**（pluse sequence）といい，各種のNMR測定法を理解するうえで重要である．磁化ベクトルをn度倒すのに必要なパルスを"n度パルス"といい，単純な一次元法を除き，多くの測定法は90°パルスと180°パルスの組合わせになっている[*6]．また，ある核種一つの比較的広い周波数範囲を共鳴させるパルスを"ハードパルス"，特定の周波数（化学シフト）だけを選択的に共鳴させるパルスを"ソフトパルス"という．

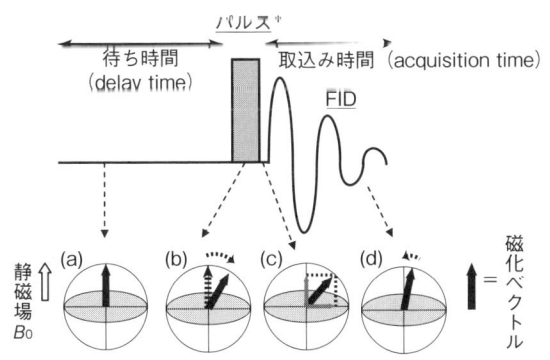

* 四角がハードパルスを表しており，一般的な一次元測定では30～45°パルスを用いる．

図1 最も単純な一次元パルスシークエンス

[*1] 縦磁化は，2種類のスピン（+1/2, −1/2）の占有数差によって生じるものであり，熱力学的なエネルギー差から一方のスピンの存在確率が有利になることに由来する．

[*2] 横磁化は，各スピンの振動がどれだけ干渉しているか（コヒーレントであるか）によって決まる．コヒーレンスの大きさは振幅と位相によって決まるが，単純化するために位相だけ考える．位相がばらばらであれば，干渉が消えて見えなくなる．すなわち，横磁化の大きさは，スピンの振動の位相がどれだけそろっているかによって決まる．

[*3] 電磁波は磁場としての性質をもつことから，静磁場とは異なる磁場を与えるのに等しく，磁化ベクトルにモーメントを与えることができる．

[*4] 縦磁化の戻る過程を縦緩和という．横磁化の戻る過程を横緩和という．

[*5] マイクロ秒（μs）オーダーのパルスを当てることは，その時間に依存した範囲の周波数成分をもつ電磁波を当てるのに等しくなる．したがって，いっせいに複数の周波数成分をもつ磁化ベクトルを傾けることができる．後でフーリエ変換を用いるのは，時間依存の複数の周波数成分からスペクトルの情報を取出すためである．

[*6] 熱平衡状態でパルスを与えたときの信号の大きさは，90°パルスを与えた場合に最大となり，180°パルスを与えるとゼロである．

この図は模式図であり，正確な表現ではない．xy方向の磁化ベクトルは，ある周波数で回転するベクトルであり，図示するには回転座標系で考える必要がある．

化学シフト
(chemical shift)

3・1・3 化学シフト（ケミカルシフト）

　ある種類の原子核が共鳴するラジオ波の周波数は，置かれた静磁場 B_0 の強度が同一なら常に同じはずである．しかし，原子核と同じように電子も電荷をもっており，磁場に対して相互作用を受ける．すなわち，電子が運動すると磁場を誘起するので，観測する原子核の受ける磁場は周囲の状態によって少しずつ異なることになる．いい換えると，電子雲によって原子核の感じる磁場は"遮蔽"されることになる．このような遮蔽の効果を(3・3)式のNMRの基本方程式 $\nu = \gamma B_0$ に加えると，以下のようになる．

$$\nu = \gamma B_0 (1 - \sigma) \qquad (3・4)$$

ここで σ は遮蔽の程度を表す**遮蔽定数**であり，わずかな影響であるから $\sigma \ll 1$ である．このわずかな遮蔽の違いが共鳴周波数の違い（^{1}H の場合は比にして100万分の1から10万分の1程度）として観測されるので，その原子核の周囲の状態を知ることができる．(3・5)式に示すように，ある基準物質を定め，その共鳴周波数と，測定している核の共鳴周波数の差の比を**化学シフト（ケミカルシフト）**[*1]（記号 "δ" で表す）といい，無次元の ppm で表す（図3・2）．

$$\text{化学シフト(ppm)} = \frac{(\text{観測する核の共鳴周波数} - \text{基準物質の共鳴周波数})\,[\text{Hz}]}{\text{基準物質の共鳴周波数}\,[\text{MHz}]}$$

$$(3・5)$$

*1 (3・4)式の関係から共鳴周波数を固定して考えるとき，遮蔽定数の大きな核は大きな磁場をかけなくてはならない．このような核は「高磁場で共鳴する」という言い方をすることがある．逆に，遮蔽定数の小さな核は「低磁場で共鳴する」といわれる．そして，歴史的にはこのような用語の使い方がされてきた．しかし，現在のNMR法は磁場強度を固定し，あらゆる周波数成分を含むラジオ波をパルスとして照射するので，「高磁場」，「低磁場」という言い方は実態にそぐわない．それぞれ，「低周波数」，「高周波数」で共鳴するという言い方を用いるべきであろう．本書では，「低周波数・高周波数」という言い方と，スペクトル上では「右側・左側」という言い方を採用する．どちらも旧来「高磁場側・低磁場側」とよばれていたものに相当する．

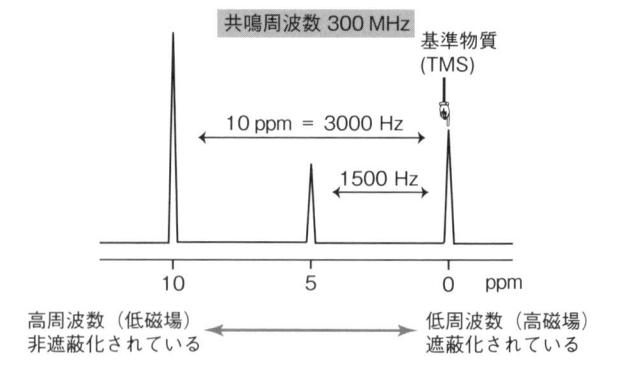

図 3・2　^{1}H 共鳴周波数 300 MHz の装置での化学シフト（横軸）

共鳴周波数 300 MHz　　基準物質(TMS)
10 ppm = 3000 Hz
1500 Hz
10　　5　　0　ppm
高周波数（低磁場）　　　　　低周波数（高磁場）
非遮蔽化されている　　　　　遮蔽化されている

　このような無次元の単位で表すことによって，化学シフトは装置（静磁場強度）に依存しない値となる．基準物質としては，通常 ^{1}H も ^{13}C もテトラメチルシラン（TMS：$(CH_3)_4Si$）を用いる．TMS の共鳴位置を0とし，観測核の共鳴位置(ppm)を δ 値で示す．

3・1・3・1 電子の偏りと化学シフト

　着目する一つの原子核の周囲には遮蔽を受ける多数の電子が存在する．それらには同一の分子内だけでなく，他の分子の電子も含まれる．しかし，分子が磁場方向に対して無秩序で速い運動（束縛のない運動）をしている液体や溶液中では，一部の例外[*2]を除いて分子が受ける他の分子による遮蔽は平均化され，分子内部に起因する遮蔽のみが残る．したがって，分子構造に由来した周波数の変化が線幅の狭い

*2 溶媒と試料分子が分子間相互作用によって安定な構造をつくっている場合は，溶媒の影響を受けることがある．また，液晶分子や細胞膜を形成する分子などのように分子が大きな双極子モーメントをもつ場合，分子は磁場の方向に配向する．

化学シフトとして観測されることになる*．この化学シフト情報が分子構造解析において重要な役割を果たす．

電子が化学シフトに与える影響は，有機電子論と同じ考えが採用できる．すなわち，静電的効果に由来する誘起効果や，分子の共鳴構造に由来する共鳴効果である（コラム参照）．また，電子論的な効果とは別に，異方性効果とよばれる，結合の種類や三次元的な立体構造による影響がある．これらの二つの効果によって，化学シフトは近傍の官能基と立体構造に依存して変化し，チャート3・1およびチャート3・2のようにまとめられる．

* 固体試料においては，溶液状態と比べて分子の運動が非常に遅いため，他の分子による遮蔽は平均化されず，分子の向きによって異なる化学シフトとなり，結果として線幅の広い信号となる．

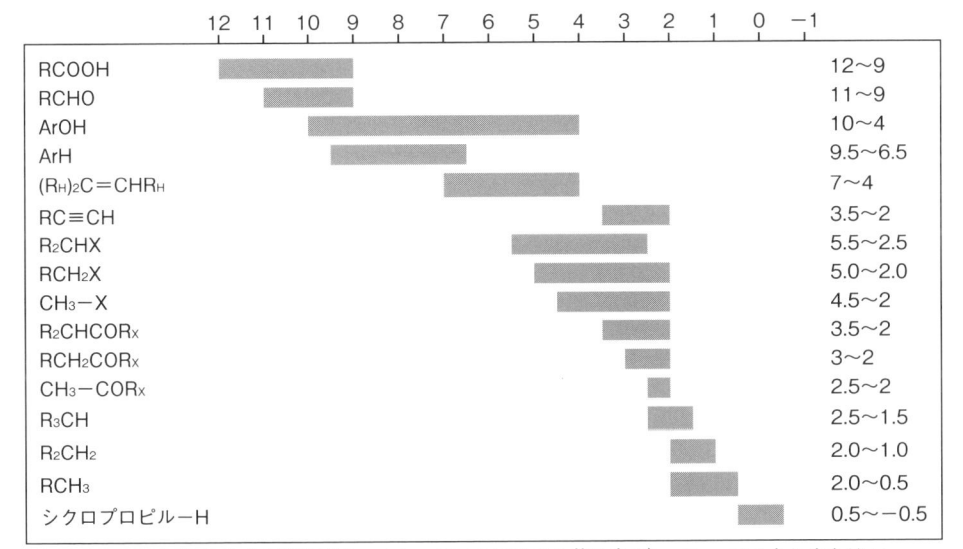

RCOOH	12〜9
RCHO	11〜9
ArOH	10〜4
ArH	9.5〜6.5
$(R_H)_2C=CHR_H$	7〜4
$RC\equiv CH$	3.5〜2
R_2CHX	5.5〜2.5
RCH_2X	5.0〜2.0
CH_3-X	4.5〜2
R_2CHCOR_X	3.5〜2
RCH_2COR_X	3〜2
CH_3-COR_X	2.5〜2
R_3CH	2.5〜1.5
R_2CH_2	2.0〜1.0
RCH_3	2.0〜0.5
シクロプロピル-H	0.5〜-0.5

R = アルキル（Xのような置換基を一つもっているアルキル基を含む）；R_H = アルキルまたはH；H_X = アルキル，H，またはX；Ar = 芳香族；X = N，O，ハロゲンなど．

チャート3・1　おもな^1Hの化学シフト

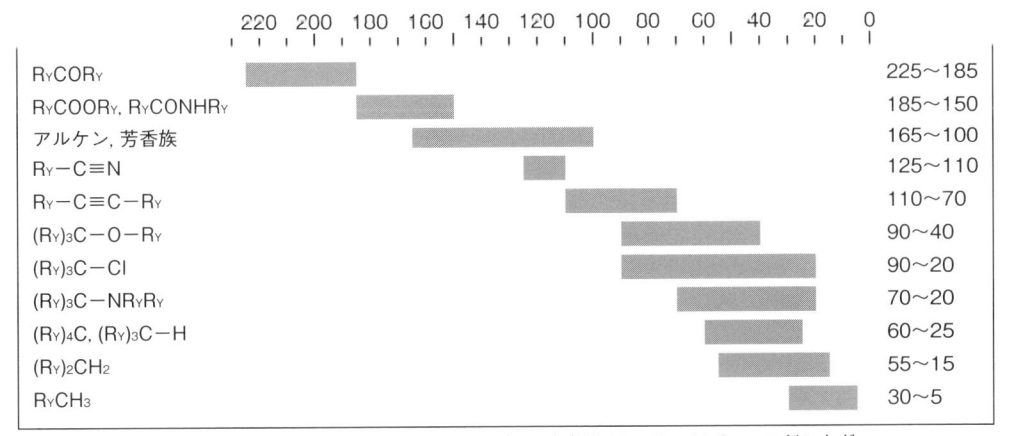

$R_Y COR_Y$	225〜185
$R_Y COOR_Y$, $R_Y CONHR_Y$	185〜150
アルケン，芳香族	165〜100
$R_Y-C\equiv N$	125〜110
$R_Y-C\equiv C-R_Y$	110〜70
$(R_Y)_3C-O-R_Y$	90〜40
$(R_Y)_3C-Cl$	90〜20
$(R_Y)_3C-NR_YR_Y$	70〜20
$(R_Y)_4C$, $(R_Y)_3C-H$	60〜25
$(R_Y)_2CH_2$	55〜15
R_YCH_3	30〜5

R_Y = アルキル，H，$C(R_H)_2X$，CR_HX_2，CX_3；R_H = アルキルまたはH；X = N，O，ハロゲンなど．

チャート3・2　おもな^{13}Cの化学シフト

*1 電子論で用いる"δ"と化学シフトで用いる"δ"は意味が違うので混同しないように.

*2 電子の回転による磁気モーメントが大きくなる効果. ひもに重り(原子核)をつけて回すことを考えてみれば, 重いほうが力強く回すことができるのと似ている.

*3 電気陰性度の効果よりも重原子効果は届く距離が短く, ほとんどの場合隣合う原子核にしかほとんど影響がない.

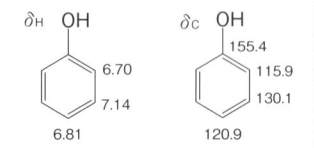

誘起効果と共鳴効果

電気陰性度の大きい原子や官能基に結合した原子は, その電子求引性によって電子密度が低くなる. 逆に, 電子供与基によって電子密度が高くなる. このような静電的効果は**誘起効果**(inductive effect, I効果)とよばれる. 電子密度が低くなれば遮蔽の効果も小さくなるので, 化学シフトは高周波数(左に)シフトする. 図のように, 電気陰性度の大きい酸素やフッ素に結合している炭素は電子密度が低下しており, C−O結合の炭素は, C−C結合の炭素よりも高周波数側である*1.

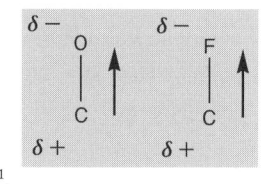

例外として元素周期表の下方にある元素については重原子効果*2があり, 結合によって隣合う原子核の化学シフトは低周波数(右に)シフトする傾向がある*3. 一般的な有機化合物ではハロゲン類によく見られ, ヨウ素は炭素と電気陰性度がほとんど同じであるにもかかわらず, ヨウ素が結合した炭素は大きく低周波数シフトする(δ_C: CH_3F 71.6 ppm, CH_3Cl 25.6 ppm, CH_3Br 9.6 ppm, CH_3I −24.0 ppm. 水素の化学シフトは, おおむね誘起効果で決まる. δ_H: CH_3F 4.10 ppm, CH_3Cl 3.06 ppm, CH_3Br 2.69 ppm, CH_3I 2.16 ppm).

一方, π電子をもつ分子は, 安定な共鳴構造の存在によって電子が非局在化していることがある. すなわち, 構造によって観測核の電子密度が変わる可能性があり, そのため遮蔽効果も変わってくる. たとえば, 非共有電子対をもつヘテロ原子である酸素がベンゼン環に結合すると, 以下のような共鳴構造が考えられる.

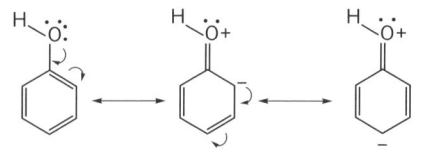

すなわち, オルト位やパラ位は電子が豊富になるから遮蔽され, 低周波数シフトする傾向がある. このような効果を**共鳴効果**(resonance effect, R効果)という. 酸素原子は誘起効果も及ぼすが芳香族では共鳴効果のほうが強く, 実際には左図のような化学シフトとなる. ヒドロキシ基の付いた炭素核には誘起効果が顕著に表れている.

参考: ベンゼン δ_H 7.26 ppm, δ_C 128.5 ppm

3・1・3・2 異方性効果

前項では原子核を取巻く電子の分布に関する静電的な効果について述べた. 一方, 結合をつくる電子(原子価軌道に由来する電子)はその運動によって磁場を誘起する. 磁場の中に置かれた結合電子は, 結合に対して平行または垂直に渦を巻くような運動が誘起され, その結果磁場方向と逆向きの磁場を生じる. これらは, 注目している結合の磁場に対する方向性に依存することから, **磁気異方性効果**とよばれている. この磁気異方性効果は, 外部磁場によって誘起磁場を生じる結合(原子価軌道)と観測核との相対的な位置関係によって遮蔽が異なることを示しており, 特に化学シフトの磁気異方性効果を**化学シフト異方性**という. つまり, 発生した誘起磁場の近傍に観測する原子核があると, この原子核は誘起効果から予想される値

磁気異方性
(magnetic anisotropy)

と異なる化学シフトを示すことになる．

　前述したように，溶液中では分子の配向は無秩序に変化している．静磁場の方向は変わらないから，配向によって誘起される磁場の大きさも分子ごとに異なる．しかし，結果的に見ればすべての配向の平均となって観測されるので，観測核の化学シフトは分子構造に由来した影響を受けることになる．なお，誘起効果では分子内の三次元構造まで考える必要がなかったが，<u>異方性効果は三次元構造の影響を強く受ける</u>*1．

環 電 流 効 果

　分子の結合電子にはσ電子やπ電子があるが，化学シフトにはπ電子のほうが強い影響力があり，特に**環電流効果**とよばれる遮蔽・非遮蔽効果を及ぼす．ベンゼン環は環に沿って環電流が流れやすいので，環電流効果は図3・3のようになる．環電流効果は，環電流が最も大きく生じる状態を取上げて表現するとわかりやすい．すなわち，芳香族や二重結合は，観測核が分子平面上で分子の外側に位置する場合に観測核の感じる磁場強度が大きく（遮蔽定数*2 が小さく）なるので高周波数シフトし，分子平面の上方に位置する場合に磁場強度が小さく（遮蔽定数が大きく）なるので低周波数シフトする．ベンゼン環のHは，常に環の外にあるので高周波数側の$\delta 7 \sim 8$となる．また，三重結合はπ結合軸のまわりを電子が運動するので，結合軸に沿った方向にある核は低周波数シフトする．

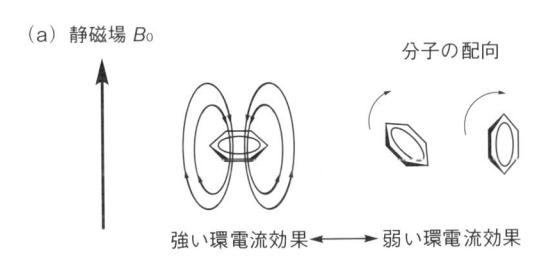

図3・3　環電流効果．(a) ベンゼンの環電流効果，(b) 遮蔽区域と非遮蔽区域

(a) 静磁場 B_0　分子の配向

強い環電流効果 ←→ 弱い環電流効果

(b) 遮蔽空間

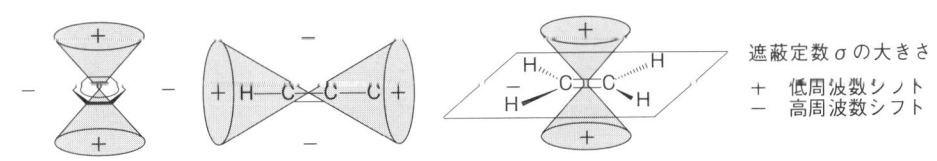

遮蔽定数 σ の大きさ
+ 低周波数シフト
− 高周波数シフト

　一方，σ結合は結合軸に沿って外側に非遮蔽領域が広がっているが，π結合よりも影響される事例が少ない．これは，σ電子は原子間に強く束縛されていて，π電子ほど自由に動くことができず，強い環電流を生じないためである．また，異方性効果は原子核の相対的な位置関係が変われば平均化されてしまうので，σ結合の異方性は配座が速やかに交換できないような構造*3 において観測される．代表的な例として，安定な配座が存在する6員環構造で見られ，エクアトリアル型のプロトンは，アキシアル型のプロトンよりも高周波数側（δの大きいほう）に観測される．これは，エクアトリアルプロトンの付いている炭素から一つおいたC–C結合のσ電子による異方性のためである（図3・4）．

*1　静電的相互作用は何らかの結合を介さなければ伝わらないので，分子の平面構造を見ればおおむねわかる．一方，磁気異方性効果は空間を通じて影響を受けるので，立体構造まで考える必要がある．

環電流 (ring current)

*2　(3・4)式参照．

*3　安定配座の寿命がおよそ10^{-3}秒より短くなるとそれぞれ別の配座として区別することができなくなる．

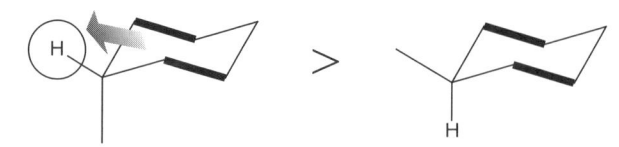

図 3・4 σ結合の異方性. 太線で示した σ 結合の非遮蔽効果を受けるエクアトリアルのプロトンは，一般的にアキシアルよりも δ が大きい．

3・1・3・3 分子構造の推定

化合物の NMR スペクトルを測定し，化学シフトを調べることによって，隣接する原子核や官能基がどのようなものかということがわかる．たとえば，アルカンの H は δ 1〜2 付近のかなり低周波数側で共鳴するが，カルボニル基に付いた炭素上の H は δ 2〜3 付近で共鳴する．電気陰性度の大きい酸素原子に付いた炭素上の H は δ 3.5〜4.5 付近，カルボン酸の H は δ 10 付近で共鳴する（チャート 3・1 参照）．

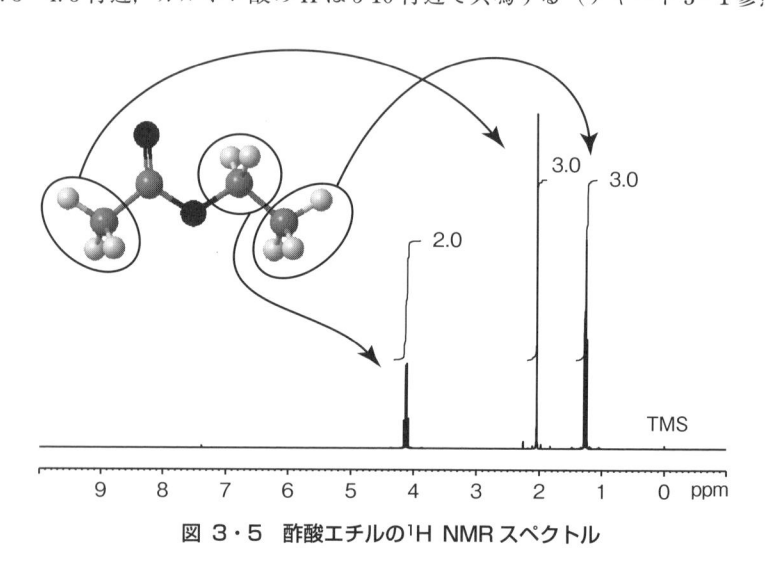

図 3・5 酢酸エチルの ^{1}H NMR スペクトル

図 3・5 は酢酸エチル $CH_3COOC_2H_5$ の ^{1}H NMR スペクトルである．δ 1.2，2.0，4.1 に三つのシグナル*がある．一般にメチル基の三つのプロトンやメチレン基の二つのプロトンは，速い配座交換によってプロトンの環境が同じになっていると考えてよい．C=O 炭素に結合するアルキル基のプロトンは 1 ppm ほど左にシフトするから，δ 2.0 はアセチル基のプロトン（CH_3CO）である．また，エステル基のエーテル酸素原子に結合するアルキル基は 3 ppm ほど左に観測されるから，δ 4.1 はエチル基のメチレンプロトン（$O-CH_2-$）である．最も右（δ 1.2）に観測されるのはエチル基のメチルプロトンである．このように，化学シフトから分子の構造を解析することができる．

* 化学シフトを"ピーク"と表現するのはよくある誤りである．ピーク（peak）という言葉には，"先端"という意味がある．一次元 NMR スペクトルでは後述するようにスピン結合による分裂があり，ピークがそのまま化学シフトの値になるわけではない（計算が必要）．通常はシグナル（signal）という用語を使ったほうがよい．ただし，二次元 NMR ではスピン結合の分裂が減って簡単になるのでピークという用語が頻繁に使われる．

3・1・4 積分

酢酸エチルのプロトンは，メチル基 CH_3 2 個とメチレン基 CH_2 1 個の計 8 個である．該当するプロトンの比がいくつであるかは，一般に検出されるシグナルの大きさの比に等しくなる．したがって，シグナルの面積を求めれば（**積分**），プロトンの

積分（integral）

数の比がいくつであるかがわかる．図3・5の積分曲線は，シグナルの面積の大きさを表している．左から1：1.5：1.5の積分強度比になっている．左端のシグナルを2とすると，2：3：3となり，メチレン，メチル，メチルであることがわかる．

ところで，積分を求めるにあたって，いくつか注意の必要なことがある．

- 信号の減衰の速度定数（緩和）や減衰の機構によって積分強度が変化することがある．たとえば，通常の^{13}C核の測定では積分強度は炭素核の数の比とならない．
- シグナルの重なりが多いプロトンでは，積分の仕方によって値がわずかに変化する可能性がある．重なりの程度にもよるが，5～10%程度の誤差は見込む必要がある．
- 化学的な交換反応に注意が必要．たとえば，重水中のOHプロトンは^1Hが^2Hになってシグナルが消失することがある．
- ある一つのシグナルを基準にした比で表しているので，積分した値がそのままプロトンの数を示すわけではない*1．

以上に注意すれば，溶液NMRによって簡便にプロトン数比の情報が得られるので，構造解析の有力な手がかりとなる．

*1 定量分析するには，細心の注意を払って行わなければならない．近年，装置の性能や測定技術の進歩によって定量分析の試みもなされるようになってきたが，まだ課題も多い．

3・1・5 スピン結合（スピンカップリング）

図3・5のシグナルをよく見ると，シグナルが分裂していることに気づく（図3・6）．このような分裂は静磁場強度を変えても影響を受けないことが知られており，化学シフトとは異なる機構で生じる現象である．これは化学結合を媒介として核スピン-核スピン間の相互作用によって起こるため，**スピン-スピン結合**（または単に**スピン結合**）とよばれる．具体的には，スピン結合する相手のスピンのエネルギー差や，結合を介した相互作用の伝わりやすさによって固有の分裂を起こす．このときの分裂幅を**スピン結合定数**（または**カップリング定数**）といい，着目している二つの核のもつ固有の性質に基づく値であり，その大きさをHzで表す．スピン結合定数の表記は"J"が用いられ，二つの核間を結ぶ共有結合の数をJの左に上付き文字で示す．また，互いの核種を表現する場合は，Jの右に下付き文字で示す．たとえば，三つの共有結合を介した$^{13}C-^1H$間のスピン結合定数は，$^3J_{CH}$と記述する*2．

スピン-スピン結合
（spin-spin coupling）

スピン結合定数
（spin coupling constant）

*2 特別な用語として，アルキル基プロトンの^2Jをジェミナルカップリング（H-C-H相関），^3Jをビシナルカップリング（H-C-C-H相関）ということもある．

一般に一次元NMRスペクトルは，2^{15}前後のポイント数になるように測定するため，300MHzの装置では1点間の間隔が0.18Hzとなる．したがって，小数点以下二桁は信頼できない値であることがわかる．本書では計算しやすいように小数点以下二桁まで表示したが，Jの計算では<u>小数点以下一桁</u>とする必要がある．

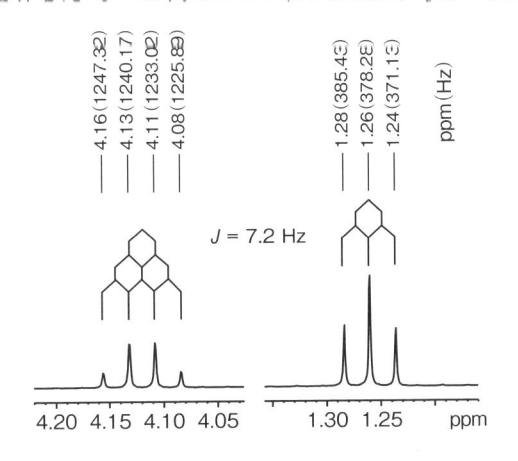

4.16 (1247.32)
4.13 (1240.17)
4.11 (1233.02)
4.08 (1225.89)

1.28 (385.43)
1.26 (378.28)
1.24 (371.13)

ppm (Hz)

$J = 7.2$ Hz

図3・6 酢酸エチルの^1H NMRスペクトルのシグナル分裂

スピン結合から得られる情報は非常に多く，また難解でもある．スピン結合については，後述する二次元NMR法を用いることにより，視覚的に表現することができ，その解釈がいくぶん容易になる．よって，詳細な内容については，問題を解きながら順次解説を行うこととする．以下に，低分子有機化合物でよく見られる事例として，等価なプロトンをもつ場合のスピン結合について，より詳しく解説する．

最も単純なスピン結合（1次のスピン結合）

観測する核と相手の核との化学シフト差が十分に離れていれば，スピン結合は相手の核スピンのエネルギー準位に従って単純な分裂を示す．たとえば，相手の核が1個の^{1}Hであればスピン1/2であるから，スピンのエネルギー準位が$2I+1=2$個存在することになり，図3・7の一番左のように二重線（2本線）に割れた状態となる[*1]．この状態を**ダブレット**（doublet, dと表す）という．また，複数のスピン結合があれば，そこからさらに分裂することとなり，結果として枝分かれのように分裂する．

*1 NMRスペクトルの横軸は周波数であるから，周波数とエネルギーの関係式を思い出して，横軸をエネルギーと置き換えて考えればよい．

分裂せずに一重線（1本線）の状態を**シングレット**（singlet, sと表す）という．また，多重線（多数の線）に分裂した状態を**マルチプレット**（multiplet, mと表す）という．

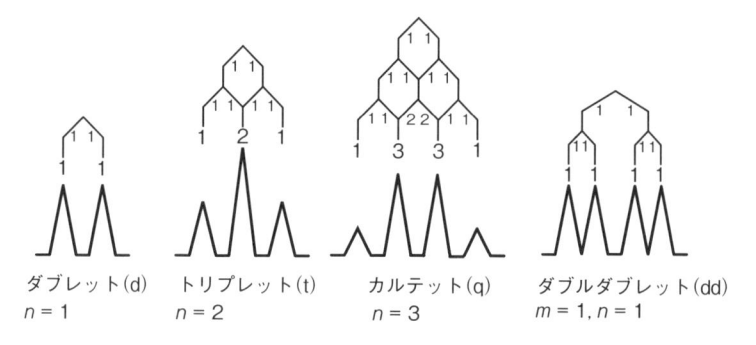

図3・7 スピン結合とシグナルの分裂

ダブレット(d) $n=1$　　トリプレット(t) $n=2$　　カルテット(q) $n=3$　　ダブルダブレット(dd) $m=1, n=1$

では，複数のスピン結合がある場合はどのようになるであろうか？ 2個の^{1}Hがあって二つのスピン結合があるとき，異なるJをもてば四つに分裂する（図の一番右）が，同じJをもてば真ん中の二つは重なり，1:2:1の強度比で三つに分裂する（図の左から2番目）．このような三重線（3本線）に割れた状態を**トリプレット**（triplet, tと表す）という．また，三つの等価な^{1}Hによって生じる四重線（4本線：図の左から3番目）を**カルテット**（quartet, q）という．分裂の強度比は，下記のようにパスカルの三角形[*2]をもとに描くことができる．

*2 二項展開の係数（二項係数）をピラミッド状に並べていくと，右上と左上の数を足したものが下の係数となる．

$$
\begin{array}{lll}
1 & (a+b)^0 = 1 & \Rightarrow \text{シングレット (s)} \\
1\quad 1 & (a+b)^1 = a+b & \Rightarrow \text{ダブレット (d)} \\
1\quad 2\quad 1 & (a+b)^2 = a^2 + 2ab + b^2 & \Rightarrow \text{トリプレット (t)} \\
1\quad 3\quad 3\quad 1 & (a+b)^3 = a^3 + 3a^2b + 3ab^2 + b^3 & \Rightarrow \text{カルテット (q)}
\end{array}
$$

等価なプロトンの場合，プロトンの数が一つ増えるたびに分裂の数が一つずつ増えていくから，プロトンの数をnとすると，分裂の数は$n+1$になる（$n+1$則）．このように，等価なプロトンとのスピン結合は，特徴的な分裂を示す．一方，$n+1$則を2種類の等価なプロトンの組に拡張し，等価なプロトン1組がm個，もう一組

が n 個あったとすると，分裂の数は $(m+1)\times(n+1)$ のようにお互いの積となる．したがって，$m=1$, $n=1$ のときは四つに分裂する．ただし，等価なプロトン3個が一組だけであった場合（図の左から3番目）と強度比が異なり，カルテット（四重線）ではなくダブルダブレット（二重線×二重線）になる．

複雑なスピン結合（高次のスピン結合）

多くのNMRスペクトルでは，分子量が大きくなるにつれてスピン結合が複雑化することが多いが，分子量が小さな分子でも複雑になることがある．その例として，フェニル基をあげてみよう．一般にフェニル基のプロトンでは，オルト配置，メタ配置，パラ配置となるプロトン間のスピン結合が，それぞれ 7〜9 Hz，1〜3 Hz，0〜1 Hz となる．したがって，一置換ベンゼンのプロトンは互いに3種類のスピン結合をもつことになる．ところが，図3・8に示すアセトフェノンのスペクトルでは，フェニル基の5個のプロトンは単純な $n+1$ 則に従っておらず，複雑に分裂していることがわかる．スピン結合が複雑になるのは，おもに二つの大きな要因がある．

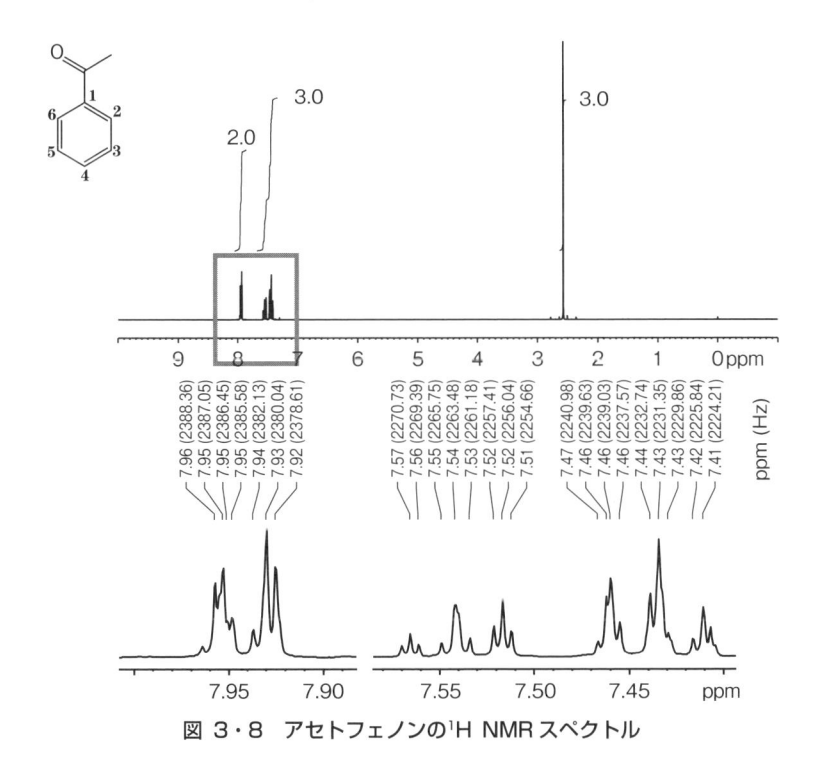

図 3・8 アセトフェノンの ^{1}H NMR スペクトル

一つは，スピン結合している核間の化学シフト差 $\Delta\delta$ が小さいときである．化学シフト差を周波数で表した $\Delta\nu$ とスピン結合定数 J との比 $\Delta\nu/J$ が8以下になると無視できない影響が現れる*．これを"高次のスピン結合"といい，$n+1$ 則が成り立たなくなる．図のスペクトルを帰属すると，δ 7.40〜7.47 のシグナルは 3,5 位，δ 7.51〜7.57 のシグナルは 4 位，δ 7.92〜7.97 のシグナルは 2,6 位である．3,5 位と 4 位の $\Delta\nu/J$ を計算すると，およそ4となり，高次のスピン結合をしていることが

* 共鳴周波数が高い（静磁場強度が強い）装置ほど高品位なスペクトルが得られるのは，$\Delta\nu$ (Hz) が大きくなり，複雑な分裂になりにくいためである．

わかり，複雑化の一要因となっている．このスペクトルでは高次のスピン結合以外に，もう一つ，以下に示す化学シフト等価なプロトンが磁気的非等価になる影響がある．

磁気的等価性

磁気的非等価とは，化学シフトが等価（つまり化学的性質は同じ）であってもNMRのスピン結合では非等価になることをいう．化学シフトが等価な核（A）の組が，スピン結合する相手核（X）の組とすべて同じようにスピン結合していれば，**磁気的等価**である[*1]．一方，等価な核（A）の組が相手核（X）の組と異なるスピン結合をしていれば，**磁気的非等価**になる．すなわち，二つのXが磁気的非等価になれば，XXではなくXX′と区別しなければならない．

実例を示そう．このような事例は芳香族化合物によく見られるので，アセトフェノンのような一置換ベンゼンAA′XX′Mスピン系を図3・9に示した．R上に対称軸があり，AとA′ならびにXとX′は化学シフト等価である．しかし，Aに着目すると，Xとのスピン結合とX′とのスピン結合は異なり，AにとってXとX′は磁気的

磁気的等価性
(magnetic equivalence)

*1 スピン結合する相手がA-A′間だけであればスピン結合は見えなくなってしまう．たとえば，ベンゼンのスペクトルはスピン結合がない一重線になる．すなわち，磁気的非等価が現れるのは，スピン結合がゼロでない相手のX核が存在するときだけである．

	プロトンA		プロトンA′	
	J_{AX}	o-配置	$J_{A'X'}$	o-配置
	$J_{AA'}$	m-配置	$J_{A'A}$	m-配置
	J_{AM}	m-配置	$J_{A'M}$	m-配置
	$J_{AX'}$	p-配置	$J_{A'X}$	p-配置

図3・9 一置換ベンゼンAA′XX′Mのスピン系

非等価である．磁気的等価性を簡単に見分けるには，まず分子構造を描き，核Aから核Xまでの距離を見るとよい．距離が異なれば，明らかにA-XとA-X′のスピン結合は異なり，磁気的非等価になる．また，より具体的に調べるならば，すべてのスピン結合を列挙するとよい．表のように，プロトンAにとってはXとX′はそれぞれオルトとパラの関係になっており，磁気的非等価であることがわかる．このような化学シフト等価（$\Delta\nu=0$）であり磁気的非等価であるプロトンは，$\Delta\nu/J$の法則から複雑な分裂となり，<u>$n+1$則は成り立たない</u>[*2]．

ただし，アルキル基のプロトンのように配座が速い交換をする場合は，相手核の位置が平均化されて区別がつかないから，磁気的非等価にはならない．エチルエーテルの左側のエチル基だけを見ると，Aの2個のメチレンプロトンの組，およびXの3個のメチルプロトンの組は単結合の速い回転によって相手から区別がつかず，その組の中では化学的にも磁気的にも等価である．しかしながら，ここで注意していただきたいのは，エーテル結合が速い回転をしていたとしても，右側と左側のエチル基は互いに磁気的非等価になる点である．すなわち，エチルエーテルのスピン系は$A_2A_2'X_3X_3'$となる．ただし，エーテル結合をはさんでいるためにA-A′やA-X′間のスピン結合がきわめて小さいので，見かけは複雑な分裂にならない．すなわち，<u>スピン結合が完全に途切れる官能基をはさむ場合は，独立したスピン系として考えられる</u>ことを意味している[*3]．

*2 ベンゼン環の水素がすべて非等価で，すべての$\Delta\nu/J$が十分に大きければ$n+1$則に従うことがある（5章の演習問題にいくつか例を示した）．

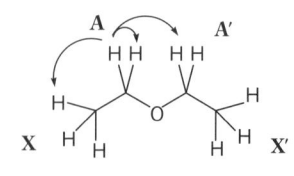

*3 もし，エーテル結合がない炭素数4以上のアルカンであれば，高次のスピン結合と相まってきわめて複雑な分裂を示す．

スピン結合のまとめ

スピン結合はやや難解な物理現象を伴っており，詳しくは専門書を参考とされたい．構造解析において利用するのに重要なのはその特徴であり，下記のようなものがあげられる．

- 分裂の周波数差は静磁場の強度に依存しない（周波数の装置依存性がない）．したがって，J は周波数（Hz）単位で表記する．
- 結合の s 性が高いほど，観測される J は大きくなる傾向がある．したがって，sp^2 混成軌道を介した J は，sp^3 混成軌道を介したものより大きくなる．
- J は結合距離と結合角に依存する．
- アルキル基の ^3J（ビシナルカップリング）は，結合の二面角に依存して大きさが異なる．二面角とは，三つの化学結合がつくる二つの面の角度のことであり，ニューマン投影図で描いたときの結合の角度に等しい．二面角が 90°で最小となり，0°や 180°に近づくに従って大きくなる（Karplus の式）．
- 多数の結合を介するほど，スピン間の相互作用が急激に小さくなり，J がほとんど見えなくなる．一般に ^1J は 1 桁ないし 2 桁ほど他より大きく，^5J 以上のスピン結合が観測されることはまれである．
- <u>観測する核と相手の核との化学シフト差が十分に離れていれば，分裂の数は観測する核に対する相手の核のエネルギー準位の数に依存する．</u>すなわち，スピン量子数 I を用いると，分裂する数に $2I+1$ の法則が成り立つ．
- 複数の相手の核が同じ J をもつ（化学シフトが等価な核とのスピン結合がある）場合は，分裂の数と強度はパスカルの三角形に従う．分裂の数は等価な核の数を n とすると，$2nI+1$ となる．
- 観測する核と相手の核との化学シフト差 $\Delta\nu$ が小さくなるにつれて $2nI+1$ の法則が成り立たなくなってくる．一般に $\Delta\nu/J$ が 1 桁になるとスペクトルに無視できない影響が現れる．
- 化学シフト差 $\Delta\nu$ を周波数で表すと磁場強度に依存するので，静磁場の強い装置（共鳴周波数が高い装置）で測定すると同じ化学シフト差でも周波数が大きくなる．一方，J（Hz）は磁場強度に依存しないので，共鳴周波数が高いほど分裂を詳細に解析することができる．

3・2 一次元NMRスペクトル
3・2・1 測 定 法

^1H NMR の測定には，核磁気共鳴装置とサンプル管のほかに，溶媒が必要である．溶媒は ^1H を重水素 ^2H（D）に置き換えるという基本的な条件がある*1．NMR では重水素による装置の安定化技術（ロックやシム）を利用しており，重水素をもっていない溶媒を用いると測定が著しく困難になる*2．もっとも多く用いられる溶媒は $CDCl_3$ であるが，それ以外にもさまざまな溶媒を用いることができる*3．市販の溶媒では重水素化率のきわめて高いものからそれほどでもないものまで販売されており*4，低濃度試料を測定する目的がなければ必ずしも重水素化率の高い溶媒を用いる必要はない．また，正確な化学シフト補正を要求しない場合は，溶媒のシグナルが基準に用いられることもある．ただし，複数の重水素をもつ溶媒の ^1H シグナルは，そのうち一つだけの重水素が軽水素に置き換わったもの（溶媒中では微量の成分）が観測される．したがって，普通の重水素化していない溶媒とは<u>化学シフトもスピン結合も異なる</u>．また，通常の ^{13}C の測定には ^1H 測定用のものでよいが，低濃度のサンプルでは，^{13}C の比率を低減した溶媒を用いる場合もある．おもな NMR 測定用溶媒と，観測されるシグナルの値を表 3・2 に示す．

*1 溶媒は，試料が可溶であり，試料と反応しないものを選ぶ必要がある．

*2 最近は装置の性能や測定技術が向上したため，重水素化溶媒を用いない測定も可能になってきている．

*3 試料がタンパク質の場合，90% H_2O–10% D_2O を溶媒とすることが多い．これは，アミドなどの交換性プロトンを観測することが重要だからである．

*4 ただし，重水素化する水素が多くなるほど値段がおおむね高い．

*1 重水素化溶媒は100％の重水素（D）ではなく、若干の軽水素（H）が含まれている。そのほとんどは、溶媒分子のDが一つだけHに置き換わった構造である。スピン結合の分裂の数は $2nI+1$ で決まる（前ページのコラム参照）が、重水素の I は1である。したがって、プロトンNMRを測定すれば、Hと隣合うDの数によって $2n+1$ で分裂することになる。たとえば、アセトニトリル-d_3 溶媒中の残留プロトン（CHD$_2$-CN）では、$2×2+1=5$ となる。

*2 δ_C は、天然存在比で1％程度含まれている ^{13}C を観測している。残留プロトンはほとんどないのだから、すべて重水素化されているものが主として観測される。^{2}H-^{13}C スピン結合では、炭素に直接結合した重水素の数によって分裂する。たとえば、クロロホルム-d（CDCl$_3$）の δ_C では、分裂の数が $2×1+1=3$ となる。

*3 シグナルがどの原子のものであるかを特定することを「帰属する（assign）」という。

表3・2　代表的な重水素化溶媒と、残留プロトンの現れる化学シフト

重水素化溶媒	分子式	残留Hのδ_H（多重度）*1	δ_C（多重度）*2
酢酸-d_4	C$_2$D$_4$O$_2$	11.65(1), 2.04(5)	179.0(1), 20.0(7)
アセトン-d_6	C$_3$D$_6$O	2.05(5)	206.7(7), 29.9(7)
アセトニトリル-d_3	C$_2$D$_3$N	1.94(5)	118.7(7), 1.4(7)
ベンゼン-d_6	C$_6$D$_6$	7.16(br)	128.4(3)
クロロホルム-d	CDCl$_3$	7.24(1)	77.2(3)
シクロヘキサン-d_{12}	C$_6$D$_{12}$	1.38(br)	26.4(5)
重水	D$_2$O	4.81(1)	—
ジクロロメタン-d_2	CD$_2$Cl$_2$	5.32(3)	54(5)
ジメチルスルホキシド-d_6	C$_2$D$_6$OS	2.49(5)	39.5(7)
エタノール-d_6	C$_2$D$_6$O	5.29(1), 3.56(br), 1.11(m)	57.0(5), 17.3(7)
メタノール-d_4	CD$_4$O	4.87(1), 3.31(5)	49.2(7)
ピリジン-d_5	C$_5$D$_5$N	8.74(br), 7.58(br), 7.22(br)	150.4(3), 135.9(3), 123.9(3)
テトラヒドロフラン-d_8	C$_4$D$_8$O	3.58(br), 1.73(br)	67.6(5), 25.4(5)
トルエン-d_8	C$_7$D$_8$	7.09(m), 7.00(br), 6.98(m), 2.09(5)	137.9(1), 129.2(3), 128.3(3), 125.5(3), 20.4(7)

Bruker Co., "Almanac 2009" より抜粋。
多重度における br は broad signals を意味する。

3・2・2　^{1}H NMR

プロトンのNMRスペクトルについては、化学シフトやスピン結合の解説で述べてきたので、ここでは例として、β-グルコース ペンタアセタートのスペクトルを示した。アセチル基のメチルプロトンと、グルコース骨格のそれぞれのプロトンのシグナルが観測されており、各シグナルは図3・10のように各プロトンに帰属できる*3。帰属方法の詳細は、練習問題を実際に解きながら解説する。

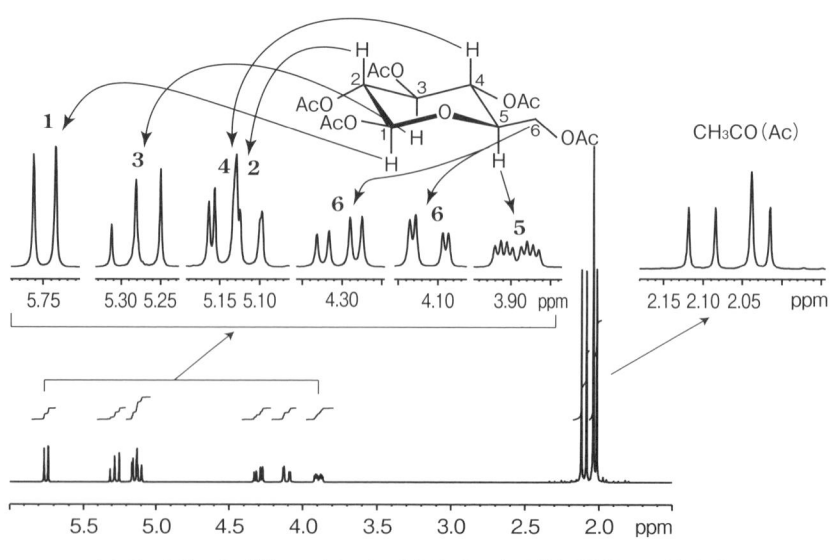

図3・10　β-グルコース ペンタアセタートの ^{1}H NMR スペクトル

プロトンデカップル[*1]（proton decouple）：プロトン同士がスピン結合しているのは，いくつかの結合を介して2種類のプロトン（ここでは H_A, H_B とする）が存在しているためである．プロトンデカップルとは，一方のプロトン H_A に対して速いエネルギー遷移を繰返して起こさせ，他方のプロトン H_B からスピン状態が区別できなくなるようにして，スピン結合を消失させる手法である．実験的には H_A の周波数に相当するパルスを，FIDの取込み時間だけ照射することで行う．これによって，照射したプロトン H_A とスピン結合しているプロトンがどれであるかを確かめることができる．この効果はプロトン間だけに限らず，後述する ^{13}C NMRでも重要である．

核オーバーハウザー効果（Nuclear Overhauser Effect, **NOE**）（特に，**定常状態 NOE**（stationary state NOE））：プロトンデカップルのように，ある周波数のプロトン H_A のスピンだけを照射して H_A の二つのエネルギー状態の占有数に摂動を与えた場合，空間的に近接したところに他のプロトン H_B があると，H_AH_B は通常とは別の遷移過程を経て熱平衡状態に戻ることがある．この過程を交差緩和といい，H_B のスピン占有数に影響を与え，その結果として H_B の信号強度が変化する．これがNOEであり，信号強度の変化を利用して，照射したプロトンと空間的に近いプロトンを見つけることができる．H_A にラジオ波パルスを照射した測定と照射していない測定を交互に行い，その差をとることで強度変化を見る測定が**差NOE**である．NOEはパルスを当てる前の待ち時間で起こるので，デカップルとは照射するタイミングが異なる．

NOEは対象となる核種間の距離に関する情報を得るのに用いられる．NOEは便利な手法であるが，NOEが観測されないからといって必ずしも距離が遠いわけではなく，測定や解析に細心の注意が必要である．たとえば，構造の変化（配座の交換，異性化，プロトン交換など）によって原子間の相対的な位置が変わってしまえばNOEの効果は判別しにくくなる．また，NOEの原理的な問題として，分子の大きさによってNOEの正負が反転することや，他の核との間接的な相互作用によって本来のNOEが弱められることがあげられる．

3・2・3 ^{13}C NMR

^{13}C の天然同位体存在度は全炭素の約1%である．また，磁気回転比 γ が ^1H の1/4程度であることに由来するボルツマン分布の影響により，^1H と同様の測定ではきわめて弱いシグナルしか得られない．そこで，繰返し測定を行って積算し，ノイズレベルを下げる必要がある．

^{13}C の共鳴周波数は ^1H の約1/4であり，^1H で300 MHzの共鳴周波数であるなら，同じ磁場で ^{13}C を測定すると75 MHzになる（表3・1参照）．化学シフトの基準物質は ^1H の場合と同じくTMSを用い，そのメチル基炭素を0 ppmとする．ただし，長い緩和時間に起因して感度が悪いため，^1H NMRで用いたような少量のTMSではほとんど観測されない[*2]．したがって，実際の測定ではTMSを用いず，便宜的に溶媒の化学シフトを用いることが多い．

^{13}C の天然同位体存在度が低いために，^{13}C 核同士が隣合う可能性は非常に低

[*1] 一般に後述するCOSYスペクトルのほうが得られる情報が多いので，現在はあまり使われていない．

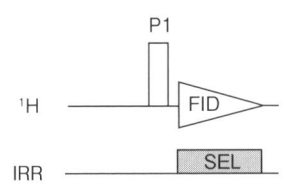

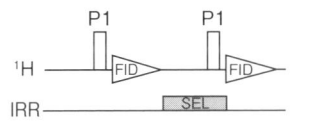

P1：パルス
FID：FIDの取込み時間
^1H：観測パルス側のチャンネル
IRR：照射パルス側のチャンネル
SEL：選択的な周波数（ここでは H_A）であることを示す．

実際のパルスシーケンスはもう少し複雑であるが，以下も同様に主要な部分だけを示す．

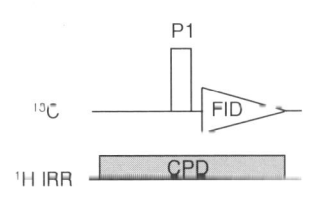

CPD：Composite Pulse Decoupling. すべてのプロトンをデカップルするので，広い周波数範囲を照射しなければならず，パルスを当て続けると試料が加熱することがある．そのため，一般には専用の複数パルスの組合わせ（コンポジットパルス）を用いる．

[*2] TMSの信号が小さいのは，熱平衡状態へ戻るのが非常に遅い（緩和時間が長い）ことにも関係する．

い．そのために $^{13}C-^{13}C$ カップリングがほとんど起きず，スペクトルは見やすくなる．しかし，観測する炭素に結合した ^1H との $^1H-^{13}C$ カップリングが存在するためにシグナルが多重に分裂して弱くなるので，通常は ^1H をすべてデカップルして（complete decoupling あるいは broadband proton decoupling），シグナルをすべて一重線にして観測するのが常である．この場合，^1H の存在によって ^{13}C のスピン占有数が増大するような NOE 効果が得られるので，待ち時間も照射を続けるようにする．これによって，結合している水素があるとシグナル強度が増大する．そのために，積分が当てにならなくなるのが欠点ではある．

　β-グルコース ペンタアセタートの例では，化学シフトが小さいほうから順にメチル基，メチレン基とメチン基（酸素原子が結合），カルボニル基となっている．基本的に原子核の電子密度に依存するので，おおむね ^1H スペクトルと同じような傾向になる．メチレンおよびメチン炭素の帰属は図 3・11 のようになる．

^1H スペクトルと同様に練習問題を見ていただきたい．

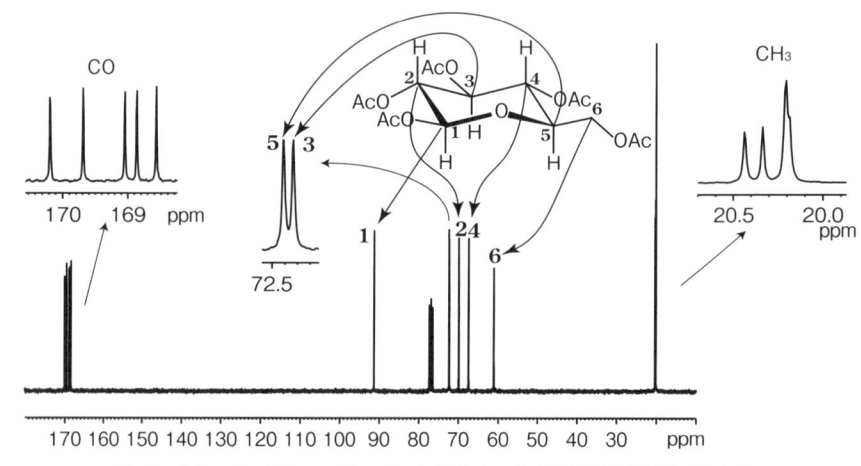

図 3・11　β-グルコース ペンタアセタートの ^{13}C NMR スペクトル

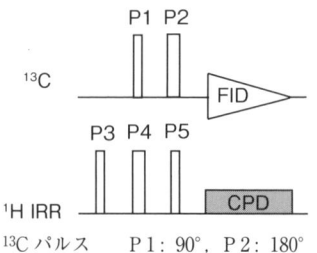

^{13}C パルス　P1: 90°, P2: 180°
^1H デカップラーパルス　P3: 90°, P4: 180°, P5: 45°, 90° あるいは 135°
DEPT の後の数字は P5 が何度パルスであるかを示す．

　一方，観測する炭素核に水素がいくつ結合しているかを見分ける方法がある．**DEPT**（Distortion Enhancement by Polarization Transfer）とよばれる方法であり，^{13}C スペクトルのシグナルが上に凸になるか下に凸になるか消失するかで，結合した水素の数が 0 個から 3 個までを見分けることができる（表 3・3）．DEPT 135 の測定で十分足りることが多いが，メチル基とメチン基を区別するとき DEPT 90 を測定する．

表 3・3　DEPT のシグナルの向き

測定法	シグナルの向き（位相）			
	CH_3	CH_2	CH	C（第四級）
DEPT 45	↑	↑	↑	−
DEPT 90	−	−	↑	−
DEPT 135	↑	↓	↑	−

↑：上向きのシグナル，↓：下向きのシグナル，−：シグナルの消失

3・3 二次元相関NMRスペクトル

　一次元スペクトルは，横軸に周波数（＝化学シフト），縦軸に信号強度を示したものである．一方，二次元相関スペクトルは，一次元と同じ周波数，信号強度に"時間"を加えたものである．時間はフーリエ変換によって周波数に変換できるから，二次元スペクトルは二つの周波数軸と信号強度をもつ．加えられた周波数軸は，化学シフト（別の核種でもよい）やスピン結合などとすることができ，一次元スペクトルとの"相関"を得ることができる．二次元法のパルスシークエンスでは，あるパルスからパルスまでの展開時間 t_1（間隔）を変化させながら繰返し測定を行いフーリエ変換する．この展開時間 t_1 がもう一つの次元を与え，t_1 の間にスピンの磁化移動[*1]を伴わせると，スピン結合やNOEなどのさまざまなNMR現象を相関として得ることができる[*2]．

　二次元法では，プロトンデカップルのように一つ一つの核を照射する必要がなく，すべてのシグナルの相関をいっせいに観測することができる．二次元法は同種の核における相関に限らず，異種の核における相関もある．β-グルコース ペンタアセタートを例として各種二次元相関スペクトルを説明する．

3・3・1 同種核のスペクトル

スピン結合相関

H-H COSY（H-H COrrelation SpectroscopY）

　どのシグナルとどのシグナルの間に ^1H 同士のスピン結合があるかを知るためのものである．対角線上に対角ピークが現れるのが特徴で，スピン結合している核同士の相関信号（**クロスピーク**）は対角線に対して対称に観測される．通常は ^2J，^3J が観測され，^4J 以上（0〜3 Hz 程度）のスピン結合が観測されることはまれである．

　β-グルコース ペンタアセタートのメチンおよびメチレンプロトン領域のCOSY

*1 このような磁化移動を主にコヒーレンス移動という．詳しくは専門書を参考とされたい．

*2 ピークの高さは信号強度であるから，スペクトルは等高線を使って二次元で示す．

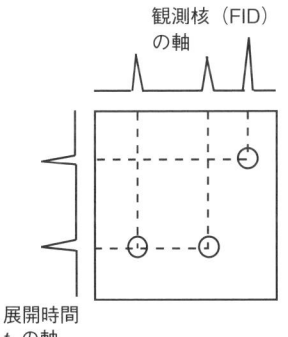

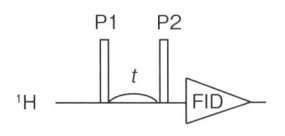

観測核（FID）の軸

展開時間 t_1 の軸

P1：^1H 90°パルス
P2：任意であるが，通常は ^1H 90°あるいは 45°パルス
FID：横軸側のスペクトルを与える．
t：展開時間（この長さを変えて繰返し測定する）→ 化学シフトの影響下でスピン結合を展開させることで，J_{HH} の情報を取出しつつ，縦軸側のスペクトルを与える．

クロスピーク（交差ピーク）
（cross peak）

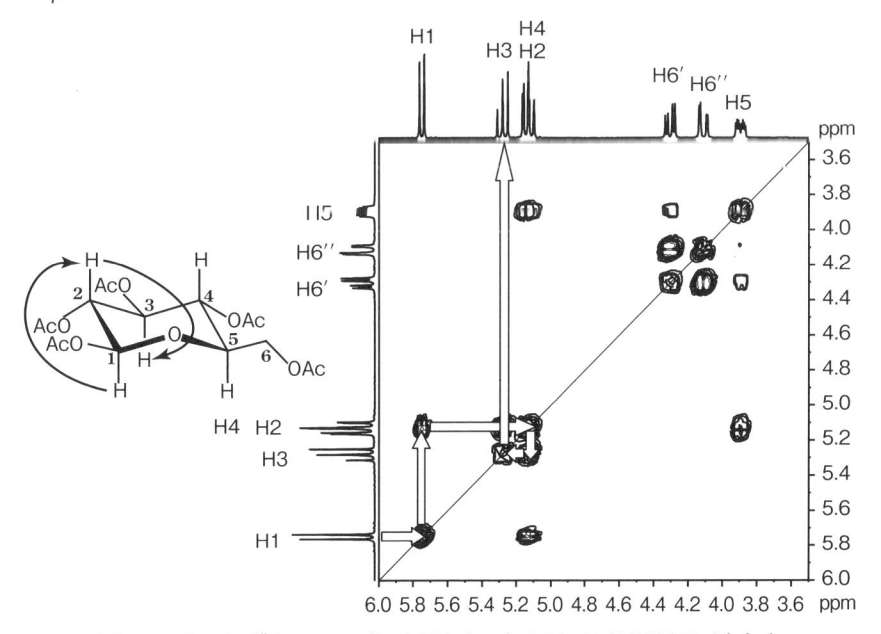

図 3・12 β-グルコース ペンタアセタートの H-H COSY スペクトル

スペクトルを図 3・12 に示した．以降も同様であるが，図の上と左には，一次元スペクトルを貼り付けてある．H4 は H2 とシグナルが重なっていて難しいため，H1〜H3 までのスピン結合のつながりまでを図の矢印で示した．出発とするシグナルから対角線まで線を引き，その線から垂直な線を引くと相関ピークがわかる．これを繰返すと渦巻状の線が描け，スピン結合のつながりを図示することができる．COSY では，隣合う炭素上の水素の ^3J のビシナルカップリング (vicinal coupling) が主要な相関となり，非等価メチレン基の二つの水素間の ^2J のジェミナルカップリング (geminal coupling) も観測される．

全スピン結合相関

TOCSY（TOtally Correlated SpectroscopY，**HOHAHA** spectoscopy）

HOHAHA（homonuclear Hartman-Harn）

^{1}H 核の化学シフト相関スペクトルであり，H-H COSY と得られる情報は類似しているが，ある水素核を基点として，スピン結合している核がつぎつぎとたどれる方法である[*1]．たとえば，H_A-H_B と H_B-H_C とはスピン結合があるが H_A-H_C にはない場合であっても，H_A-H_C 間のクロスピークも生じる．COSY では近接した核同士がスピン結合しているとピークが重なり合って判別できないが，TOCSY を用いればスペクトル上に広く展開できることがあるので，スピン結合のつながりが解析しやすい．核スピンを介してつながっているさらに遠くの核同士のクロスピークも観測できるが，測定条件を検討する必要がある．混合時間（励起したスピンの伝達時間）を長くすると，観測される相関距離は長くなる．

*1 スピン結合がつながる様子から，リレーシフト相関という用語もある．

図 3・13 に示した β-グルコース ペンタアセタートでは，メチン（またはメチレン）プロトンはアセチルプロトン (Ac) とスピン結合がないので相関がつながらない．また，メチン（またはメチレン）プロトン間については，混合時間 100 ms で測定した結果，H1→H2→⋯→H5→H6 までの相関が観測されるが，混合時間 60 ms で測定した場合は，H5 までの相関しか観測されない[*2]．

*2 H1→H5 は COSY からスピン結合がないことがわかるので，H5 は H1 から順にスピン結合が伝わって観測されたものである．

TOCSY のパルスシーケンスはやや難しいので，専門書を参考にしていただきたい．

*3 二次元スペクトルの上に貼り付けた一次元スペクトルは，H1 プロトンの周波数のスライススペクトル（破線部分の断面を見たもの）．

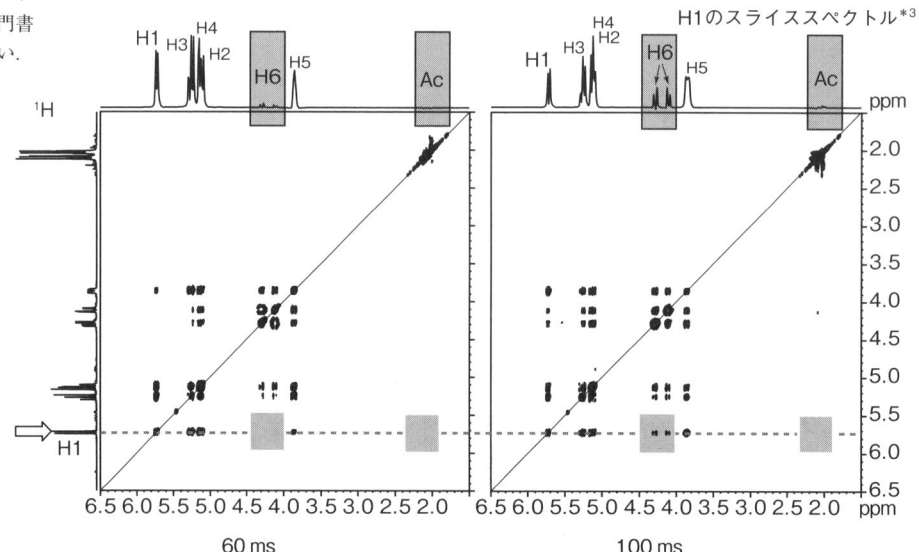

図 3・13 β-グルコース ペンタアセタートの TOCSY スペクトル

NOE相関

NOESY（NOE correlated SpectroscopY）

NOESYは核オーバーハウザー効果（NOE）による相関を見るものである．COSYではスピン結合によってクロスピークが観測されたが，NOESYでは空間的に近い距離にあるとクロスピークが観測される．一般的にNOESYといえば**位相検波NOESY**[*1]（phase sensitive NOE SpectroscopY）のことをさす．一方，位相情報をなくしてすべて上向きの信号にするNOESYがあり，この方法は処理が簡単で自動測定向きである．なお，これらの方法は，前述したNOEの説明とは原理が異なり，特に**過渡的NOE**（transient state NOE）とよばれる．パルスによってスピンをいっせいに反転させてNOEを成長させるという手法である．

β-グルコース ペンタアセタートでは，H1，H3，H5が互いに1,3-ジアキシアルの関係になるので，空間的に非常に近い位置にあり，NOE相関が観測される（図3・14）．H2やH4ともピークが観測されているが，これはスピン結合による信号であり，COSY相関があるピークはNOESYでも現れる．ただし，スピン結合による信号は，正負が互い違い（分散型）になって観測されることによって区別できることがある．分散型を詳しく見るためには，スライススペクトルにするとよい．H1のスライススペクトルでは，上向きの信号がNOE相関であり，下向きの信号が対角信号（COSYと同じように対角線に現れる信号）である．正負が互い違いになっているのは，H2とのスピン結合Jによって現れた信号である．

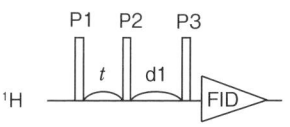

P1, P2, P3：^{1}H 90°パルス
d1：混合時間（mixing time）数十ミリ秒〜1秒→この時間に交差緩和によってNOEを成長させ，P3で信号として取出す．
COSYのパルスシークエンスに混合時間を加えたものであることがわかる．

[*1] 詳細な説明は他書に譲るとし，特徴だけを以下に述べる．分子の大きさが小さい場合，NOESY測定は可能である．一方，大きな分子（300〜400 MHzのNMR装置では分子量1000以上）は，NOEがゼロまたは負になるために通常のNOEでは測定しにくいため，回転座標系NOE（英語ではrotating frame NOEであり，ROESYと略す）を用いることがある．

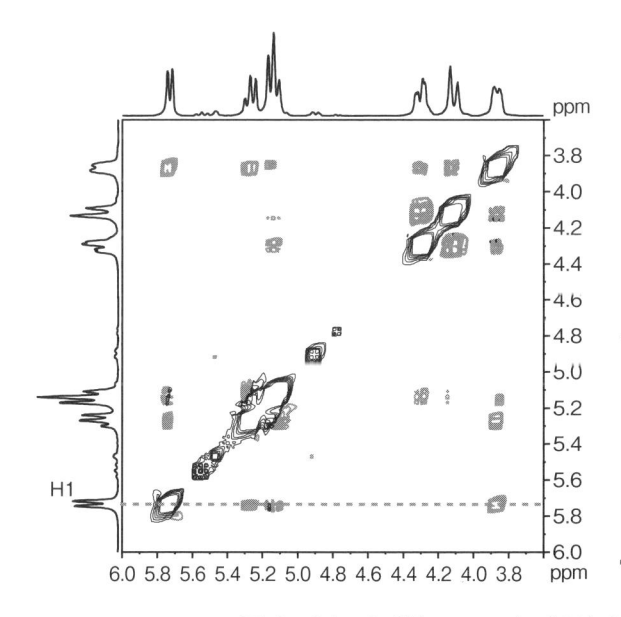

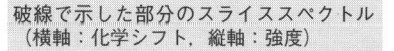

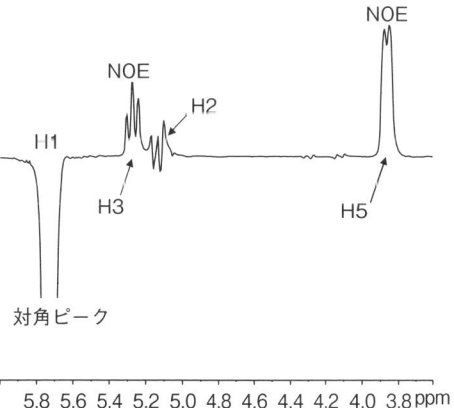

図3・14　β-グルコース ペンタアセタートのNOESYスペクトル

3・3・2 異種核のスペクトル

異種核直接相関

HSQC（Heteronuclear Single Quantum Coherence）

HMQC（Heteronuclear Multiple Quantum Coherence）

"どの^{1}Hとどの^{13}Cが直接結合しているか"という相関情報を与えるもので，端的にいえば$^1J_{CH}$を与える．HSQCとHMQCは手法の違いだけであり，どちらの測定でも同じ情報を与える．前者はスペクトルの分解能がよく，後者はデータ処理が簡便というメリットがある．^{1}Hを観測するものであるために測定時間が短く，比較的少ない試料で測定できる*．

β-グルコース ペンタアセタートのHMQCスペクトルから，^{1}Hと^{13}Cが直接結合している相関信号が読み取れる（図3・15）．C6は一つの炭素シグナルから二つのプロトンとの相関があり，プロトンが非等価なメチレンであることがわかる．

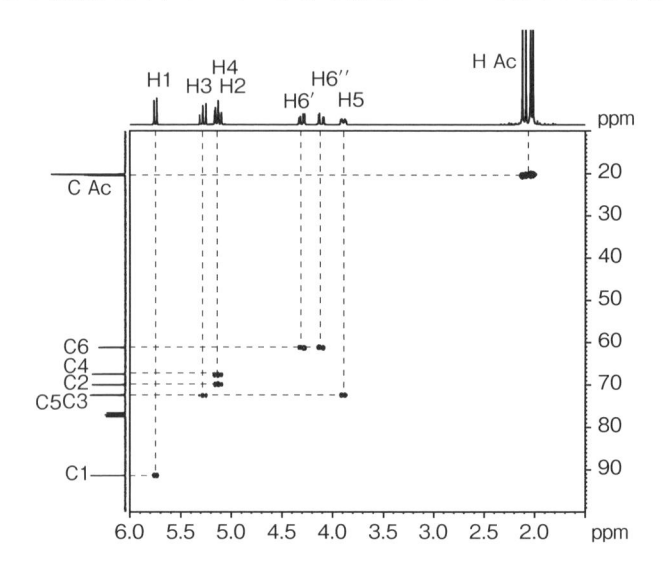

^{1}Hパルス　P1：90°，P2：180°
^{13}Cデカップラーパルス P3：90°，P4：90°
GARP：^{13}Cデカプリング用のコンポジットパルス
d1：$1/[2\cdot(^nJ_{CH})]$に相当する待ち時間（$^nJ_{CH}$を観測するための準備）
t：展開時間

^{13}C側は化学シフトへの展開に使っているだけであり，FIDは^{1}Hで観測している．そのため，高感度な^{1}Hの感度で測定できる．

＊ なお，同じ情報を与える測定法としてC−H COSYがあるが，^{13}Cを観測する方法のために長時間を必要とし，近年あまり測定されていない．

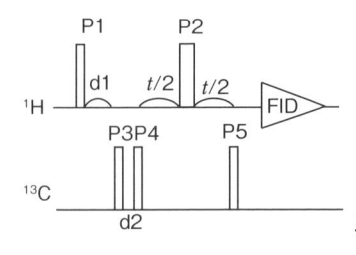

図 3・15　β-グルコース ペンタアセタートのHMQCスペクトル

^{1}Hパルス　P1：90°，P2：180°
^{13}Cデカップラーパルス　P3：90°，P4：90°，P5：90°
d1：$1/[2\cdot(^nJ_{CH})]$に相当する待ち時間．$^nJ_{CH} \fallingdotseq 7 \sim 12$ Hz
d2：$1/[2\cdot(^1J_{CH})]$に相当する待ち時間．$^1J_{CH} \fallingdotseq 120 \sim 180$ Hz

HSQCのd1の長さを変えたものが基本になっている．P3−P4の間はローパスJフィルターといわれる$^1J_{CH}$の相関を消すための操作である（詳細は4章）．

異種核ロングレンジ相関

HMBC（Heteronuclear Multiple Bond Correlation）

HMQC/HSQCでは直接結合した^{1}Hと^{13}Cのスピン結合を見たが，HMBCはそれより離れた相関（遠隔スピン結合）の情報が得られる．端的にいえば$^nJ_{CH}$（nは2以上）を観測しており，HMQC/HSQCで見る$^1J_{CH}$が100～200 Hz程度であったのに対して，HMBCで見る$^nJ_{CH}$は数Hz～十数Hzという点が異なる．ある炭素上の水素から見て，二つ以上隣の炭素核との間（Jが10 Hz前後）にクロスピークが観測される．^{1}H−^{1}Hスピン結合が存在するシグナルは，^{1}H側と^{13}C側に^{1}Hスピン結合が展開されることがあり，結果的に斜めに伸びたような形になることがある．この場合，一次元スペクトルと比較するときに分裂したシグナルの中心をみるとよい．

図3・16にはβ-グルコース ペンタアセタートのCO炭素との相関を示した．右図がアセチル基のメチルプロトンとの相関であり，左図がメチレンおよびメチンプ

ロトンとの相関である．メチレンおよびメチンプロトンはH-Hスピン結合から帰属できるが，第四級炭素や一重線のメチル基は化学シフトの情報しかなく，帰属が困難である．HMBCを用いることによって，メチンプロトンから第四級炭素，メチルプロトンへと帰属を参照することができる．したがって，第四級炭素や一重線のプロトンの帰属において必須ともいえる測定法である．

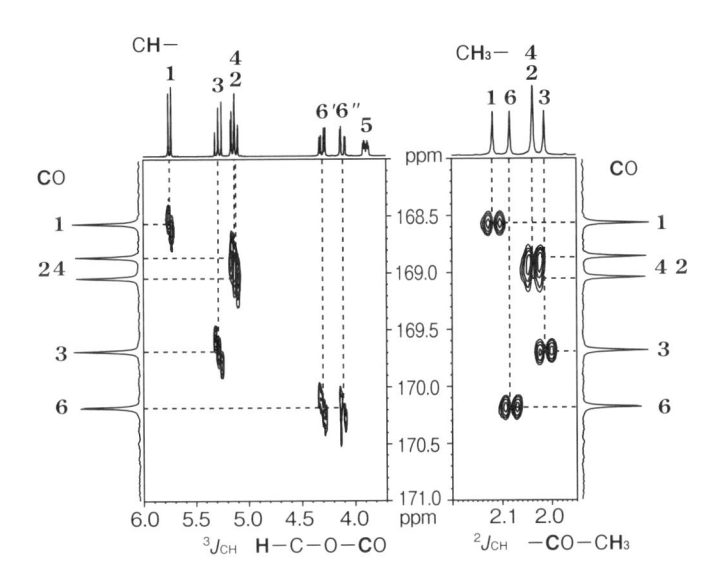

図3・16 β-グルコース ペンタアセタートのHMBCスペクトル

右図はメチルプロトン-CO炭素の相関，左図はメチンプロトン-CO炭素の相関である．グルコース骨格の1位〜6位に結合したメチンプロトンとアセチル基をそれぞれ**1**〜**6**とした．
CH_3とCOの相関には一重線で分裂しないはずの^1H側の分裂が見えている．分裂した理由はわからないが，中心を見れば問題ない．

磁場勾配パルスによる二次元法（pulsed field gradient 法）

 二次元法では，スペクトルを同じ条件で繰返し測定して足し引きすることで，必要な情報を与える理論式の項から不要となる信号の項を除去している(位相回し)．そのため，一つ一つのスペクトルの間に周囲の環境の変化(特に磁場や温度の変動)があると，ノイズが残ることになる．ここで，試料に勾配磁場を与えるようなパルスを用いた測定法を組入れると，不要となる項の除去が1回のスペクトルの取込みで達成できるため，位相回しによる除去よりもはるかに効率の高い測定ができる．したがって，磁場勾配パルスを用いた測定法は，現在二次元NMRの主流となっており，最近の装置では磁場勾配パルスが標準装備されていることが多い．

本書では，COSY, HSQC, HMBCの各測定で磁場勾配パルスを用いた．

二次元測定法の一次元化

 二次元法は，展開時間t_1を変化させる数*だけ測定を繰返す必要があるため，測定に時間がかかる場合が多い．しかし，二次元法ならではのメリットもあることから二次元法の原理を用いて，測定時間の問題を解決するためにある特定の周波数シグナルだけの相関を一次元で観測するという手法がある．通常の二次元では広帯域の周波数パルスですべての核をいっせいに励起するが，一次元化する方法では特定の核だけ選択的に励起するパルスを用いる．分子が小さくシグナルが少ない場合，一次元化した測定は二次元を測定するよりもはるかに短い時間で測定できる．

* 縦軸のフーリエ変換前の点数．通常は128〜512にすることが多い．

本書ではNOESY法を一次元化したGOESY法を演習問題15に参考で示した．

練習問題

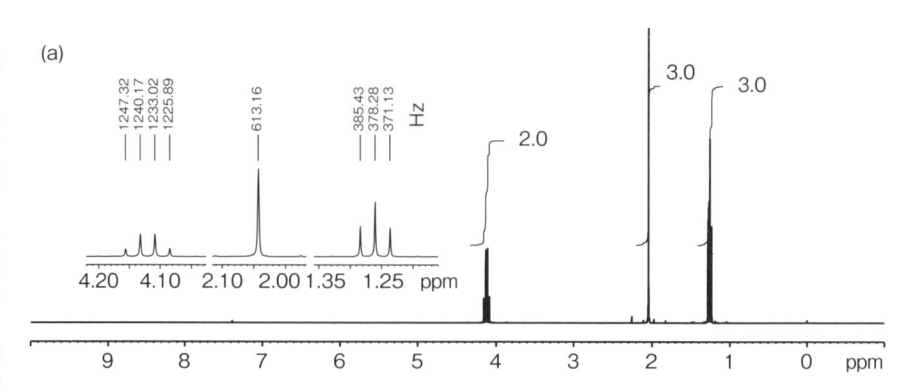

3・1 下記の ¹H NMR スペクトル(a)〜(c)は，化合物(1)〜(3)のいずれかのものである．該当する化合物番号を示せ．

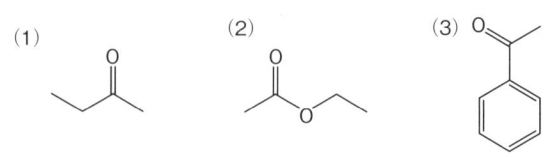

(1) ブタノン (2) 酢酸エチル (3) アセトフェノン

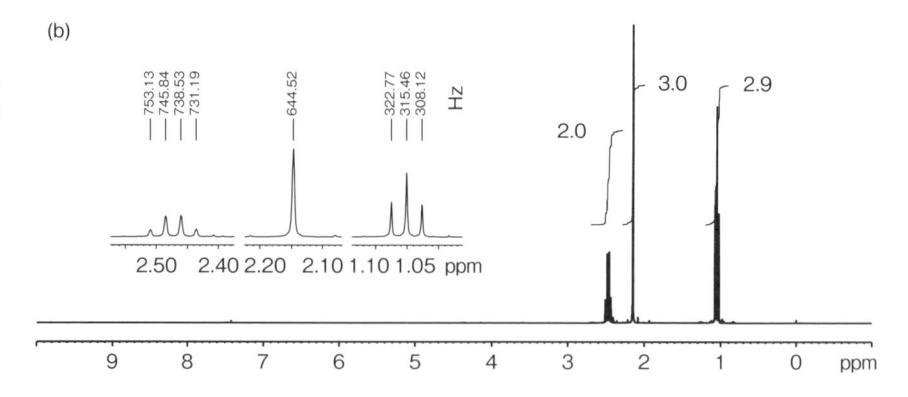

【ヒント】
・芳香族プロトンは大きな環電流効果のために非常に強く非遮蔽化されており，二重結合に接続したプロトンとして予想されるよりも高周波数側に観測される(δが大きい)．
・酸素原子に結合するメチレンプロトンは，酸素原子の電気陰性度の大きさによって水素核の周囲の電子密度が小さくなっており，プロトンの感じる磁場強度が強くなるので，1〜2.5 ppm ほど高周波数シフトする．
・カルボニル基の隣のメチレンプロトンは，環電流効果とカルボニル基の電子求引性のために 2〜4 ppm ほど高周波数シフトする．

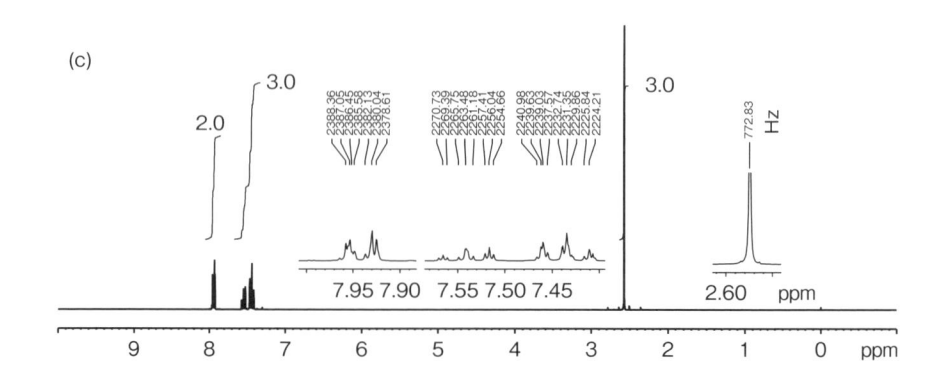

3・2 下記の¹H NMRスペクトル(a)〜(d)は，化合物(1)〜(4)のいずれかのものである．該当する化合物番号を示せ．

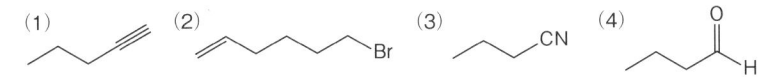

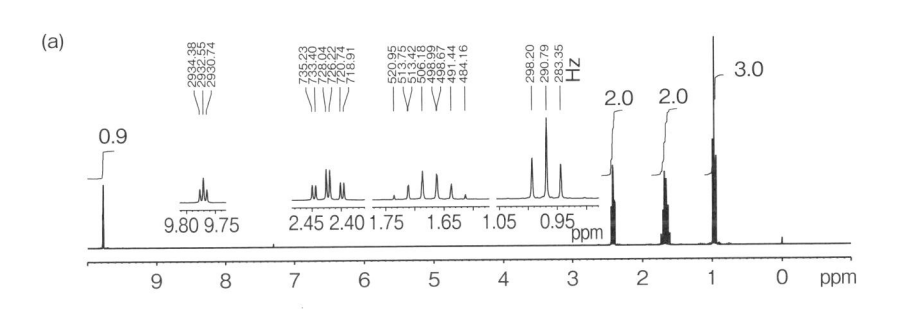

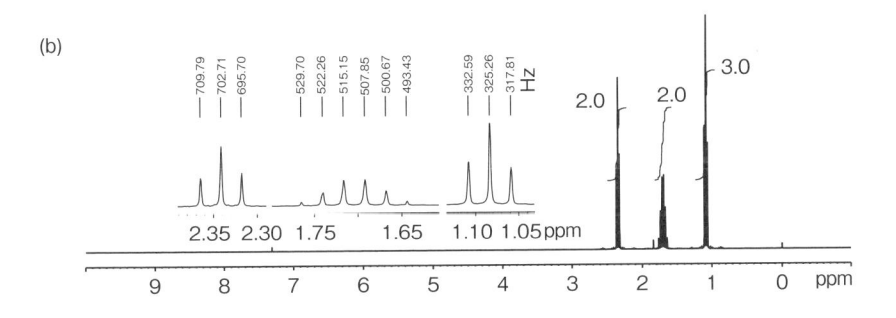

(1) ペンチン (2) 6-ブロモ-1-ヘキセン (3) プロピオニトリル系 (4) ブタナール

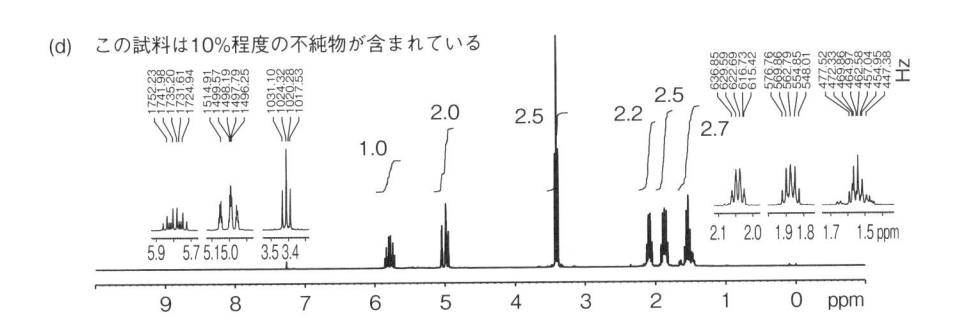

【ヒント】
・単純なスピン結合（^3J が同じであるとみなせる結合の場合）では，隣り合う水素の数＋1の分裂を示す．たとえば，隣にメチレンのあるメチル基は三重線として現れ，メチルとメチレンにはさまれたメチレンは六重線として現れる．

・アルデヒドプロトンはC＝O結合の環電流効果などにより，8〜10 ppm に観測される．カルボニル基をはさんだ ^3J が観測される．

・末端アルキンに結合するプロトンは，C≡C結合軸のまわりを回転するような電子の運動による環電流効果によって遮蔽されており，アルキルプロトンと同じ領域に観測される．

・臭素原子が結合した炭素上のプロトンは，ハロゲンの電気陰性度の大きさによってプロトンの周囲の電子密度が小さくなっており，プロトンの感じる磁場強度が強くなるので，2〜3.5 ppm ほど高周波数シフトする．

・C＝C二重結合に付いているプロトンは，芳香族よりは弱いが同様の環電流効果によって非遮蔽化される．通常，5 ppm 付近に現れる．

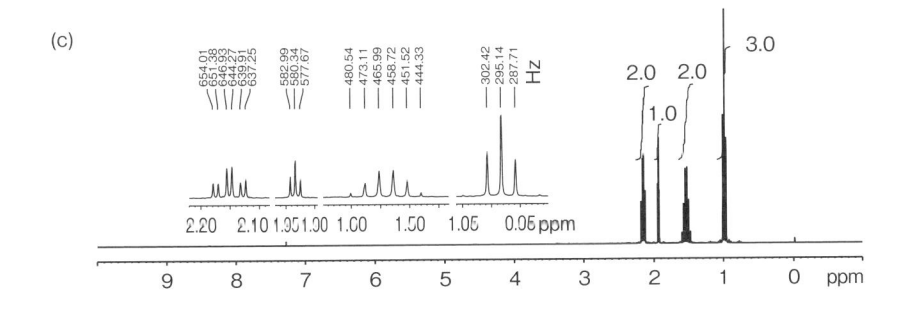

(d) この試料は10％程度の不純物が含まれている

3・3 下記の ^{1}H NMR スペクトル(a)～(c)は，化合物(1)～(3)のいずれかのものである．該当する化合物番号を示せ．

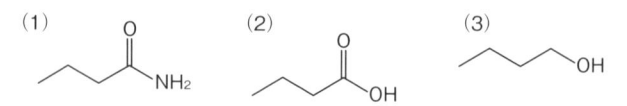

(1) ブチルアミド (CH$_3$CH$_2$CH$_2$CONH$_2$)
(2) ブタン酸 (CH$_3$CH$_2$CH$_2$COOH)
(3) 1-ブタノール (CH$_3$CH$_2$CH$_2$CH$_2$OH)

【ヒント】
・OH や NH プロトンは，しばしば幅広いシグナルになることがある．特に酸性度の高いプロトンほど，その効果は顕著である．また，これらのプロトンは酸性度が大きいほど周囲の電子密度が小さく，高周波数側に現れる．
・アミド窒素上の二つの水素は，カルボニル酸素の電子求引性のためにC＝N二重結合性が生じているので非等価になる．

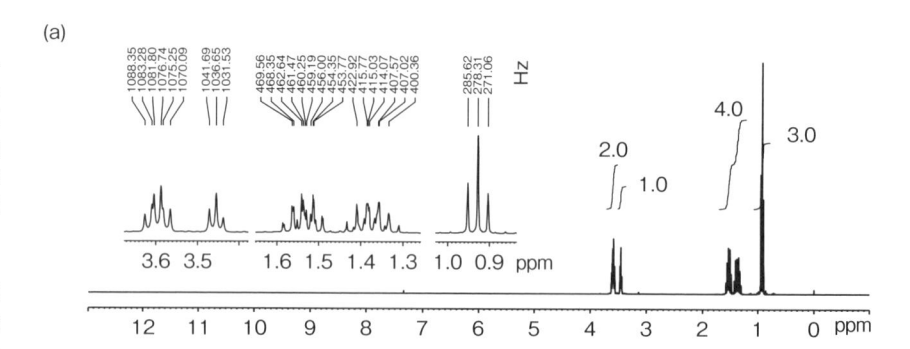

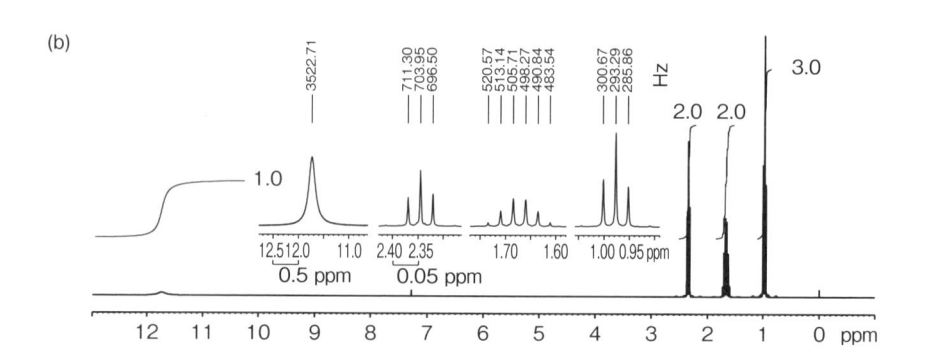

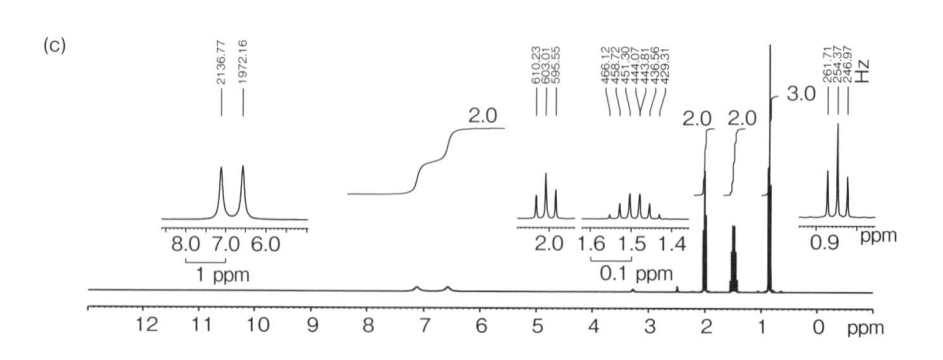

3・4 下図はジイソプロピルアミン（CDCl₃ 溶液）の ¹H NMR について，イソプロピル基のシグナルを拡大したものである．下記の問に答えよ．

① 2.9732, 2.9524, 2.9316, 2.9108, 2.8900, 2.8692, 2.8483
② 1.0526, 1.0318

【ヒント】
わからないときは，3・1・5 節のスピン結合の項を参照．

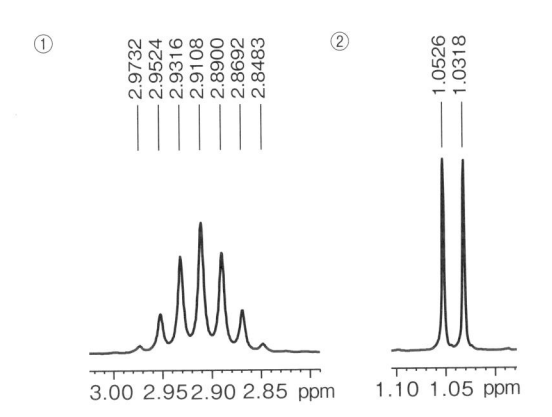

a) イソプロピル基のメチンプロトンが隣合うメチルプロトンとだけスピン結合するとしたとき，メチンプロトンは何重線に分裂するか．

b) シグナル ①，② について，それぞれの化学シフト δ とスピン結合定数 J を求めよ．なお，¹H 共鳴周波数は 300.13 MHz で測定した．

c) シグナル ② が ① と一次のスピン結合をしていることを，$\Delta\nu/J$ を用いて示せ．

3・5 つぎの ¹H NMR スペクトルは，ある化合物 **A**（CDCl₃ 溶液）について ¹H 共鳴周波数 300.13 MHz で測定したものである．

a) このスペクトルを示しそうな化合物 **A** の候補をいくつかあげよ．

b) 質量分析における **A** の分子イオンピークから，質量が 74 とわかった．この情報に基づいて，**A** の構造を確定せよ．

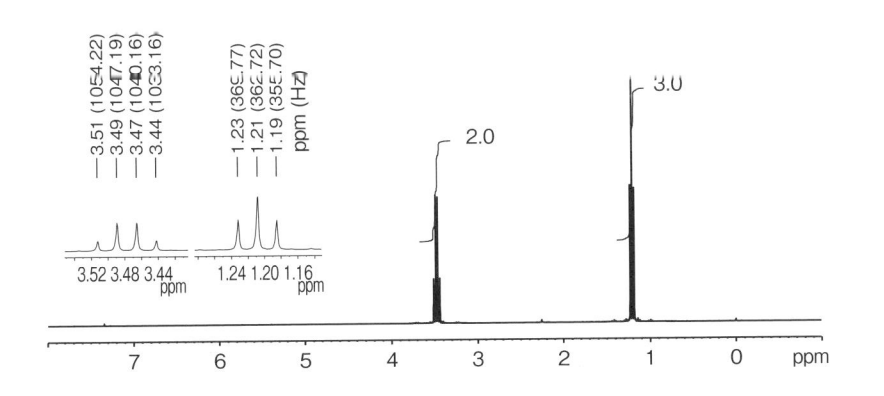

【ヒント】
¹H NMR から予想される部分構造を考え，その先がどのような構造になっているかを考えてみよう．

3.51 (1054.22), 3.49 (1047.19), 3.47 (1040.16), 3.44 (1033.16)
1.23 (369.77), 1.21 (362.72), 1.19 (355.70)
ppm (Hz)

2.0　3.0

3・6 下記の^{13}C NMR スペクトル(a)～(d)は，化合物(1)～(4)のいずれかのものである．該当する化合物番号を示せ．

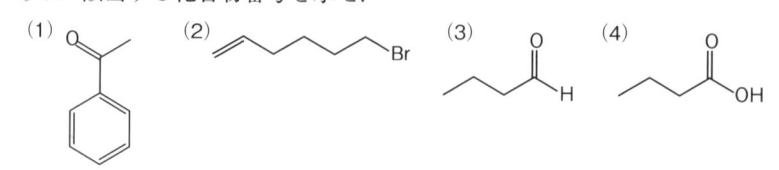

(1) アセトフェノン (2) 6-ブロモ-1-ヘキセン (3) ブタナール (4) ブタン酸

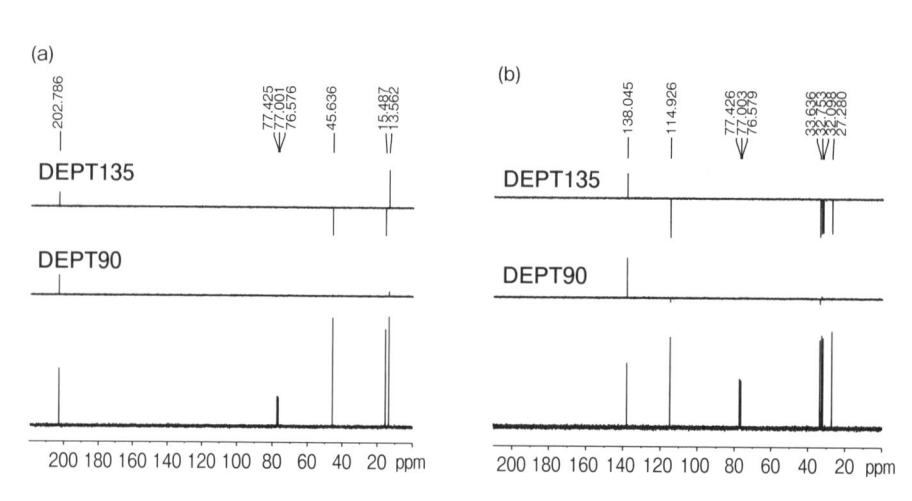

【ヒント】
・CDCl$_3$ 溶媒のシグナルは，77 ppm 付近に三重線で観測される．
・芳香族やオレフィンの炭素は，強い環電流効果によって高周波数側（δ が約 130 ppm）に観測される．結合する置換基によってシグナルの位置は大きく影響される．
・カルボニル炭素はカルボン酸とカルボン酸エステルが 160～180 ppm あたりに，ケトンやアルデヒドが 200～220 ppm あたりに観測される．

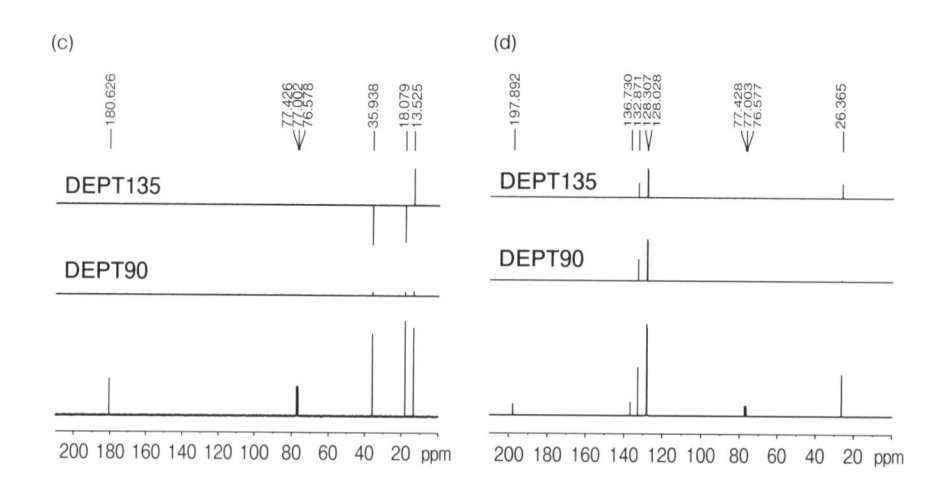

3・7 下記の¹³C NMR スペクトル (a)～(c) は，化合物 (1)～(3) のいずれかのものである．該当する化合物番号を示せ．なお，一つの化合物だけ CDCl₃ ではない溶媒で測定した．この溶媒は何か．表 3・2 を参考にして答えよ．DEPT 測定は，すべて J_{CH} = 145 Hz の場合に最適な条件となるように測定した*．

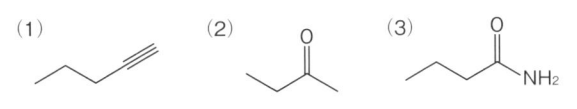

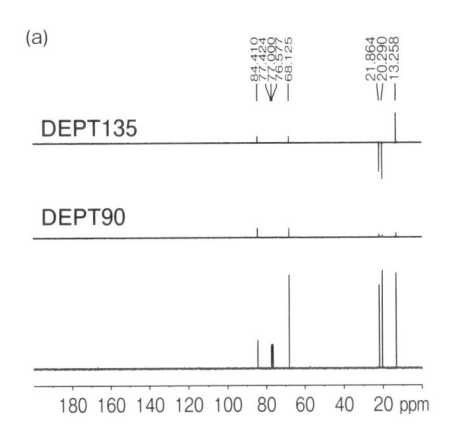

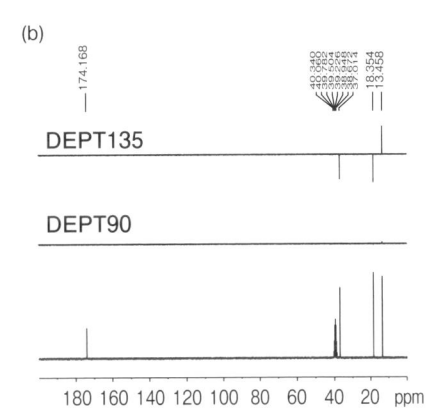

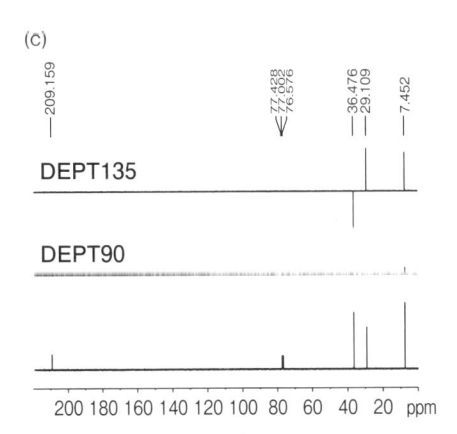

(1) ペンチン (2) ブタノン (3) ブタンアミド

(a) ピーク: 84.410, 77.424, 77.099, 68.125, 21.864, 20.290, 13.258

(b) ピーク: 174.168, 40.040, 39.722, 39.614, 39.404, 39.191, 18.354, 13.456

(c) ピーク: 209.159, 77.428, 77.002, 76.576, 36.476, 29.109, 7.452

* 末端アルキンの DEPT では，$H-C\equiv C$ の ²J_{CH} が 50 Hz 程度と非常に大きいため，標準的なパラメーター (145 Hz, パルス間隔 3.45 ms) で測定すると，DEPT 90, DEPT 135 では本来シグナルが観測されないはずであるのに観測され，¹J_{CH} の C–H があると誤認してしまうことがある．パラメーターを 200 Hz 以上に設定すれば，²J_{CH} が見えにくくなるので正しいスペクトルになるが，アルキルプロトンの ¹J_{CH} は 140～110 Hz であって，200 Hz 以上に調整すると正しく測定できなくなってしまう．このように，アルキンのように ²J_{CH} が極端に大きくなるような場合は，DEPT や ¹H–¹³C 相関スペクトルの測定に注意する必要がある．本問題でも，末端アルキンである化合物 (1) の 1-ペンチンの DEPT で，²J_{CH} が観測されているので注意すること．

【ヒント】
・三重結合の炭素は約 80 ppm に観測され，置換基によってその範囲は変わりやすい．
・三重結合に隣接する炭素は，遮蔽効果によってアルキル炭素と同じ領域に観測される．
・アミド結合のカルボニル炭素は，カルボン酸やカルボン酸エステルに近い範囲に観測される．

3・8 下記の ¹³C NMR スペクトル (a)〜(c) は，化合物 (1)〜(3) のいずれかのものである．該当する化合物番号を示せ．

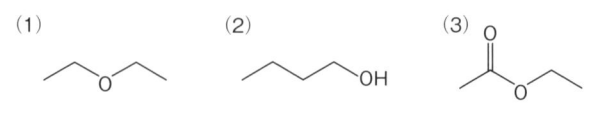

(1) エチルエーテル　(2) ブタノール　(3) 酢酸エチル

【ヒント】
・酸素原子が結合したアルキル基の炭素は，60 ppm 前後に観測される．
・等価な炭素がなければ，¹³C スペクトルのシグナルの本数は炭素の数である．

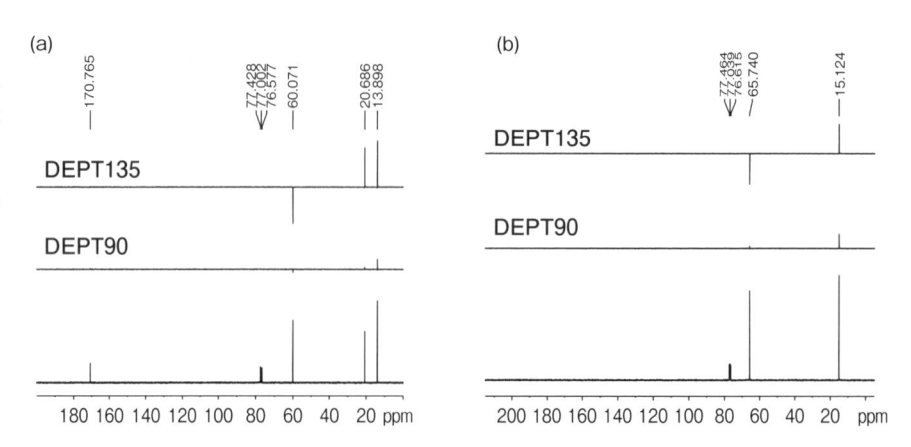

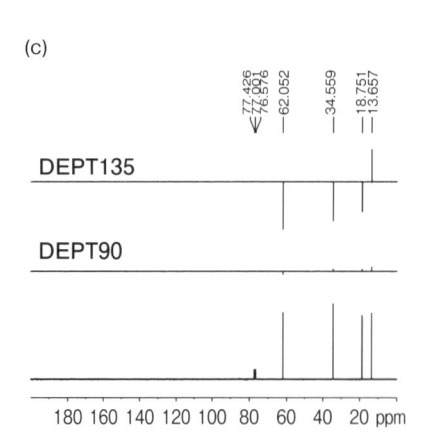

3・9 ブタンニトリル $CH_3-CH_2-CH_2-C\equiv N$ の ¹³C NMR のスペクトルはどのようになるか，DEPT も含めて予想せよ．

3・10 以下に $CH_3CH_2CH_2CN$ の HSQC スペクトルを示した。^1H (**a**)～(**c**) および ^{13}C (**A**)～(**C**) の各シグナルを帰属せよ。記号の横に2Hや3Hと書かれた数値は、^1H の積分比を示している。

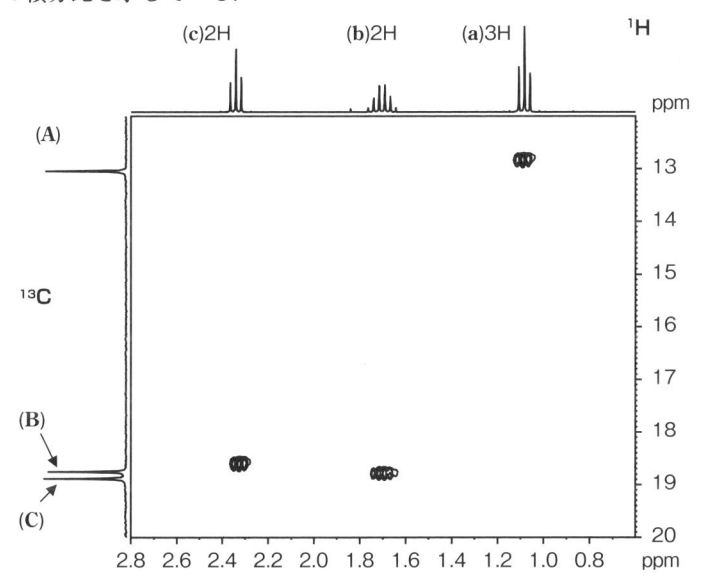

【ヒント】
シアノ基の炭素(δ 約 120)には水素が直接結合していないので、左図では炭素軸は δ 12～20 だけを表示した。

3・11 以下に $CH_2=CHCH_2CH_2CH_2CH_2Br$ の COSY スペクトル(500 MHz の装置で測定)を示した。^1H (**a**)～(**g**) の各シグナルを帰属せよ。なお、(**e**) および (**f**) は重なっているものとし、区別しなくてよい。また、^4J と書かれたシグナルは、遠隔スピン結合であるので無視してよい。

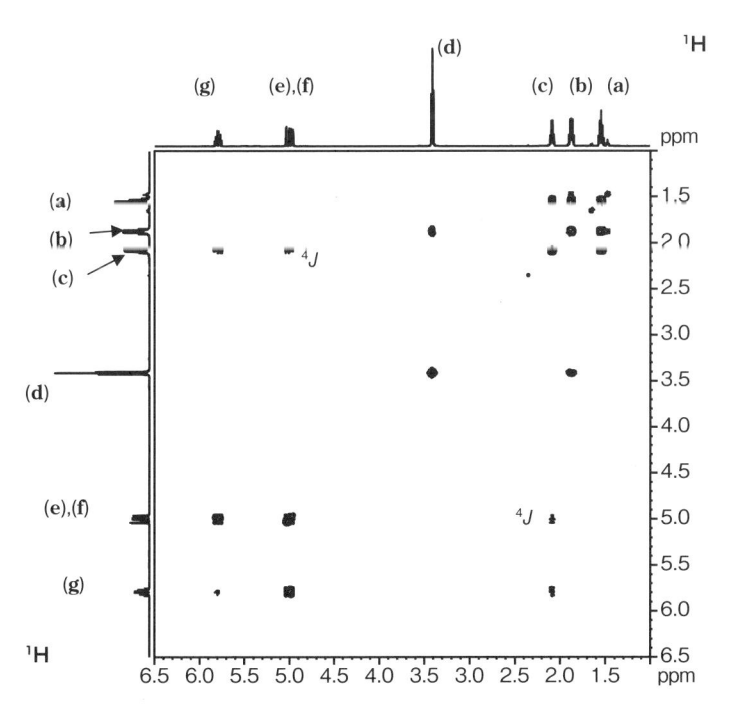

【ヒント】
アルキル鎖の末端を探してみよう。

実 践 編

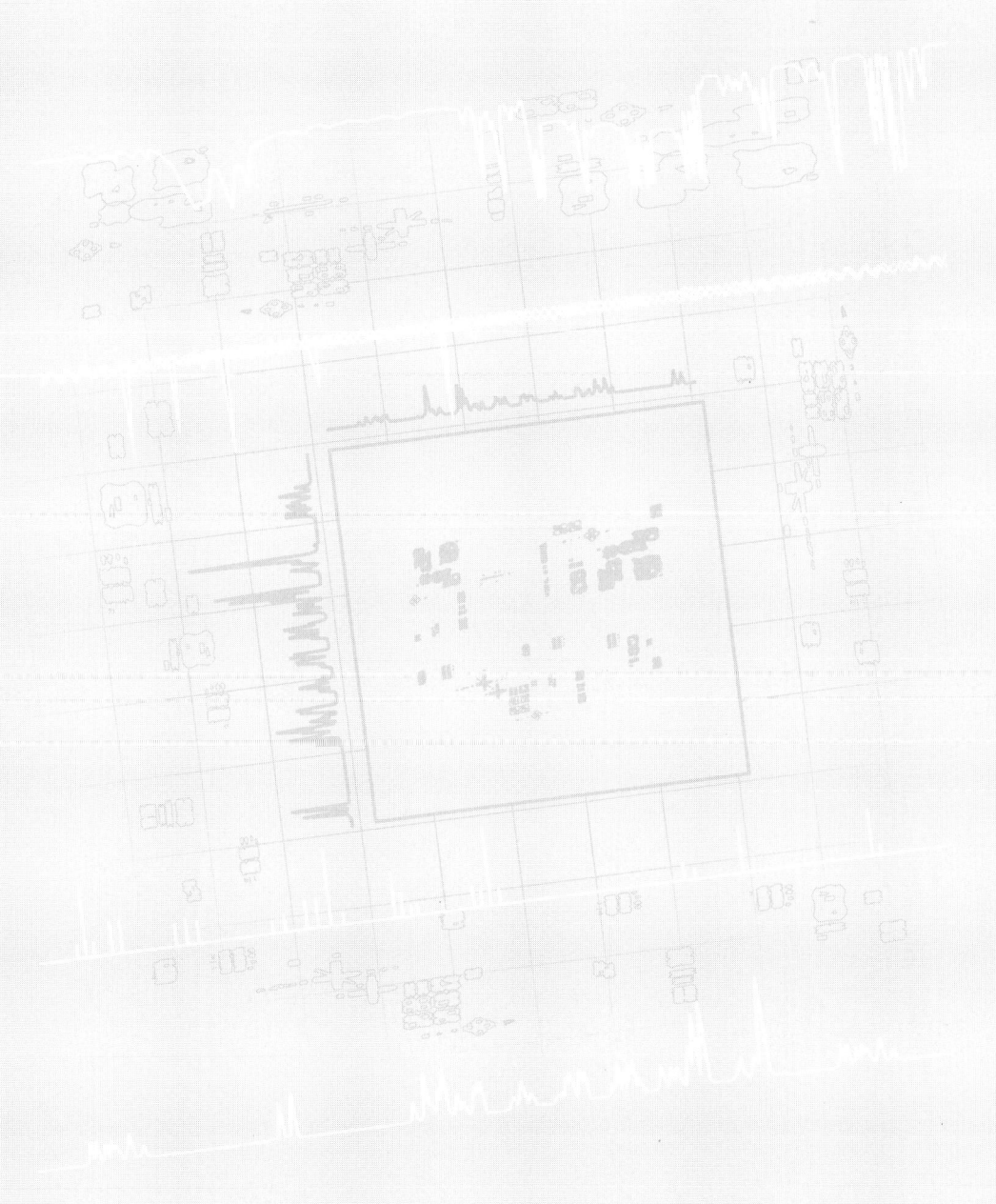

4 構造解析へのアプローチ

4・1 構造解析の心得

スペクトルの"帰属"が大切なのは，分子構造の"同定"を間違いなく行う必要があるためである．一つでも矛盾があり，合理的な説明がつかなければ，間違った構造である可能性が高い．複数の機器分析を用いてスペクトルの測定を行うのは，このような矛盾が生じる可能性を極力避けるためである．その一方で，スペクトルのすべての信号が帰属できるとは限らず，曖昧な部分も少なくない．見る人が違えば同じスペクトルでも違った結論に至るかもしれない．曖昧さをどこまでなくしたらよいかという境界は，ほとんど経験則による．したがって，構造解析を正確に行うためには，最低限の知識を身に付けることはもちろん必要であるが，それ以上に多くの経験を積むことが大切である．

本書では多数のスペクトルの帰属を行うことで，少しでも構造解析の"センス"を養うことを目標としている．

4・2 既知試料と未知試料

分子構造解析は，あらかじめ予想される構造の情報がなければ難しくなる．構造が予想されていれば，推定構造からスペクトルの帰属を行えば必然的に構造解析へとつながるのに対して，未知試料では分子構造の推定から始めなければならない(図4・1)．したがって，未知試料の解析は単純な構造でも決して容易でない．また，既

初心者に陥りがちな例として，スペクトルの解析に矛盾が生じるとすぐに途方に暮れてしまうことがあるが，それは未知試料の解析の難しさを反映しているともいえる．したがって，既知試料の解析が多い者でも未知試料からの解析の視点をもっていることは，大変有意義なことである．

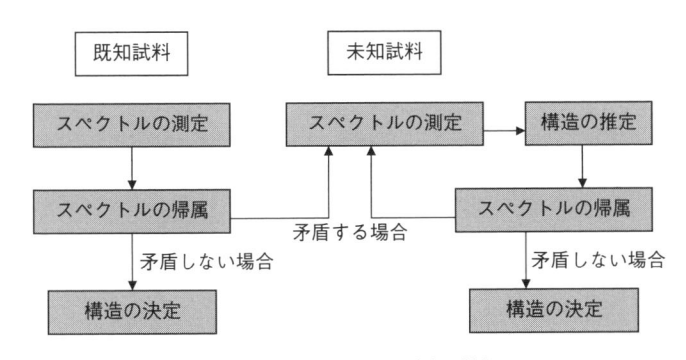

図4・1 既知試料と未知試料

知試料であってもスペクトルの帰属に矛盾があれば，その構造は間違いであり，改めて未知試料としてスペクトルを解析する必要がある．

本書では，構造が既知と未知の両方について演習問題（5章）を用意した．

4・3 簡単な構造解析へのアプローチ

構造解析の難易度は，分子の大きさに依存しているといってもよい．例外はあるが，分子が大きいほど信号の数が多くなり，解析は難しくなる．構造解析の手順は一つとは限らないので，どのようなアプローチで取組んでもよいが，一般的な低分子の解析例を図4・2に示した*．低分子の解析では，分子式の決定，官能基の決定，構造の決定の三段階に分けられる．未知試料の場合は，"決定"を"推定"に変えてみるとよいだろう．

* 本書で取扱う機器分析を用いても情報が不足する場合もあり，ラマン分光，X線結晶構造解析，元素分析（有機，ICP）などを用いてさらに補足することもある．

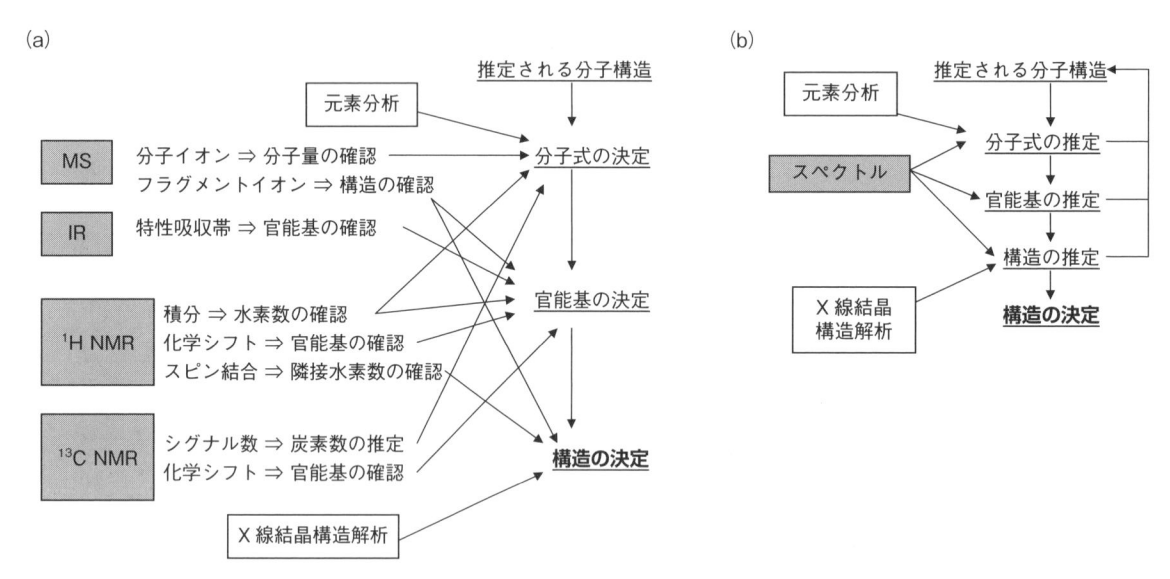

図4・2 既知試料（a）および未知試料（b）の場合の基本的アプローチ

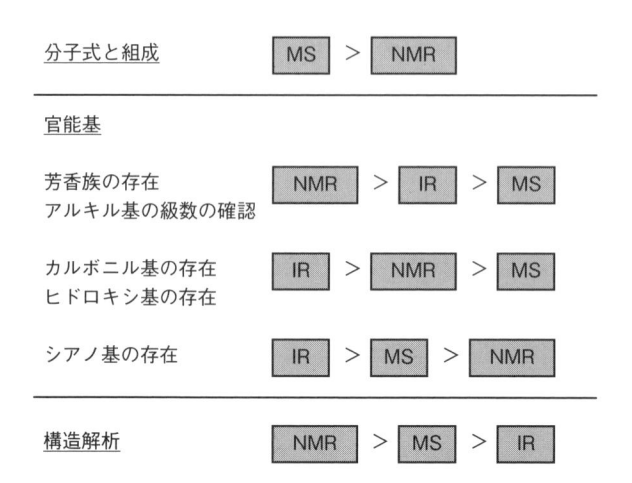

図4・3 官能基の類推．不等号の大きいほうが，より重要な測定法

4・4 さまざまなスペクトルを複合した官能基の確認

前述したように，構造解析には複数のスペクトルが必要になることがある．その中から情報を取出すには経験が必要であるが，どのように官能基を類推すればよいかについて図4・3にまとめた．すなわち，測定機器によっては得手不得手があるので，それを上手に活用することが重要である．

4・5 やや複雑なNMRスペクトル解析のアプローチ

複雑な構造をもつ分子を解析するには，二次元NMRの手法が必須になる．二次元NMRは多種多様な測定法があるが，一次元スペクトルの帰属を助けるために必要に応じた測定を行えばよい．本書で扱う測定法の位置付けを図4・4にまとめた．二次元スペクトルを扱う場合は，信号のラベルをいかに上手に付けるかが鍵である[*1]．^{13}Cスペクトルのラベル付けは比較的簡単であるが，分子が大きくなるほど^1Hスペクトルは困難になる．このような場合は，重なった信号を分離できるHSQCが非常に役立つ．ラベルを付けたら，アルキル，芳香族，カルボニル基，ヒドロキシ基などのように，官能基によってグループ分けをする．後はスピン結合から官能基間の構造のつながりを解析すればよい．分子構造によっては立体構造の情報が必要になるが，その場合はNOESY法が有用となる[*2]．

*1 ラベル付けについては4・6・3節参照．

*2 NOESYは，配座交換や互変異性化，プロトン交換などの影響を受けるので，平面構造の解析に利用すると帰属を間違う可能性がある．

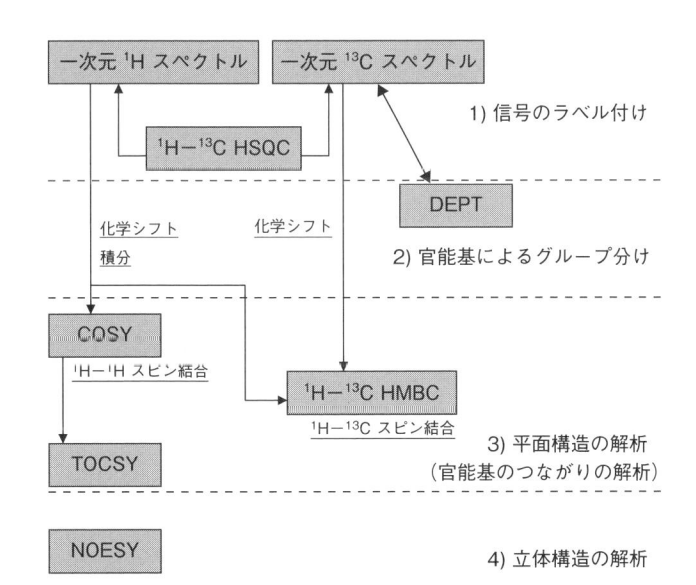

図4・4 本書で扱うNMR測定法の位置付け

4・6 実際のスペクトルの解析例

以下のスペクトルをもとに，実際に構造解析をやってみよう．

MS

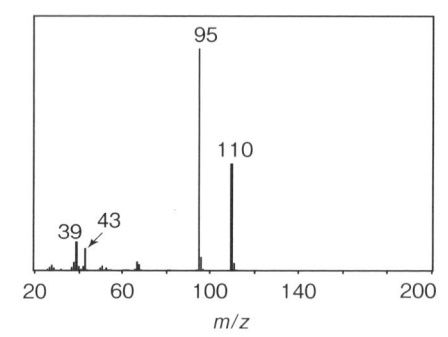

m/z 110 の高分解能マススペクトルによる精密質量：m/z 110.03704

$^{12}C^1H^{14}N^{16}O^{19}F^{31}P^{32}S$ からなる分子式で質量確度が 10 ppm 以内のものを検索した結果

分子式	計算精密質量[*1]	質量確度(ppm)[*2]
$C_6H_6O_2$	110.03678	2.4
$CH_5N_3O_2F$	110.03658	4.2
$C_3H_7O_3F$	110.03793	-8.0
$C_2H_9NO_2P$	110.03709	-0.4

*1 計算精密質量についてはコラム「精密質量と整数質量」を参照.

*2 質量確度についてはコラム「高分解マススペクトロメトリー」を参照.

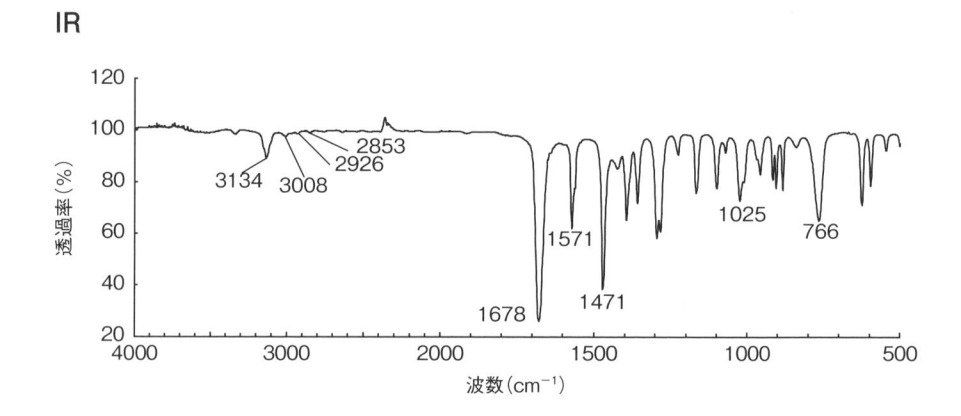

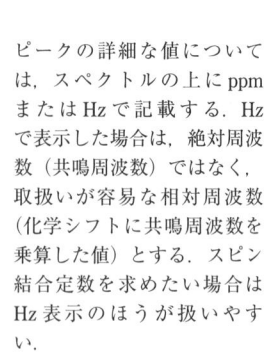

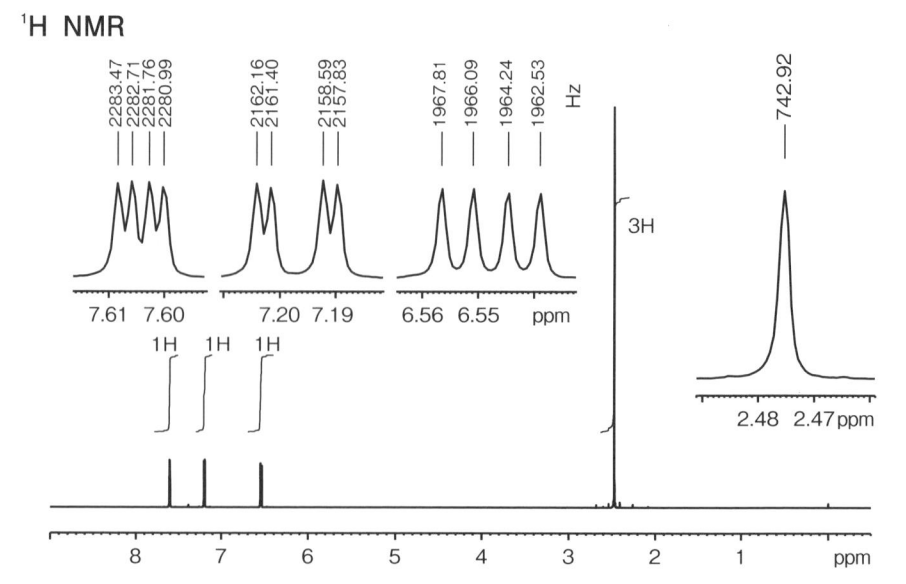

IR

(ピーク: 3134, 3008, 2926, 2853, 1678, 1571, 1471, 1025, 766 cm^{-1})

^{1}H NMR

ピークの詳細な値については，スペクトルの上に ppm または Hz で記載する．Hz で表示した場合は，絶対周波数（共鳴周波数）ではなく，取扱いが容易な相対周波数（化学シフトに共鳴周波数を乗算した値）とする．スピン結合定数を求めたい場合は Hz 表示のほうが扱いやすい．

ピーク位置 (Hz): 2283.47, 2282.71, 2281.76, 2280.99, 2162.16, 2161.40, 2158.59, 2157.83, 1967.81, 1966.09, 1964.24, 1962.53, 742.92

化学シフト: 7.61, 7.60 (1H), 7.20, 7.19 (1H), 6.56, 6.55 (1H), 2.48, 2.47 ppm (3H)

¹³C NMR

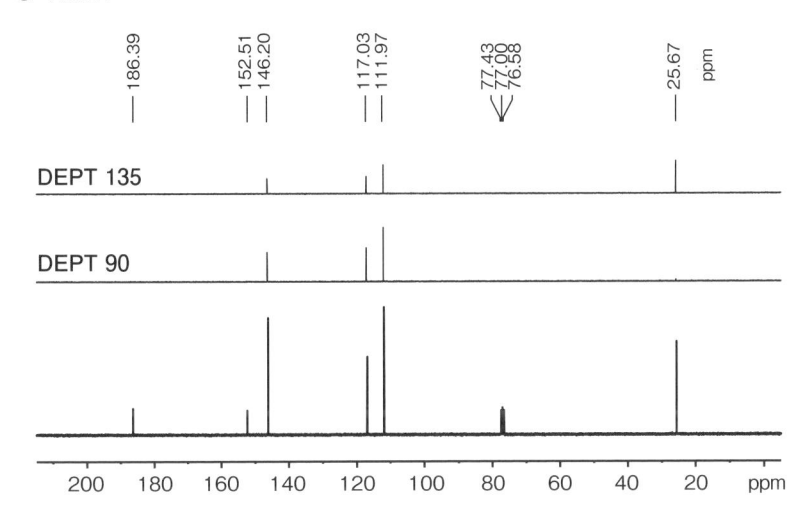

ピーク位置 (ppm): 186.39, 152.51, 146.20, 117.03, 111.97, 77.43, 77.00, 76.58, 25.67

DEPT 135

DEPT 90

4・6・1 分子式の確認と決定

　未知試料の場合は，初めに分子式を求める必要がある．分子式の決定は，質量分析や元素分析（CHN元素）が有用である．低分解能マススペクトルしか利用できない場合は，分子式を決定することができないため，元素分析が必要である．元素分析は高純度な試料が数ミリグラムオーダーで必要なため，難易度の高い分析手法である．一方，最近ではTOF/MSなどの技術の進歩により，高分解能マススペクトル* が測定しやすくなってきているので，大変有力な方法になっている．高分解能マススペクトルは小数点以下の質量数を求めることで，分子式の決定または絞込みを行うことができる．以下，高分解能マススペクトルを用いた分子式の決定法の実例を見てみよう．

* 次ページのコラム参照．

1. 分子イオンを検出する

　【測定・解析のポイント】　分子式を求めるには，必ず分子イオンあるいは分子関連イオンが検出できる必要がある．単に検出できるだけでなく，ノイズに埋もれない程度のピーク強度も必要である．特に，EI/MSは分子イオンが見えないこともよくあるので，測定できないことがある．また，EI/MS以外のソフトイオン化法においても確実に検出されるわけではない．したがって，マススペクトルを用いて完全な未知試料から分子式を求めるのは不可能であり，ある程度の推測があってはじめて成り立つ．

　高分解能マススペクトルは，分子イオンだけでなくフラグメントイオンにも利用できる．NMRやIRを測定しない構造解析では，しばしば主力の方法となる．

　【解析例】　EI/MSでは最も大きな分子イオンから開裂していくので，ノイズを除けばスペクトルの右端のピークが分子イオンとなるはずである．ここでは念のため分子イオンが観測されないことも想定しておき，後ほどNMRで確認する．出題したマススペクトルの右端には，m/z 110 が観測されている．

高分解能マススペクトロメトリー

マススペクトルに限らずほとんどのスペクトルにおいて，理論的には一つのピークは1本の線になるはずである．しかしながら，実際にはエネルギー分布の広がり・装置の不完全性などによってばらつきが生じるので，正規分布のような広がりをもったものになる．**質量分解能**または**分解度**（mass resolution）は，ピークとピークをどれだけ分離できるかを示す数値であり，大きいほど分離がよくなる．この基本的な計算は，ある質量（M）のピークのm/zを，分離したい仮想質量（$M+\Delta M$）のピークとの差$\Delta m/z$で割ったものである．しかし，$\Delta m/z$の定義はさまざまであり，分解能を表記するときはどのようにして求めた分解能なのかを示す必要がある．旧式の装置は10%谷定義の分解能（$R_{10\%}$）*1 として求めることが多いが，最近の装置はFWHM定義の分解能（R_{FWHM}）*2 として求めることが多い．R_{FWHM}は$R_{10\%}$と同等の分解能で約1.8倍の値になる．

高分解能に分類される装置は，少なくとも$R_{10\%}$ 5000以上の基本分解能を有し，同時に十分に安定な**質量確度**（mass accuracy）*3 を有することが要求される．質量確度は以下の式で定義される．

$$\text{質量確度(ppm)} = \frac{(\text{測定精密質量}) - (\text{計算精密質量})}{(\text{計算精密質量})} \times 10^6$$

高分解能マススペクトルではppmオーダーの質量確度が必要である．質量確度についてはあいまいにされていることが多いので，実際に利用する場合は注意が必要である．

*1 ピークMの山とピークΔMの山が同じ高さであったと仮定して，その谷が10%の高さになるときのΔMを求める方法．

*2 ピークの半値全幅（FWHM, full width at half maximum）を$\Delta m/z$とする方法．

*3 測定した精密質量と計算した精密質量との差を"質量確度"という．質量によって許容される正確さが異なるから，実際に利用する場合は計算精密質量で割ってppm表記にすることが多く，特に"相対質量確度"という．絶対値で表記してもよいし，正負記号を残しても構わない．

精密質量と整数質量

MSの解説において，質量*4 は統一原子質量単位（u）で記載することを述べたが，基準である炭素（^{12}C）以外の元素は質量欠損によって整数値をとらない．イオンや分子の質量を求めるとき，各元素の天然存在度が最大の同位体質量を用いて計算した質量を**モノアイソトピック質量**（monoisotopic mass）といい，**計算精密質量**（calculated exact mass）と同義である．実際の測定値である**測定精密質量**（measured accurate mass）とは異なるので，測定したm/zをモノアイソトピック質量とするのは間違いである．

また，各元素の天然存在度が最大の同位体質量を最も近い整数にして計算した質量を**ノミナル質量**（nominal mass）という．低分子では，整数にして計算した**整数質量**（integer mass）を使ってもノミナル質量と変わらないので，本書では整数質量を用いる．たとえば，メタンの質量は，モノアイソトピック質量（小数点以下4桁）では16.0313 u，整数質量では16 uとなる．装置と用語を対比すると，低分解能では整数質量しか測定できないが，高分解能では精密質量も測定できるということになる．なお，メタンのような低分子では整数質量とモノアイソトピック質量を整数にした値とは同じであるが，高分子*5 では差が生じる．したがって，整数質量は低分子でのみ用いられ，高分子はモノアイソトピック質量で計算しなければならないという点に注意が必要である．

*4 陽子と中性子の数の和である原子の"質量数（mass number）"と"質量（mass）"は異なる．分子の質量は陽子と中性子の数ではなく，統一原子質量単位で表す．

*5 高分子といっても，含まれる元素によって整数質量の計算が許容される範囲はさまざまである．炭化水素では，$C_{63}H_{128}$（精密質量：885.0016）になると整数質量884 uより約1 u増加することになる．逆に，炭素より重い元素を多く含むと整数質量より小さくなることがある．測定精密質量を整数化すると小数点以下が四捨五入されるわけであるから，一般的には質量が500 uを超えたあたりから考慮しておく必要がある（500 uを超える分子を測定する場合は，測定精密質量を少なくとも小数点以下1桁まで表示する）．

2. 高分解能MSで測定する

【測定・解析のポイント】　装置によっては常に高分解能で測定することができるものがある. しかし, 二重収束型MS[*1]などは低分解能から高分解能への切り替えが必要であり, やや高い技術を要する. また, ベースライン処理やピーク処理などが不適切であると正しい結果とならないので, 注意して処理を行う必要がある.

【解析例】　高分解能マススペクトルの測定結果は, m/z 110.03704 であった. このスペクトルを測定した装置 ($R_{10\%}$ 5000) では, 小数点以下4桁までが有効数字として妥当であり, 5桁目は計算のために残している[*2].

3. 含有するヘテロ原子を考える

【測定・解析のポイント】　試料の情報から, 炭素と水素を除くヘテロ原子の種類を予想する. 合成した有機化合物では, 反応条件から含有するヘテロ原子が予想できる. 完全な未知試料は元素分析などの別の測定法が必要になるかもしれない. 天然同位体存在度の大きい同位体を複数もつ元素 (B, Cl, Br, 遷移金属元素など) は, 分子イオンの同位体パターンが特徴的になるので, ある程度予想することができる. また, イオン性の試料 (アルカリ金属類など) は, 不揮発性であることからEI/MSでほとんど検出されない.

【解析例】　m/z 110 は同位体パターンに特徴がないため, Cl や Br などは存在しない. ここでは, 一般的な有機化合物として, 元素が C, H, N, O, F, P, S からなる分子を想定する.

4. 絞込み検索をする

【測定・解析のポイント】　一般的なマススペクトル解析ソフトウェアは, 測定した m/z からの分子式検索ができるようになっている. 検索条件を無制限にすると検索数が膨大になることがあるので, ある程度の絞込みを行ってから検索する. たとえば, 質量確度の誤差範囲, 不飽和度, ヘテロ原子の種類や数などから絞り込むことができる.

【解析例】　質量確度の上限誤差を ±10 ppm で検索したところ, 4件ヒットした. このうち, $CH_5N_3O_2F$ と $C_2H_9NO_2P$ の二つは, 不飽和度[*3]を計算すると 0.5 となる. 不飽和度が半整数となるのはフラグメントイオンの特徴であり, 分子イオンではない. また, 正確に行った高分解能測定は質量確度が 5 ppm 以下になるので, $C_3H_7O_3F$ は誤差が大きく不適切である. したがって, 分子式は $C_6H_6O_2$ であると考えられる. 不飽和度を計算すると 4 となる.

$$
\begin{array}{rl}
^{12}C_6 & 12 \times 6 = 72 \\
^{1}H_6 & 1.007825 \times 6 = 6.04695 \\
+\ ^{16}O_2 & 15.994915 \times 2 = 31.98983 \\
\hline
^{12}C_6{}^{1}H_6{}^{16}O_2 & = 110.03678
\end{array}
$$

[*1] 二重収束型MSはセクターMSともよばれ, 磁場あるいは磁場と電場によって質量を分離する装置である.

[*2] 分解能の高い Orbitrap 型や FT-ICR (フーリエ変換イオンサイクロトロン共鳴) 型装置では, 小数点以下5桁以上の計算が可能である.

天然同位体存在度についての詳細は各書を参考とされたい.

[*3] 分子式がわかると, 分子構造につながる"不飽和度"という数値が求まる. 不飽和度は分子中に二重結合や三重結合, あるいは環構造がいくつあるかの指標であり, 炭素 C, 水素 H, 窒素 N, ハロゲン X からなる分子 $C_xH_yN_zX_w$ の場合, 以下の式で表される.

$$不飽和度 = x - \frac{y}{2} + \frac{z}{2} - \frac{w}{2} + 1$$

酸素などその他の元素については, 原子価の1/2から1を引いた値を係数として各元素の個数を加えればよい (たとえば, 価電子が2の酸素は係数が0になるので無視してよく, 原子価が5のリンについては係数が+3/2となる). 不飽和度は, 分子構造を決定する際に大切な指標となる. たとえば, ある化合物にベンゼン環があれば, 環構造1個と二重結合3個であるので, その分子の不飽和度は4以上になる. 逆に, 不飽和度が4より小さければベンゼン環はないということがわかる.

質量確度の計算

$$\frac{110.03704(実測) - 110.03678(計算)}{110.03678(計算)} = 2.4 \times 10^{-6}$$

不飽和度（$C_6H_6O_2$）

$C_xH_yO_z$ とした場合，不飽和度 $= x - \dfrac{y}{2} + 1 = 6 - \dfrac{6}{2} + 1 = 4$

5. NMRで確認する

【測定・解析のポイント】　NMRを分子式の決定に用いるのは粗っぽい方法であるが，MSと組合わせると大変有用である．特に^{13}C NMRはスピン結合による分裂がなく，簡単に炭素数が確認できる．また，^{1}H NMRは積分からプロトンの数を確認することができる．ただし，等価な炭素がある場合や，プロトンの積分が信用できない場合があるので，過信は禁物である．

【解析例】　^{13}C NMRでは，溶媒を除くと6本のシグナルが観測されており，分子式と一致する．また，プロトンの積分値の合計は6であり，やはり分子式と一致する．以上のことから，分子式が$C_6H_6O_2$であることがわかった．

4・6・2　官能基の確認と決定

官能基の決定はIRが特に有用であり，カルボニル基，ヒドロキシ基，シアノ基，芳香族などの存在を明らかにすることができる．また，NMRも有用である．しかし，官能基を決定付ける化学シフトは，周辺の構造によって変化しやすく，正確さに欠けるという欠点がある*．MSはフラグメントイオンの解析によって官能基の決定に役立つことがある．分子式の決定と同様に，高分解能MSは官能基の決定に強力なツールとなるため，GC-MSやLC-MSによる多成分解析では主力の解析法となる．

以下に官能基の解析例を示した．分子式を求めた段階で含まれる元素がわかるので，含まれる可能性がある官能基は元素の種類によって絞り込まれる．ここでは$C_6H_6O_2$という分子式が求まっているので，C，H，Oからなる官能基があり，不飽和度が4である構造に限って解析することとする．また，解析の手を付ける順序は経験的なものであり，必ずしも順序立てて行う必要はない．

* 3章のチャート3・1, 3・2参照．

1．カルボニル基，カルボキシ基の存在を確認する

【測定・解析のポイント】　カルボニル基やカルボキシ基の有無は，IR（1900～1500 cm^{-1}），^{13}C NMR（225～150 ppm）からわかる．MSのフラグメンテーションはα-開裂が起こりやすい*2．

【解析例】　IRでは1678 cm^{-1}に観測されており，脂肪族ケトンの領域より低波数シフトしている．したがって，芳香族が結合したC=O結合があると推測できる．また，幅広いO-H伸縮振動は観測されていないから，カルボキシ基は存在していない．

一方，^{13}C NMRでは186 ppmにシグナルが1本観測されており，ケトンの存在

*2　詳しくは1章の各解説を参照されたい．

が示唆される．芳香族が結合すると，脂肪族ケトンの210 ppm前後より右にシフトするので，IRの結果と一致する．

MSのフラグメンテーションでは，C=O結合があるのでα-開裂が起こりやすいと推測される．主ピークはm/z 95であり，分子イオンのm/z 110から15の差がある．質量15はメチル基の特徴であり，アセチル基$CH_3-C=O$をもつことが示唆される．これは，後述する^{1}H NMR（2.5 ppm），^{13}C NMR（25.7 ppm）のシグナルの結果と一致する．**IR**ではメチル基のC-H伸縮振動が非常に小さくなることがあるので，結果と矛盾していない．

2. ヒドロキシ基の存在を確認する

【測定・解析のポイント】　ヒドロキシ基の有無は，IR（3200 cm^{-1}前後の広い範囲）の強く幅広い吸収帯から確認できる．分子間水素結合では高波数，分子内水素結合では低波数に観測される．一方NMRでの取扱いは，溶媒によって変化しやすいのでやや難しい．非極性溶媒に重水を少量添加すると，重水素交換によって^{1}H NMRのOHシグナルが消えるので，有用な検出方法である．

MSはあまり有用ではないが，ソフトイオン化法において脱水反応が主要なフラグメントイオンとなることがあり，重要となることがある．

【解析例】　**IR**では3134 cm^{-1}に弱いピークが観測されているが，強度が弱いため芳香族C-H伸縮振動であると考えられる．したがって，ヒドロキシ基は存在しない．

3. 三重結合の存在を確認する

【測定・解析のポイント】　アルキンの有無の確認は，IR（C≡C伸縮2300〜2100 cm^{-1}，C-H伸縮約3300 cm^{-1}）およびNMR（^{1}H 3.5〜2 ppm，^{13}C 110〜70 ppm）が有用である．

【解析例】　IRおよびNMRでは，アルキンの構造を示唆する結果はない．

4. 芳香族や二重結合の存在を確認する

【測定・解析のポイント】　芳香族やアルケンの有無は，NMRで確認するとわかりやすい（cf. 磁気異方性）．芳香族のほうがアルケンよりも環電流効果が大きいので，化学シフトはやや左に観測される*．IRでは，芳香族や二重結合に結合したC-H伸縮（3200〜3000 cm^{-1}）が観測される．芳香族はC-C骨格の環伸縮振動やC-C-H環変角振動なども検出できることがある．MSのフラグメントイオンでは，フェニル基があるとC_6H_5イオン（m/z 77），ベンジル基があるとC_7H_7イオン（m/z 91）が観測されることがある．

* 3章のチャート3・1，3・2参照．

【解析例】　^{13}C NMRでは160〜100 ppmの間に4本のシグナルがある．二重結合が二つあったとすると，不飽和度は"2"だけ必要になる．カルボニル基で"1"であるから，合計"3"となる．したがって，不飽和度が"4"となるには環状構造の存在が必要であり，芳香族であるとつじつまが合う．事実，カルボニル基の考察では芳香族ケトンであることが示唆されている．

^{13}C NMRの4本は，110〜120 ppmと140〜160 ppmの二つのグループに分けられる．芳香族炭素に酸素原子が直接結合すると，数10 ppmほど左にシフトするの

フラン

	(cm^{-1})
C−H 伸縮	3134
環骨格振動	1571, 1471
C−O−C 伸縮	1025
芳香族面外変角	766

で，140～160 ppm の 2 本は酸素原子が結合した芳香族炭素であると考えられる．これらの条件に当てはまる芳香族は，フラン以外にありえない．^{1}H NMR は芳香族の領域（9.5～6.5 ppm）に 3 本のシグナルがあり，フランの四つの水素のうち一つだけ置換された構造であることがわかる．

IR の帰属は左の通りであり，フランであるとして矛盾がない．

5. アルキル基について考える

【測定・解析のポイント】　アルキル基は各種スペクトルにおいて，あまり特徴のない官能基である．しかし，NMR を用いて構造解析を詳細に行うには，それぞれの炭素に付いているプロトンの数を調べておくと，後で解析がしやすくなる．

炭素に付いているプロトンの数は，DEPT や HSQC を測定するとわかる[*1]．HSQC を測定する場合は，^{1}H NMR の積分と組み合わせることで，DEPT を測定しなくても区別できることが多い．メチル基の三つのプロトンが非等価になることはまずないので，^{1}H NMR の化学シフトは一つである．しかし，メチレンの二つのプロトンでは非等価になることがある．非等価メチレンは，HSQC を用いれば同じ炭素から二つのプロトンへ相関があるので容易に区別できる．

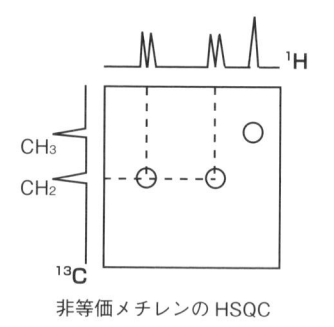

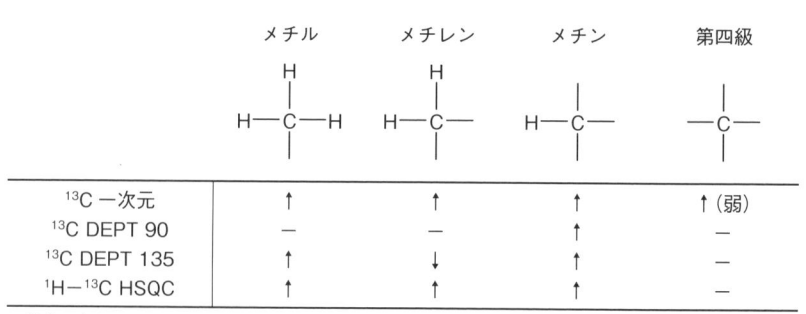

[*1] やや高級な測定法として DEPT と HSQC を組合わせた edited-HSQC という手法があり，一度の測定で両方の情報を得ることができる．

非等価メチレンの HSQC

	メチル	メチレン	メチン	第四級
^{13}C 一次元	↑	↑	↑	↑（弱）
^{13}C DEPT 90	−	−	↑	−
^{13}C DEPT 135	↑	↓	↑	−
^{1}H−^{13}C HSQC	↑	↑	↑	−

信号の向き：−は消失

【解析例】　^{13}C NMR の 25.7 ppm は DEPT 135 において上向き，DEPT 90 において消失している．したがって，メチル基であることがわかる．これは ^{1}H NMR（2.5 ppm）の積分が 3 H であることと矛盾しない．

4・6・3　NMRによる構造解析

これまでの結果から，読者の皆さんはこの試料の構造が何であると予想したであろうか．アセチルフランであるという結論に至れば正解である．しかし，ここまでの解析は官能基の存在を確認したにすぎず，官能基間のつながりについては議論していない．いい換えれば『パズル』のピースを集めただけであり，構造の全体像である『パズル』は完成していないのである．構造解析を正確に行うためには，NMRを用いて官能基間のつながりをたどって，すべての官能基の配置を確かめなければならない[*2]．また，アセチル基やフラン環をもっていることについては，「他の官能基が考えられない」という類推でしかないので不安要素である．官能基や配置がわからないものが一つ，二つと増えるに従って，構造の『パズル』は虫食い状態になり，構造決定の曖昧さが増えてしまう．

[*2] 分子が大きくなるほど解析の難易度が上がるのは，すべての官能基の配置を確かめられなくなるからである．

4・6 実際のスペクトルの解析例　71

　近年はNMR装置の進歩と二次元NMR測定が簡便になったことによって，低分子に限れば，帰属できないNMRシグナルは少ない．ゆえに，"虫食い"状態で放っておくのは，あまり好ましいことではない．

　一方，構造解析は異性体の同定が必須とされることも多い．アセチルフランは，2-アセチルフランと3-アセチルフランがあるから，これらを区別しなければ構造解析ができたとはいえない．NMRは異性体の解析においても大変有用な情報を与える分析法である．一次元NMRで情報が足りなければ，二次元NMRを利用することになる．ここでは二次元NMRの解析法を中心に構造解析の手順を追ってみよう．

2-アセチルフラン

3-アセチルフラン

1. シグナルにラベルを付ける

【測定・解析のポイント】　^{1}H NMRは^{1}H−^{1}Hスピン結合によってシグナルが分裂するが，スピン結合がなければ一つのシグナルは一つの化学シフトをもつはずである．よって，一つのシグナルを文章で表現するならば，化学シフト(ppm)，分裂の形，スピン結合定数(Hz)の三つ(積分があれば追加して四つ)で書けばよい．化学シフトを示して帰属を表現するのは煩雑なので，一般には何かのラベルを付けると解析しやすい．ラベルの付け方は解析の難易度や測定対象によってさまざまである．

　^{13}C NMRは^{13}C−^{1}Hスピン結合をデカップリングしているので，一つのシグナルは分裂がなく1本である．よって，ラベル付けも簡単である．しかし，^{1}H NMRは^{1}H−^{1}Hスピン結合によって分裂しており，シグナルの数が多くなると複数のピークが重なり合うことがあり，どのシグナルに由来しているのか区別ができなくなる．その場合は，二次元NMRのHSQCが有用である＊．HSQCは^{1}H−^{1}Hスピン結合の分裂がなくなるだけでなく，^{13}C軸に展開するので重なりも解消されるから，化学シフトが明確になる．

　分裂の形が複雑な場合はスピン結合定数を求めることが難しいため，マルチプレット(m)と表記する(たとえば，δ5.05(m))こともある．また，HSQCを測定しない場合は，マルチプレットの化学シフトを範囲(たとえば，δ5.01〜5.09)で表現することもある．

本書では^{1}H NMRを小文字のアルファベット，^{13}C NMRを大文字のアルファベットで表現する．

＊ HSQCのほかには^{1}H核J分解という手法があり，一次元と同じ分解能で直接化学シフトを求めることができる．

【解析例】
^{1}H−^{13}C HSQC

なお，溶媒や標準試料はラベルから除いておいたほうがよい．

本書の演習問題では，¹H を小文字，¹³C を大文字のアルファベットで表記し，δ の小さいほうから **a, b, c** …として解説する．

出題したスペクトルでは複雑に重なり合ったピークはないので，容易にラベルを付けることができる．芳香族の三つのプロトンシグナルは，互いに異なる大きさでスピン結合があり，ダブルダブレット（dd）に分裂している．¹³C NMR では DEPT の結果を括弧内に記載した．

	¹H NMR				¹³C NMR
	δ (ppm)	積分値	J (Hz)		δ (ppm)
a	2.48	3 H		A	25.67 (CH₃)
b	6.55	1 H	1.7, 3.6	B	111.97 (CH)
c	7.20	1 H	0.8, 3.6	C	117.03 (CH)
d	7.60	1 H	0.8, 1.7	D	146.20 (CH)
				E	152.51 (C)
				F	186.39 (C)

HSQC から，¹H–¹³C のつながりもわかる．(**a**)–(**A**)，(**b**)–(**B**)，(**c**)–(**C**)，(**d**)–(**D**)の各四つのシグナルは C–H が直接結合していることになる．

2. 官能基で分類する

【測定・解析のポイント】 分子に含まれる官能基と化学シフトをわかる範囲で分類する．NMR でわからなければ，他の分析機器を用いて情報を補足するとよい．

【解析例】 プロトン（**a**）および炭素（**A**）は，メチル基であることが容易にわかる．(**b**)〜(**d**)は芳香族プロトンであり，(**B**)〜(**E**)は芳香族炭素である．また，炭素（**B**）〜（**C**）と（**D**）〜（**E**）は化学シフトに 35 ppm ほどの差がある．官能基の帰属で述べたように，数十 ppm ほど左にシフトするのは酸素原子が結合した芳香族炭素の特徴であり，(**D**)〜(**E**)はフランの酸素原子の隣（2 位または 5 位）の炭素であることがわかる．(**F**)はカルボニル基の炭素である．

3. プロトン間のつながりを見る

【測定・解析のポイント】 プロトン間のつながりは，主にスピン結合を用いて解析する．スピン結合定数が複雑で求められない場合や，比較したい部分が類似構造のために同じスピン結合定数になる場合は，COSY スペクトルが有用である．COSY 解析のポイントは，³J_{HH} だけをピックアップすることにある．³J_{HH} を見つけるということは，H–C–C–H のような隣合うプロトンを見つけることになるからである．²J や ⁴J の存在は解析を複雑にするので，無視して考えるとよい．²J_{HH} は非等価メチレンプロトンで観測されるが，前述のように HSQC と比較すると簡単に区別することができる．⁴J_{HH} は相関が小さいので，スペクトルの等高線レベルを引き上げると見えなくなることが多い．³J_{HH} の大きさは，結合の二面角が固定されるような構造（芳香族，オレフィン，環状アルカンなど）において極端に変わる場合がある．これらの構造を解析する必要がある場合は，あらかじめ情報を集めてから解析するとよいであろう．

COSY で帰属できない場合は，TOCSY を使うことがある．詳しくは解説や演習問題 4 を参考にしてほしい．

【解析例】

出題したスペクトルは，^1H スピン結合がはっきりと見えているので，スピン結合定数を正確に求めることができる．「互いに同じスピン結合定数をもつシグナル同士は，互いにスピン結合している可能性がある」と考えられる．すなわち，前ページのラベル付けのときに計算結果を示した，0.8 Hz (**c-d**)，1.7 Hz (**b-d**)，3.6 Hz (**b-c**) の3種類のスピン結合があり，各シグナルは互いにスピン結合している．

$^1H-^1H$ COSY

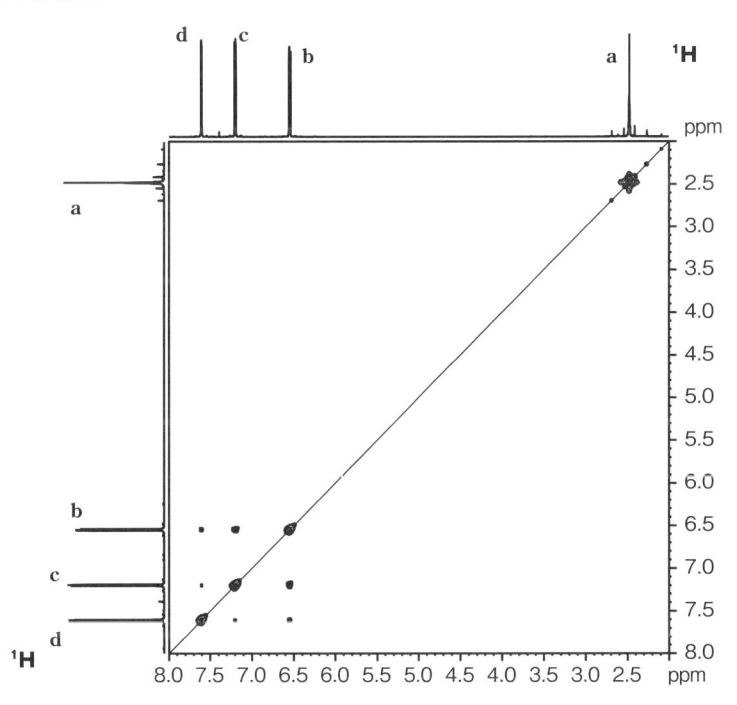

上記の結果をCOSYで確認することができる．COSYでは，数Hz以下の相関は著しく弱くなってほとんど見えない．(**c**)–(**d**) の相関が他と比較して小さいのはそのためである．一般に脂肪族アルカンの $^1H-^1H$ スピン結合は，^2J~^3J までしかCOSYで観測されないが，二重結合や芳香族の結合を介したものは ^4J（まれに ^5J）まで観測されることがある．出題した試料はフラン構造なのでさらに特殊になっている[*1]．以上を表にまとめた[*2]．(**b**) が (**c**) および (**d**) と隣合っている様子がわかる．

[*1] 5員環のフランは，6員環構造よりも小さいスピン結合定数になる．その大きさは，おおむね以下のようになる（下付き数字は何位のプロトン間であるかを示している）．$^3J_{2-3}$ ($^3J_{4-5}$) = 1.8 Hz, $^3J_{3-4}$ = 3.5 Hz, $^4J_{2-4}$ ($^3J_{3-5}$) = 0.9 Hz, $^5J_{2-5}$ = 1.5 Hz

[*2] 演習問題では，解答を円滑に読み進めるためにも同様の表にまとめることを推奨する．

^1H \ ^1H	d	c	b	a
a				
b	●	●		
c	△		●	
d		△	●	

● : ^3J, △ : ^4J

ここで，得られた情報を一度整理してみよう．「2. 官能基で分類する」のところで炭素 (**D**) および (**E**) は，フランの2位または5位であることがわかっている．(**E**) が第四級炭素であるからアセチル基は (**E**) の炭素と結合していることが考えられる．よって，この構造は2-アセチルフランであるとわかり，(**E**) は2位である．この帰属は，酸素が結合すると左にシフトするという情報から判断したものである．また，炭素 (**D**) から，**HSQC** よりプロトン (**d**) も5位である．**COSY** では (**d**)→(**b**)→(**c**) のようなつながりがわかるから，プロトン(**b**) は4位，(**c**) は3位となる．この帰属は，フランのプロトン間のスピン結合定数の大きさを知っていればできる．

$J = 1.7$ Hz
$J = 0.8$ Hz $J = 3.6$ Hz

4. 水素と炭素のつながりを見る

【測定・解析のポイント】　水素と炭素のつながりがわかれば，多くの低分子有機物質の分子構造が明白になる．$^1H-^{13}C$ のつながりの解析は，**HMBC** スペクトルを用いる．特に，第四級炭素は化学シフトしか情報がないので，その帰属には欠かせない分析法である．HMBC は $^1J_{CH}$ を除く $^2J_{CH} \sim {}^5J_{CH}$ 程度までの $^1H-^{13}C$ スピン結合の相関を観測することができる．後述するように，パルスシークエンスのパラメーター設定によって検出される相関の最適値を調節できる*ので，HMBC は必ずしも大きいスピン結合定数の相関が強い強度で観測されるわけではない．したがって，$^1H-^{13}C$ 間のスピン結合の大きさについて，ある程度知っておかないと HMBC は使いこなせない．詳細は専門書が必要であるが，下記の項目だけでも知っておくとかなり解析に役立つ．

* 10 Hz が最も大きくなるような設定にすることが多い．パルスシークエンス中のC-Hスピン結合の待ち時間を 50 ms にすると 10 Hz になる．本文中のスペクトル例では，小さい J が見やすいように，8 Hz (62.5 ms) で測定した．

- アルカンでは $^2J_{CH}$ および $^3J_{CH}$ は 5 Hz 前後である．$^4J_{CH}$ は小さく，ほとんど見えない．
- シクロアルカンでは，結合がW字型になると $^3J_{CH}$ が大きくなる．すなわち，シクロヘキサン構造のいす形配座ではエクアトリアルプロトンと骨格炭素との $^3J_{CH}$ が大きい．
- オレフィンや6員環芳香族では，$^2J_{CH}$ が 0〜6 Hz 程度と小さいことが多く，見えないこともある．$^3J_{CH}$ は 5〜15 Hz 程度のことが多く，最もよく観測される．芳香族に置換基が結合していると，その $^4J_{CH}$ も比較的大きいことがある．
- オレフィン（非共役型）では，シス形配置となる $^3J_{CH}$ が 7 Hz 前後，トランス形の $^3J_{CH}$ が 13 Hz 前後になり，トランス形のほうが大きい．

待ち時間を変えて測定するとシス-トランス異性体を区別することができる．

H-H: $J_{ab} = 10$, $J_{bc} = 17$ Hz
H-C: $J_{cd} = 8$, $J_{ad} = 13$ Hz
例）プロペンのスピン結合定数

$^1H-^{13}C$ スピン結合定数（$^nJ_{CH}$）の文献情報は少ないが，$^1H-^1H$ スピン結合定数（$^nJ_{HH}$）はよく調べられているので，参考になることがある．たとえば，オレフィンの $^3J_{HH}$ はトランス形が大きいが，$^3J_{CH}$ の場合もトランス形が大きくなる．

$^1H-^{13}C$ HMBC

($^nJ_{CH}$ = 8 Hz が最大強度になるような条件で測定)

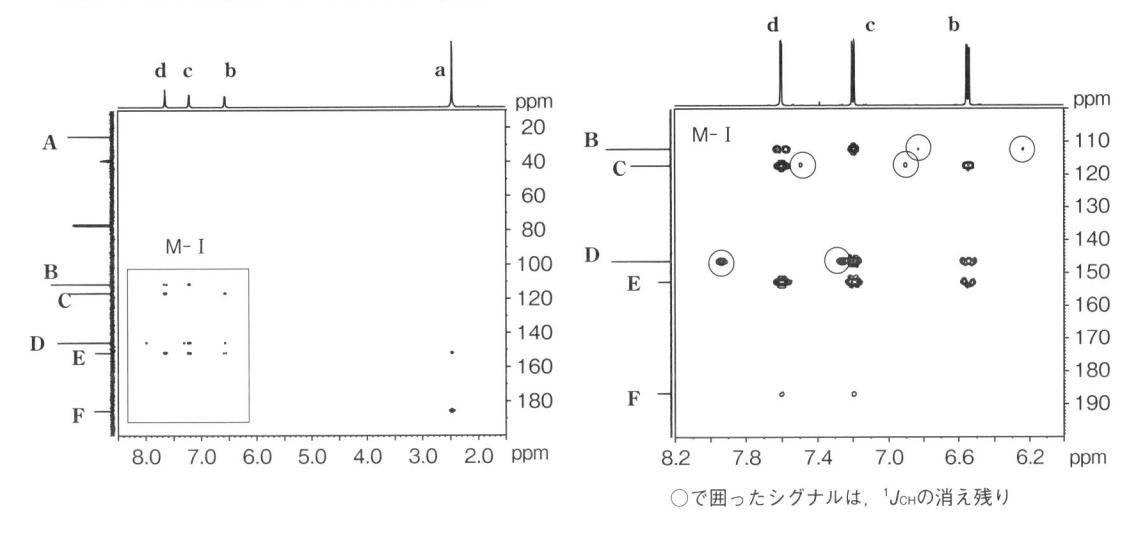

○で囲ったシグナルは，$^1J_{CH}$ の消え残り

【解析の前に】　HMBC は，$^nJ_{CH}$ 相関（$n=2,3,4\cdots$）を観測するものであるが，他の二次元法にはない注意点がある．その一つが，$^1J_{CH}$ のシグナルである．HSQC は $^1J_{CH}$ の相関を見るものであったが，HMBC でも観測されることがあり，しかも $^1J_{CH}$ の大きさで ^1H 側に分裂して観測される．たとえば，HSQC と HMBC を重ねて見た場合，$^1J_{CH}$ が 120 Hz であれば，HMBC のシグナルは HSQC のシグナルから左右に 60 Hz 離れた間隔で観測される（実際のスペクトルに丸印を付けたので確認してみるとよい）．このシグナルは解析の邪魔になるので，一般的な HMBC 法[*1]では意図的にパルスシークエンスを用いて消去しているが，設定する条件によっては消え残ることがある[*2]．

もう一つの注意点は，観測されるシグナル強度である．HMBC は，パルスシークエンスの $^nJ_{CH}$ スピン結合を展開する部分（パルス間の待ち時間）を変更することができる．この待ち時間の長さが $1/2\cdot{}^nJ_{CH}$（秒）のとき，そのシグナル強度は最大になる．したがって，観測したい $^nJ_{CH}$ の大きさによって待ち時間を変えることで，目的のスペクトルが得られる．一般に n が大きくなるほど J は小さくなる傾向があるから，<u>複数の結合を介した長い相関を見る場合は $^nJ_{CH}$ を小さく（待ち時間を長く）し，シグナルを減らしてスペクトルを簡単にしたい場合は $^nJ_{CH}$ を大きく（待ち時間を短く）する</u>とよい[*3]．$^nJ_{CH}$ の大きさは，分子の三次元構造と密接な関係があることから，構造解析の情報として有用である．しかし，初心者にはやや難解であることから，最初はあまり無理をして考える必要はないだろう．解析に慣れてくれば，情報量が多い HMBC は頼もしい解析法となってくれるはずである．以下の例では，J の大きさを含めた解説をしているので，注意して見ていただきたい．

【解析例】　プロトン（**a**）はメチル基であるが，炭素（**F**）と強い相関があることがわかる．アセチル基のメチルプロトンからカルボニル炭素の $^2J_{CH}$ は 7 Hz 程度になるので，妥当な結果である．また，（**a**）-（**E**）の相関もあり，<u>アセチル基がフランの</u>

*1　low-pass filter 付きの HMBC 法

*2　$^1J_{CH}$ が消え残ってしまう原因の一つは，$^1J_{CH}$ 大きさが構造によって異なり，1 回の測定ですべてのシグナルに対応する条件を設定できないからである．

*3　この待ち時間はあまり厳密なものではなく，低分子なら設定した $^nJ_{CH}$ から ±5 Hz 程度であれば見えることが多い．ただし，設定した J から値が離れるほど強度が小さくなる．

2位炭素に結合していることが直接確かめられる．このように，第四級炭素が多いアセチル基の帰属ではHMBCが大変有用であることがわかる．

一方，芳香族プロトンおよび炭素とのHMBC相関は多数観測される．HMBCはかなり情報が多いので，ある程度帰属を行ったうえで，表にまとめてみるとよい*．

* HSQCとHMBCの結果は同じ表にまとめたほうがわかりやすい．演習問題の解答では，同様の表を使って説明する．

^{13}C \ ^1H		5位	3位	4位	CH$_3$
		d	c	b	a
CH$_3$	A				●
4位	B	2	2	●	
3位	C	3	●	2	
5位	D	●	3	2	
2位	E	3	2	3	3
CO	F	(4)	(3)		2

●はHSQC（$^1J_{CH}$），数字はHMBCによる$^nJ_{CH}$のn
（括弧は弱い相関）

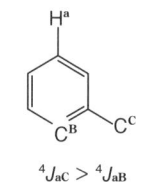

$^4J_{aC} > {}^4J_{aB}$

5員環構造では$^2J_{CH}$と$^3J_{CH}$の両方が相関として強く観測されるので，環状構造であることが確かめられる（たとえば，5位プロトンと2位炭素との相関から，環状になっていることがわかる）．5員環ではスピン結合の大きさで議論できることはあまりないが，6員環ではしばしば重要になることもある．一方，フランと置換基との$^4J_{CH}$はあまり大きくなく，解析には役立っていない．6員環芳香族では環内と環外の$^4J_{CH}$の大きさが異なるので，解析に役立つことがある．

【補足1】 他の原子核の組合わせでのつながりを見る

高度なNMR測定を行う場合でも基本的な方法に変わりがなく，さまざまな核とのスピン結合や，複数の核のスピン結合を用いる．

窒素が多い有機化合物では，^1Hと^{15}Nのつながりが必要になることがある．このような化合物は，ヘテロ芳香族，ペプチド，タンパク質などがあげられる．その他，$^1H-{}^{31}P$，$^{13}C-{}^{13}C$，$^1H-{}^{19}F$，$^{19}F-{}^{19}F$など，スピン量子数が1/2である核同士で用いられる．

タンパク質では，^{13}Cおよび^{15}N標識をして$^1H-{}^{13}C-{}^{15}N$の三つの核で相関を見ることが多い．

【補足2】 原子核間の距離からつながりを見る

NOEから，原子核間の距離に関する情報が得られる．スピン結合相関は結合を介していなければ得られないが，NOEでは空間的に近い場合に相関がある．複数のNOE情報を組合わせると三次元立体構造も得ることができるが，スピン結合がない原子核間のつながりの情報を空間的距離情報から得ることにも有用になることがある．

詳しくは解説や演習問題11〜14を参考にしてほしい．

5

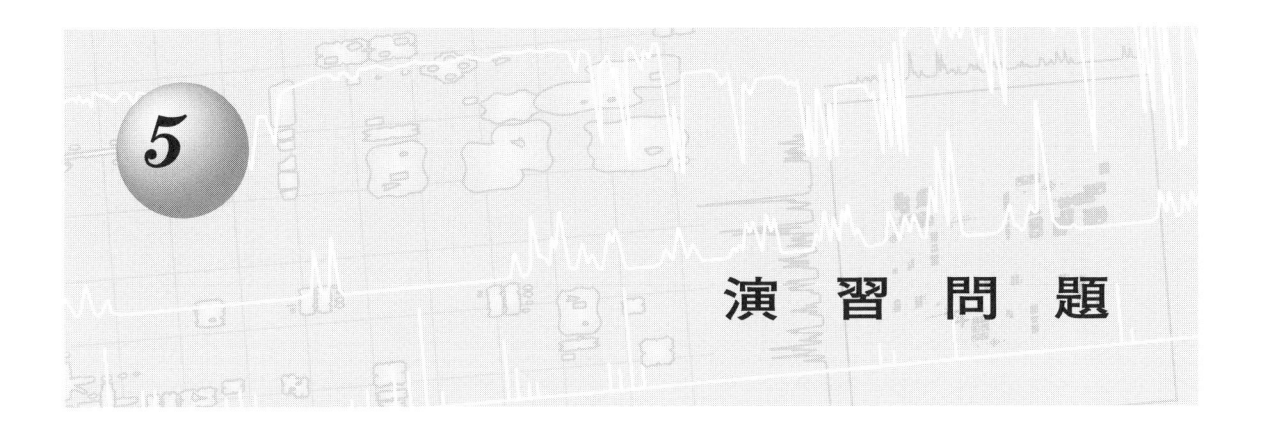

演習問題

　本問題のスペクトルはおもに以下の条件で測定した．ただし，以下と異なる場合は個別に記載した．

MS 装置：二重収束型質量分析装置（Sector MS）
　イオン化：EI．試料導入：直接導入（高沸点試料）
　　またはガスクロマトグラフィー(低沸点試料)を使用
　分解能：$R_{10\%}$ 1500

IR 装置：フーリエ変換赤外分光装置（FT-IR）
　温度：室温，乾燥空気下．分解能：4 cm^{-1}

NMR 装置：フーリエ変換核磁気共鳴装置(FT-NMR)

^{1}H 共鳴周波数：300.13 MHz（磁場強度 7.05 T）
^{13}C 共鳴周波数：75.47 MHz（磁場強度 7.05 T）
スペクトルのピーク値は，基準物質を 0 とした化学シフト（ppm）または周波数（Hz）で示した．
HMBC：$^nJ_{CH}$ の大きさは 10 Hz に最適化した設定で測定．
COSY, HSQC, HMBC の各測定は，磁場勾配パルスを用いる測定法を使用

演習問題 1

分子式 $C_4H_{10}O$ で示される化合物の構造を示せ．

MS

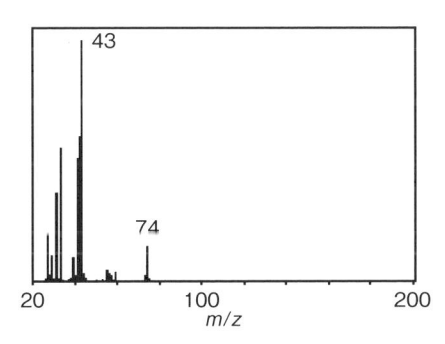

43, 74

IR（液膜法）

3339, 2958, 2874, 1472, 1042

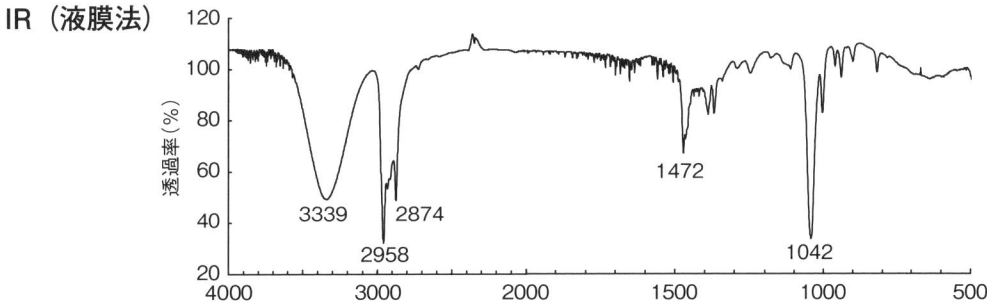

5章 演習問題

¹H NMR（溶媒：CDCl₃）

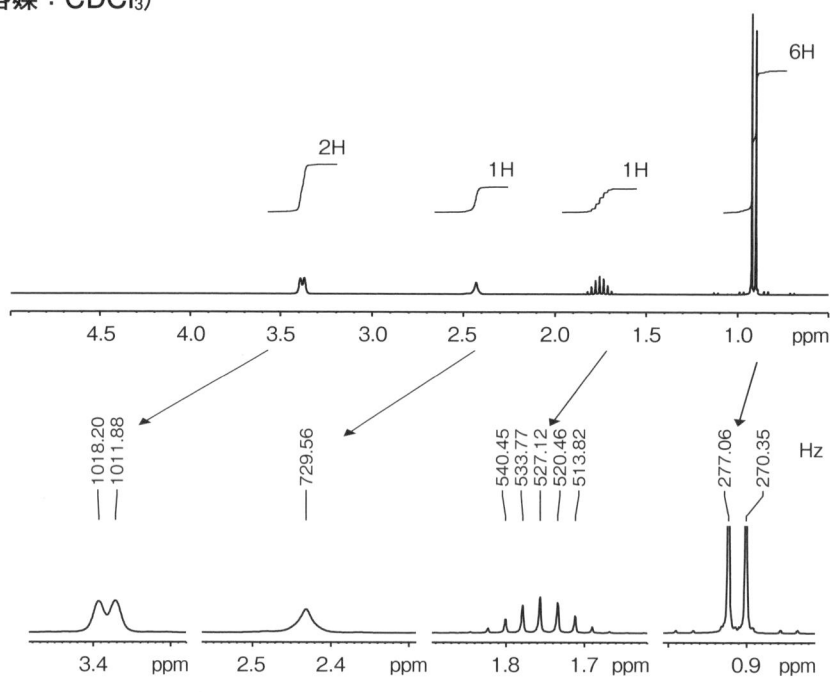

- 2H: 約3.4 ppm
- 1H: 約2.4 ppm
- 1H: 約1.7–1.8 ppm
- 6H: 約0.9 ppm

拡大図のHz値:
- 3.4 ppm付近: 1018.20, 1011.88 Hz
- 2.4 ppm付近: 729.56 Hz
- 1.7–1.8 ppm付近: 540.45, 533.77, 527.12, 520.46, 513.82 Hz
- 0.9 ppm付近: 277.06, 270.35 Hz

D₂O 処理した ¹H NMR（溶媒：CDCl₃）

溶媒の処理：
① CDCl₃ 溶液に少量の D₂O を添加
② 振とう機で撹拌
③ 分離した上澄みを除去して測定

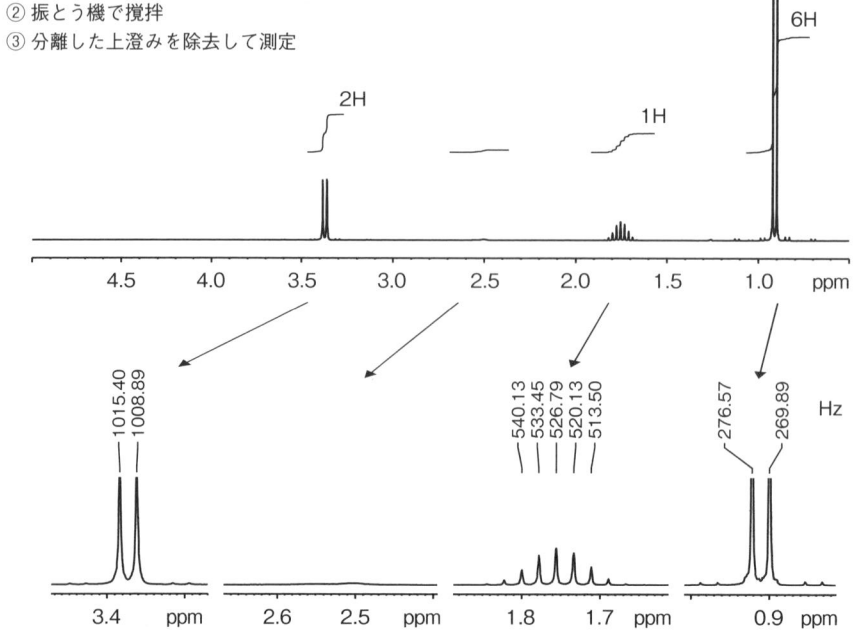

- 2H: 約3.4 ppm
- 1H: 約1.7–1.8 ppm
- 6H: 約0.9 ppm

拡大図のHz値:
- 3.4 ppm付近: 1015.40, 1008.89 Hz
- 1.7–1.8 ppm付近: 540.13, 533.45, 526.79, 520.13, 513.50 Hz
- 0.9 ppm付近: 276.57, 269.89 Hz

演習問題 1

¹H NMR（溶媒：DMSO-d_6）

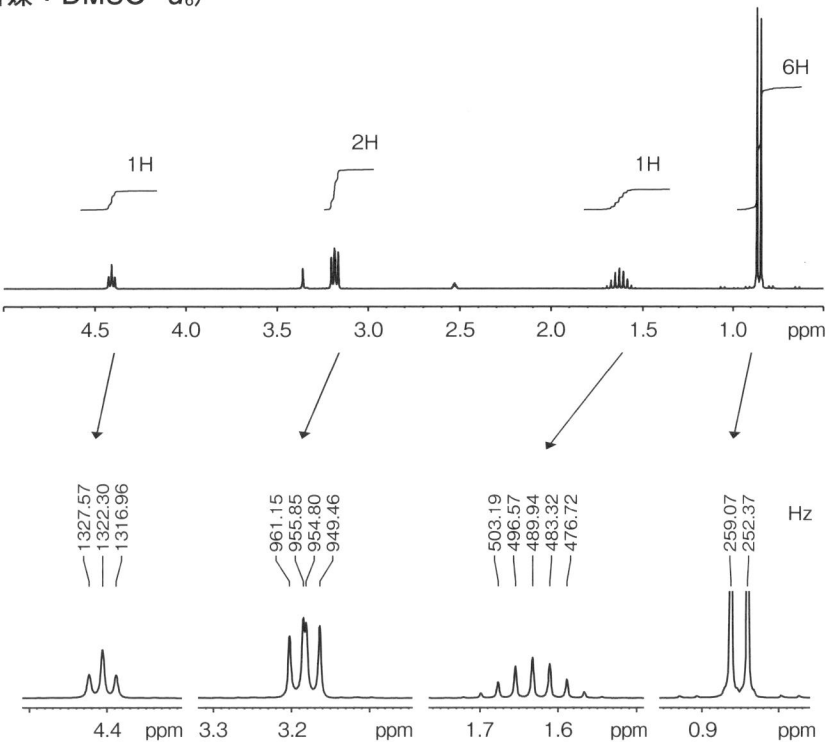

ppm	積分
4.4	1H
3.2	2H
1.6–1.7	1H
0.9	6H

Hz 値:
- 4.4 ppm: 1327.57, 1322.30, 1316.96
- 3.2 ppm: 961.15, 955.85, 954.80, 949.46
- 1.6–1.7 ppm: 503.19, 496.57, 489.94, 483.32, 476.72
- 0.9 ppm: 259.07, 252.37

¹³C NMR（溶媒：$CDCl_3$）

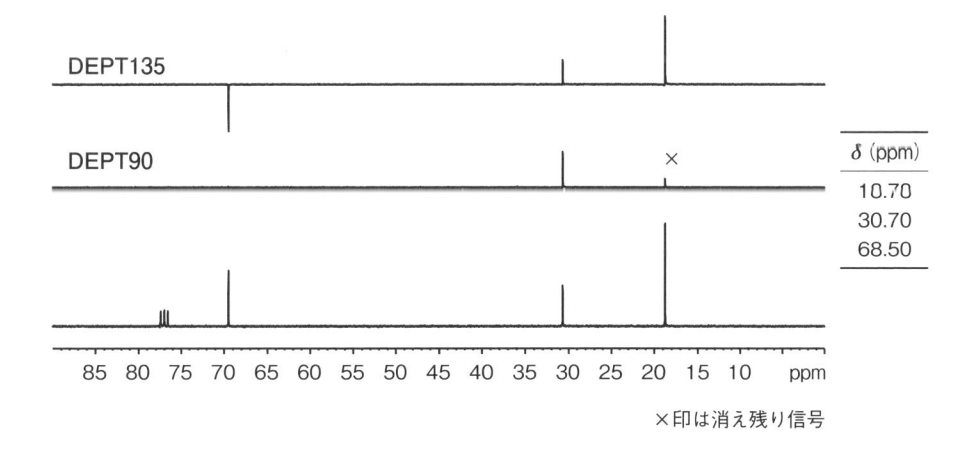

DEPT135, DEPT90

δ (ppm)
10.70
30.70
68.50

×印は消え残り信号

演習問題2

分子式 $C_4H_{10}O$ で示される化合物の構造を示せ.

MS

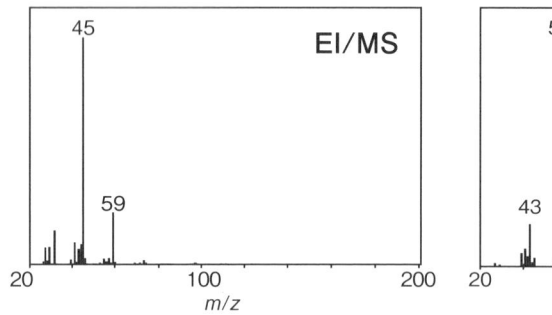

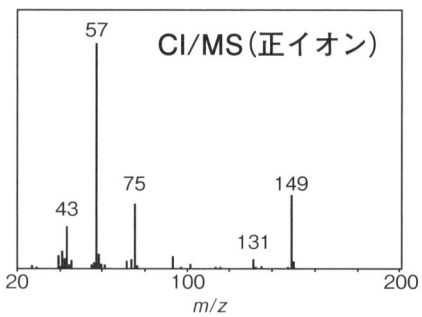

EI/MS: 45, 59

CI/MS（正イオン）: 43, 57, 75, 131, 149

IR（液膜法）

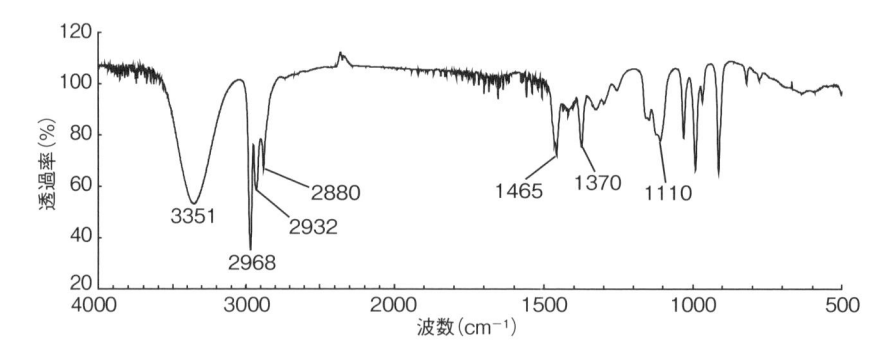

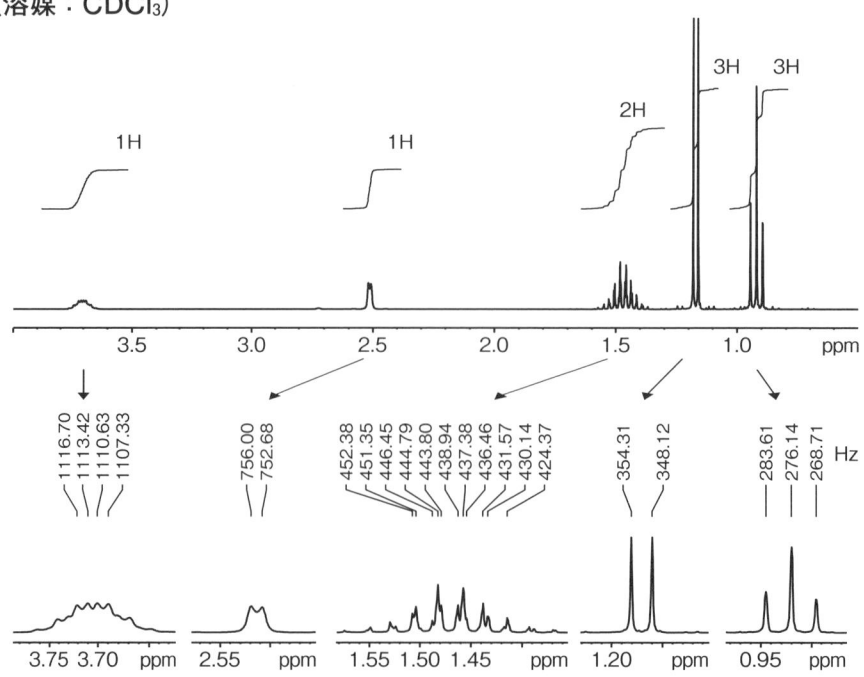

3351, 2968, 2932, 2880, 1465, 1370, 1110 cm^{-1}

^{1}H NMR（溶媒：CDCl$_3$）

δ (ppm)	積分	Hz
~3.70 (1H)	1H	1116.70, 1113.42, 1110.63, 1107.33
~2.55 (1H)	1H	756.00, 752.68
~1.50 (2H)	2H	452.38, 451.35, 446.45, 444.79, 443.80, 438.94, 437.38, 436.46, 431.57, 430.14, 424.37
~1.20 (3H)	3H	354.31, 348.12
~0.95 (3H)	3H	283.61, 276.14, 268.71

D₂O 処理した ¹H NMR (溶媒：CDCl₃)

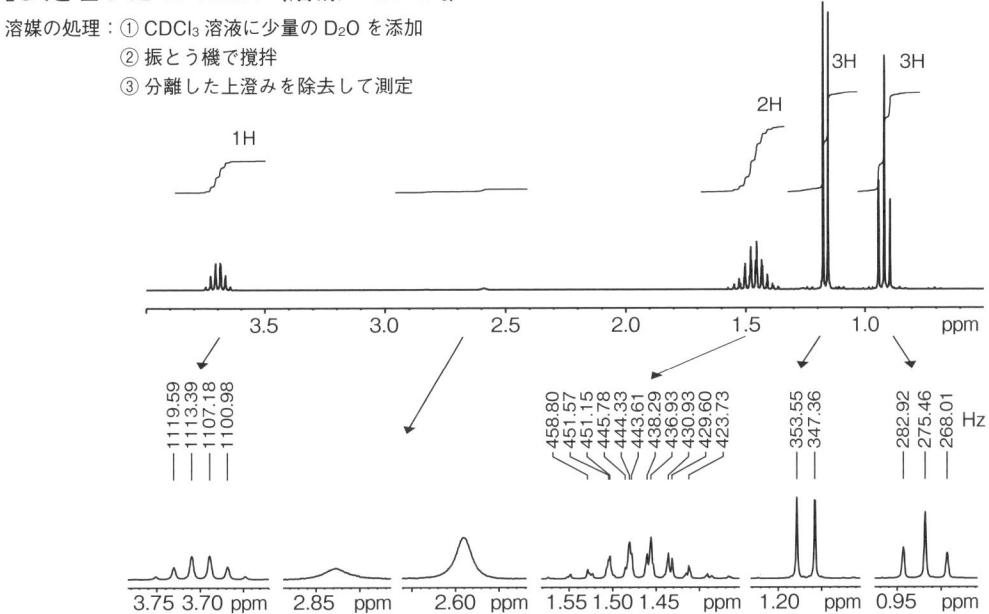

溶媒の処理：① CDCl₃ 溶液に少量の D₂O を添加
　　　　　　② 振とう機で撹拌
　　　　　　③ 分離した上澄みを除去して測定

1H, 2H, 3H, 3H

ppm	Hz
3.75 3.70	1119.59, 1113.39, 1107.18, 1100.98
2.85	
2.60	
1.55 1.50 1.45	458.80, 451.57, 451.15, 445.78, 444.33, 443.61, 438.29, 436.93, 430.93, 429.60, 423.73
1.20	353.55, 347.36
0.95	282.92, 275.46, 268.01

¹³C NMR (溶媒：CDCl₃)

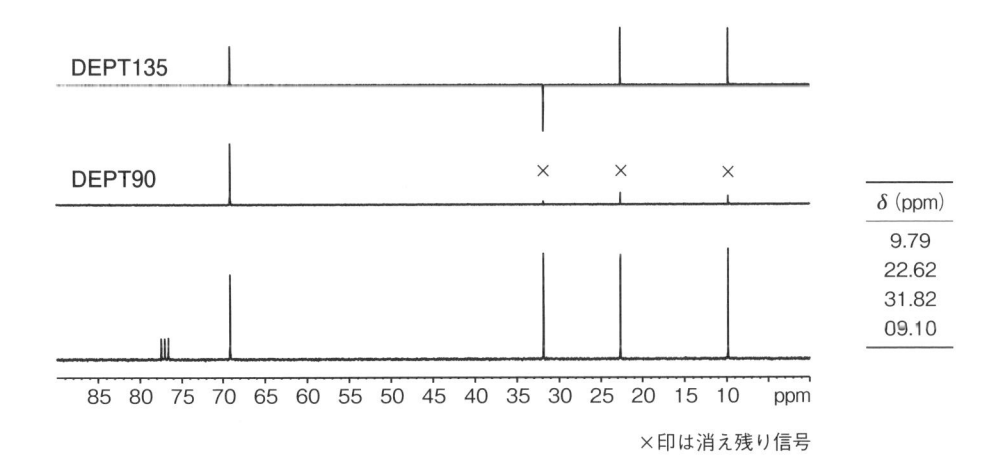

DEPT135
DEPT90

δ (ppm)
9.79
22.62
31.82
09.10

×印は消え残り信号

演習問題3

分子式 $C_6H_{12}O_2$ で示される化合物の構造を示せ．

MS

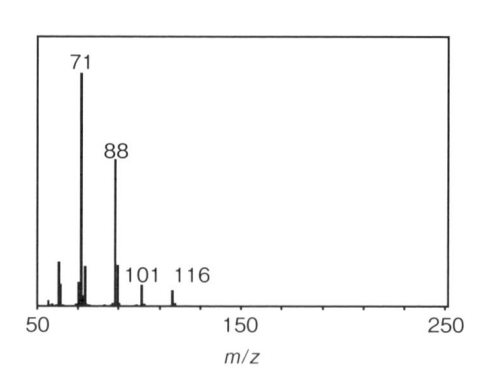

IR（液膜法）

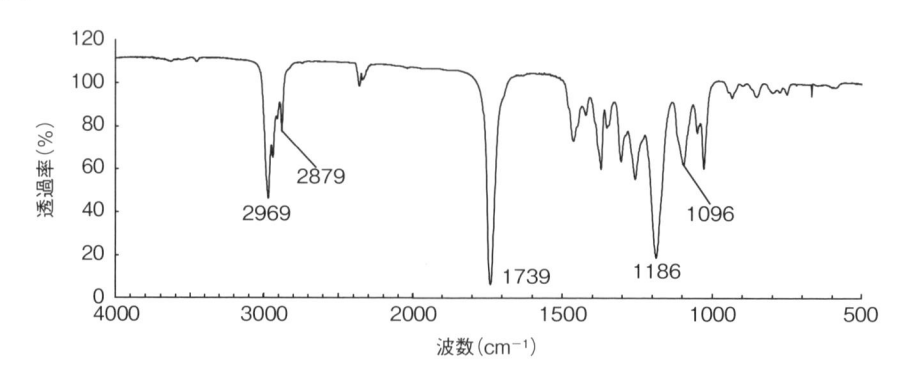

2969, 2879, 1739, 1186, 1096

^{1}H NMR（溶媒：CDCl$_3$）

4.15 ppm: 1249.96, 1242.81, 1235.67, 1228.55 Hz
2.30 ppm: 690.26, 682.92, 675.45 Hz
1.70, 1.65 ppm: 515.51, 508.10, 500.64, 493.08, 485.78, 478.50 Hz
1.25 ppm: 384.32, 377.17, 370.02 Hz
0.95 ppm: 292.76, 285.39, 277.96 Hz

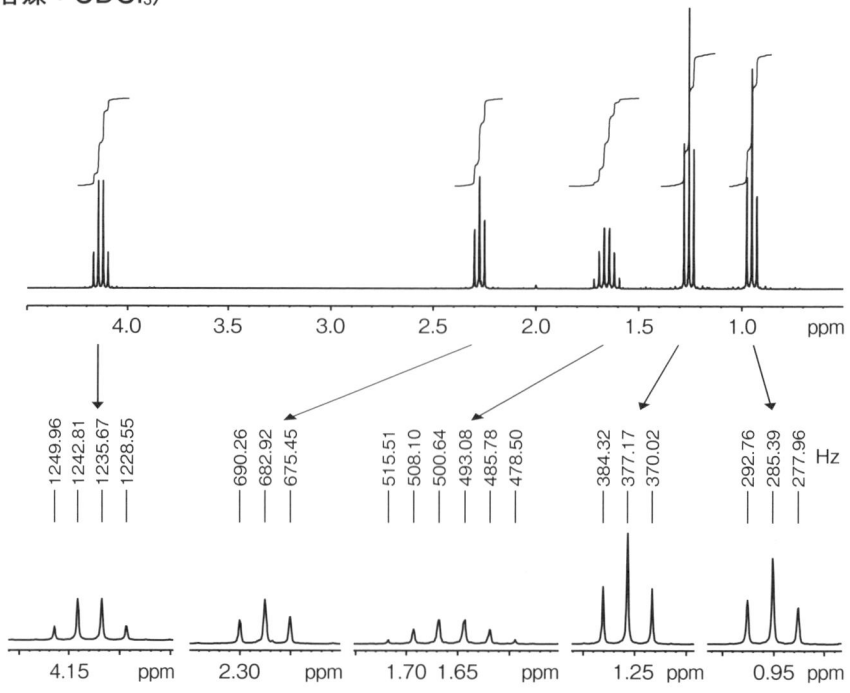

¹³C NMR（溶媒：CDCl₃）

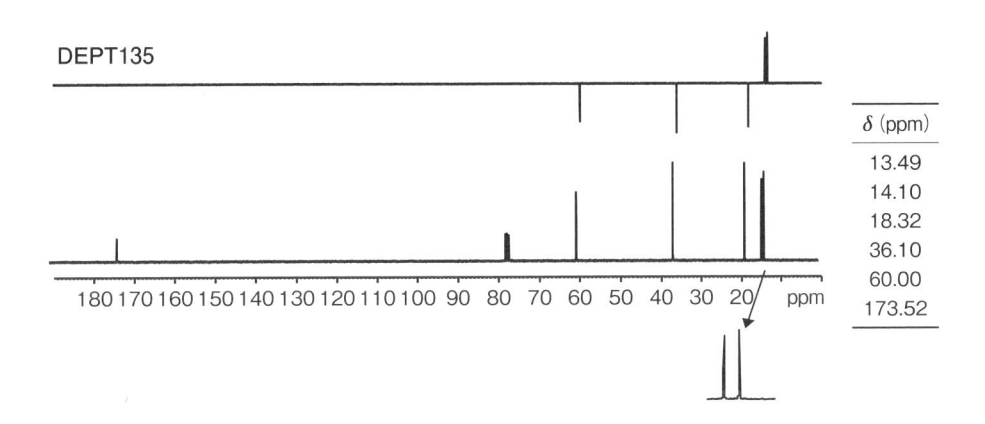

DEPT135

δ (ppm)
13.49
14.10
18.32
36.10
60.00
173.52

¹H–¹H COSY（溶媒：CDCl₃）

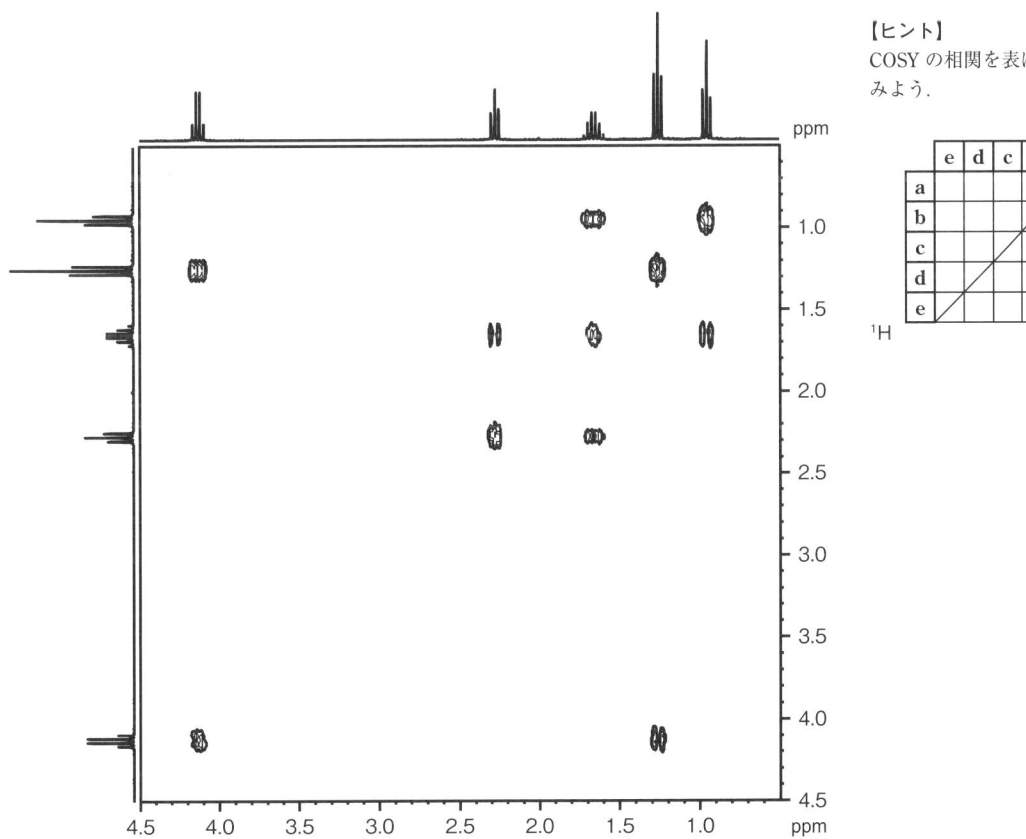

【ヒント】
COSY の相関を表にまとめてみよう．

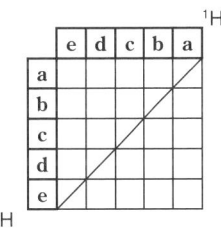

	e	d	c	b	a
a					
b					
c					
d					
e					

5章 演習問題

¹H–¹³C HSQC（溶媒：CDCl₃）

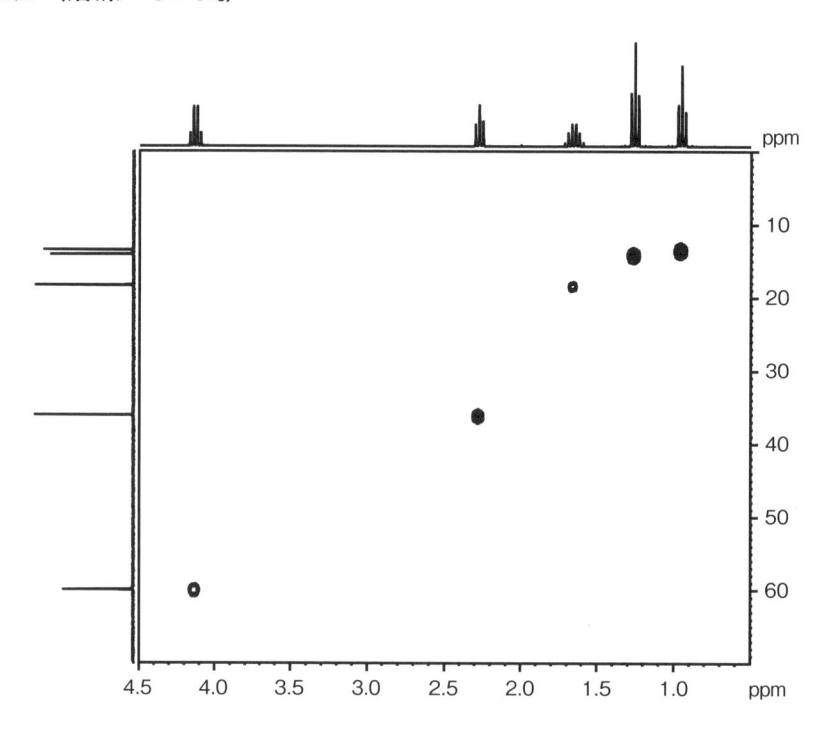

¹H–¹³C HMBC（溶媒：CDCl₃）

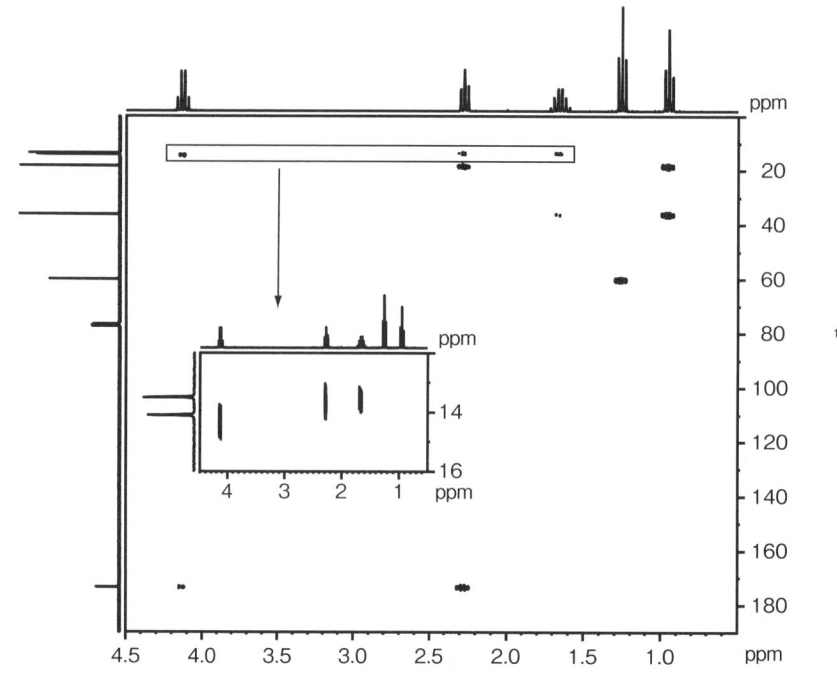

【ヒント】
HSQC と HMBC の相関を表にまとめてみよう．

	e	d	c	b	a
A					
B					
C					
D					
E					
F					

演習問題4

分子式 $C_7H_{14}O_2$ である化合物について，下記の問いに答えよ．

1）マススペクトルに数値を記載したピークについて，それぞれ帰属せよ．

2）IRスペクトルに数値を記載した四つのピークを見て，どのような構造をもつことがわかるか．

3）NMRスペクトルのすべての ^1H，^{13}C シグナルを帰属せよ．

MS

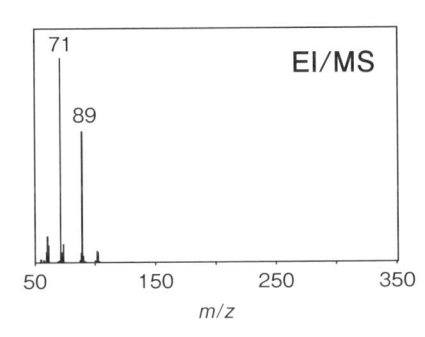

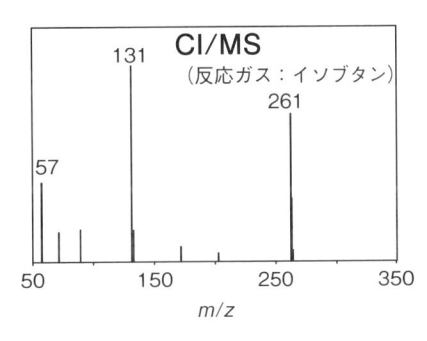

EI/MS: 71, 89

CI/MS（反応ガス：イソブタン）: 57, 131, 261

IR（液膜法）

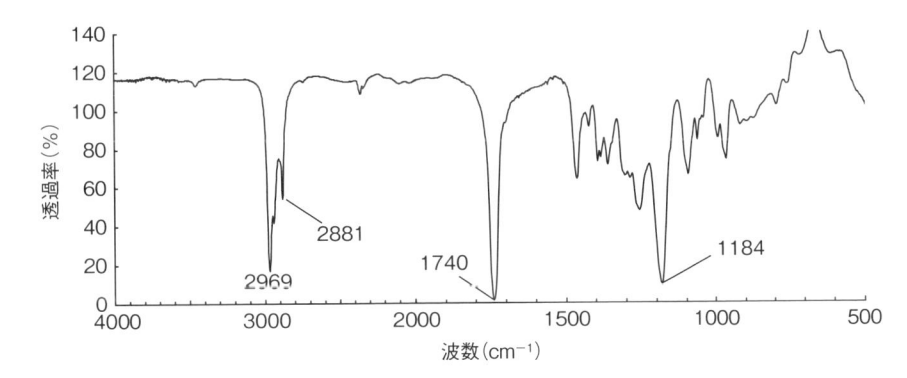

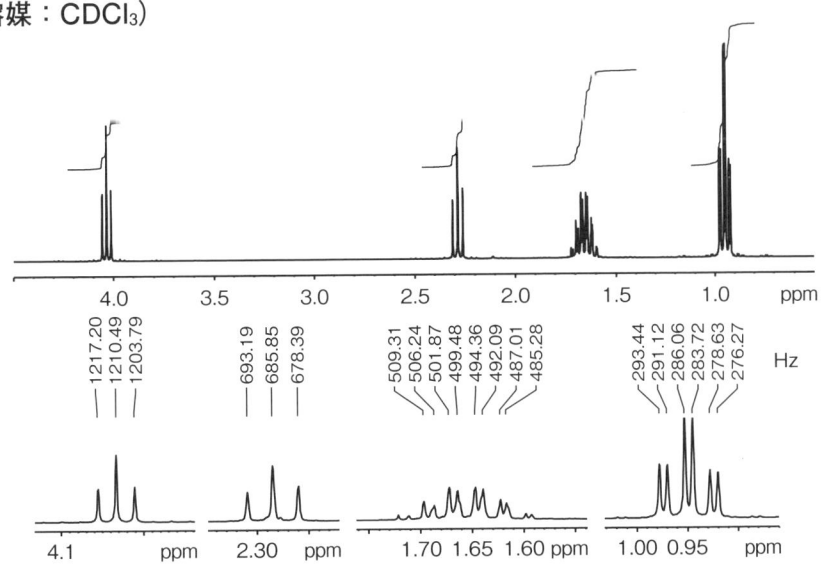

2969, 2881, 1740, 1184

^1H NMR（溶媒：$CDCl_3$）

4.1 ppm: 1217.20, 1210.49, 1203.79 Hz

2.30 ppm: 693.19, 685.85, 678.39 Hz

1.70, 1.65, 1.60 ppm: 509.31, 506.24, 501.87, 499.48, 494.36, 492.09, 487.01, 485.28 Hz

1.00, 0.95 ppm: 293.44, 291.12, 286.06, 283.72, 278.63, 276.27 Hz

^{13}C NMR（溶媒：CDCl$_3$）

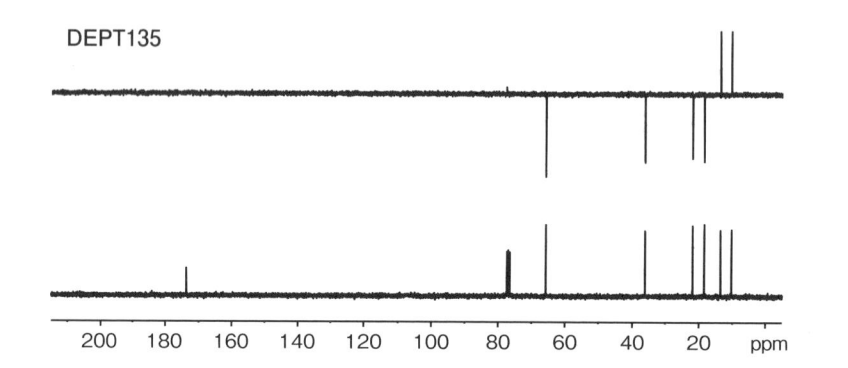

DEPT135

δ (ppm)
10.17
13.44
18.31
21.86
36.05
65.57
173.51

^{1}H–^{1}H COSY（溶媒：CDCl$_3$）

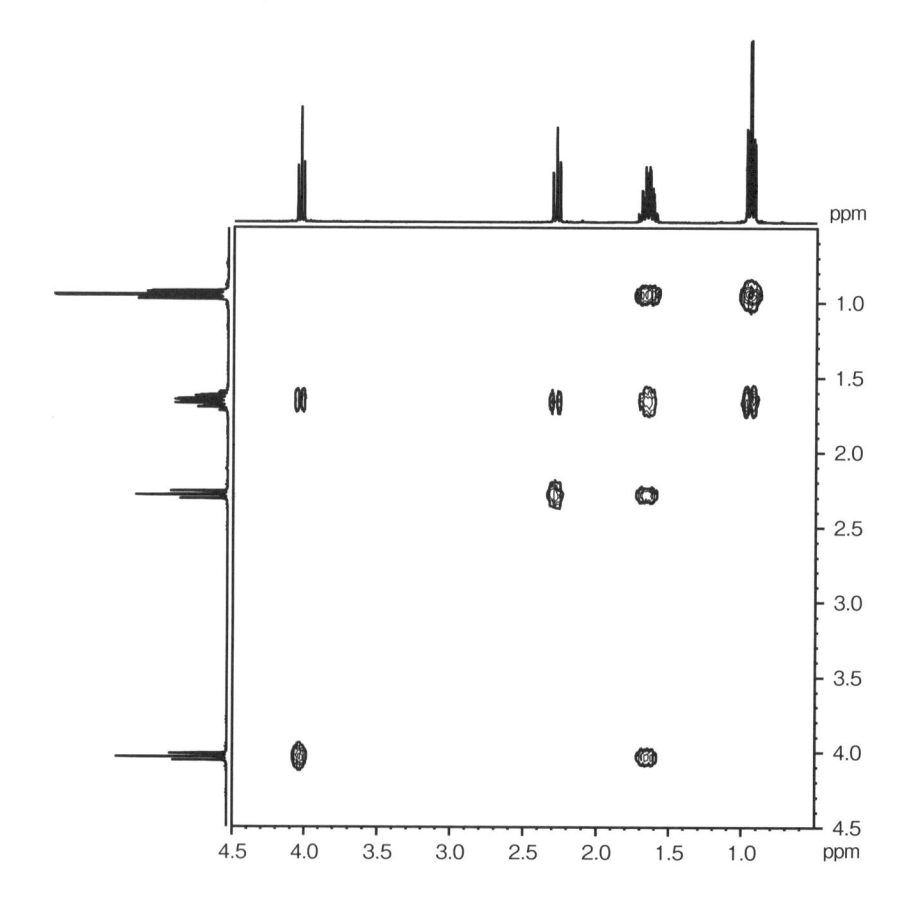

¹H−¹H TOCSY（溶媒：CDCl₃）

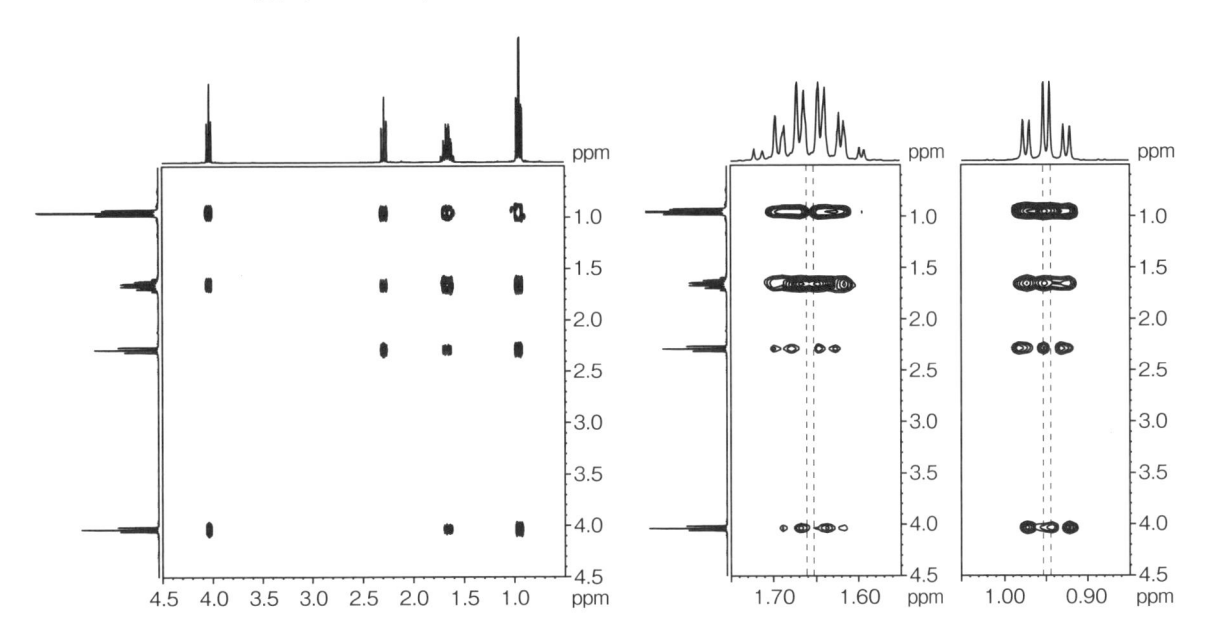

¹H−¹³C HSQC（溶媒：CDCl₃）

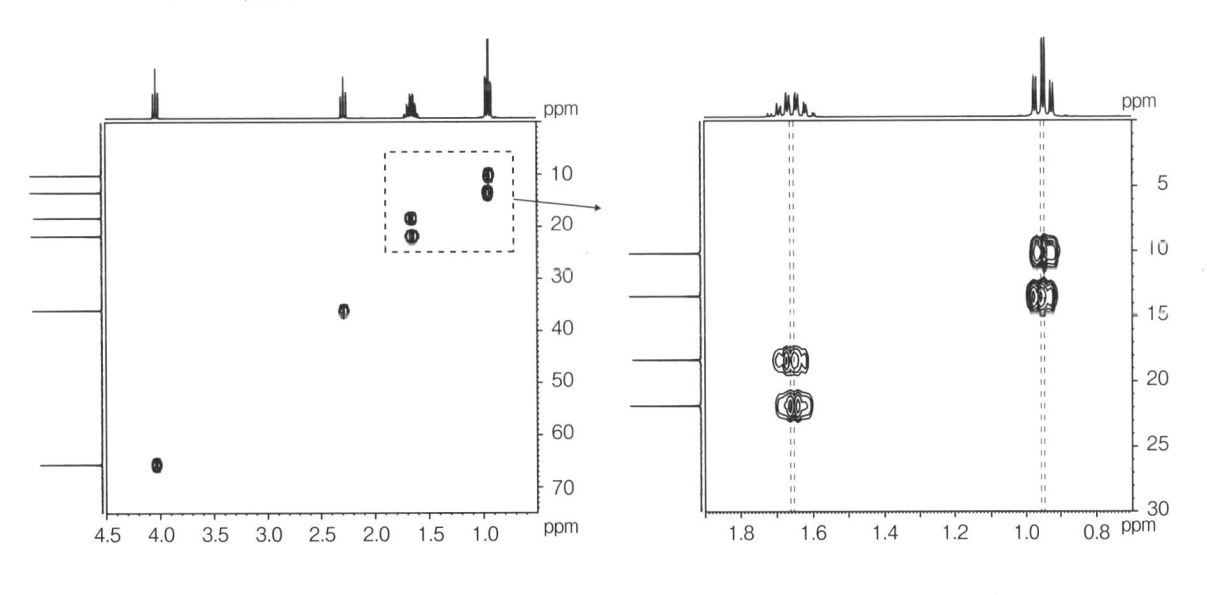

$^1H-^{13}C$ HMBC(溶媒:CDCl$_3$)

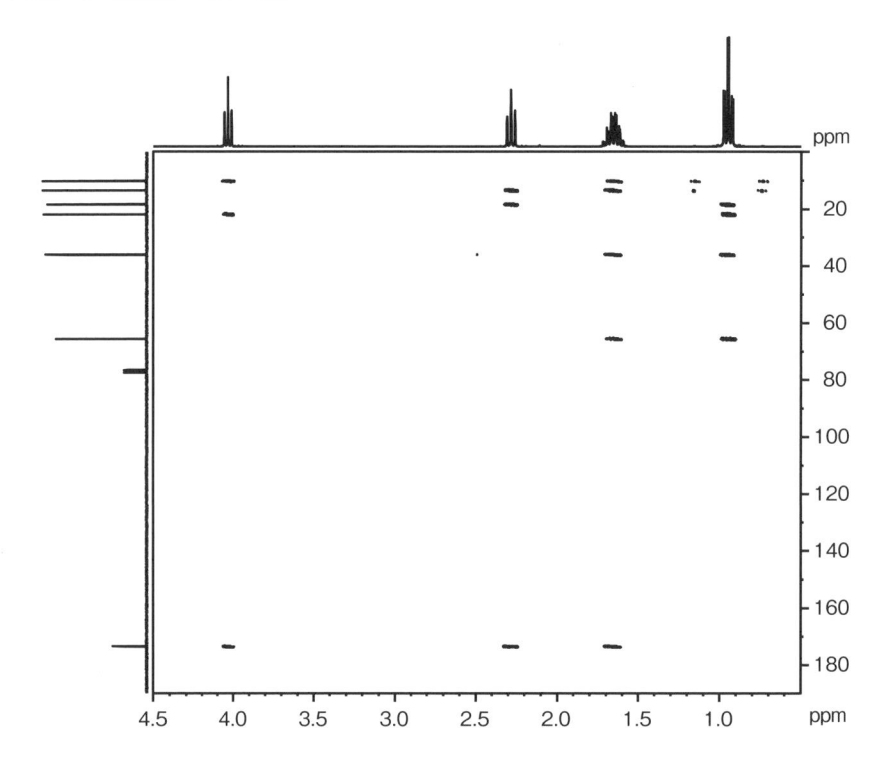

演習問題 5

分子式 $C_8H_8O_2$ で示される化合物の構造を示せ．

MS

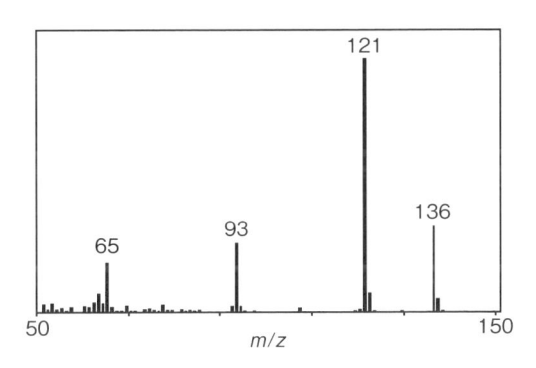

IR（KBr 法）

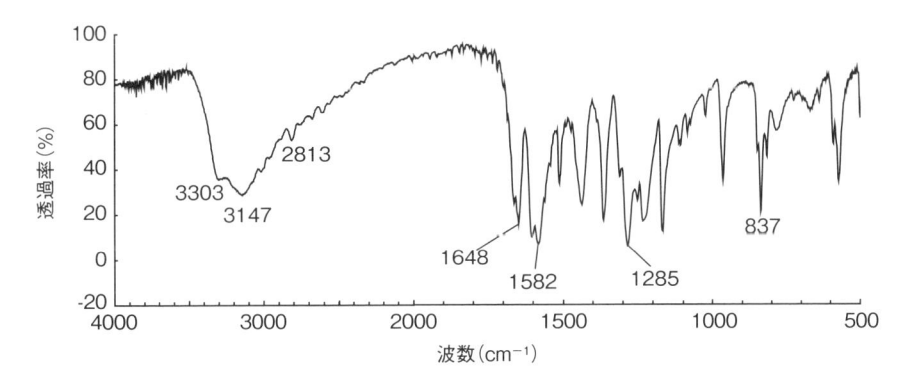

IR（溶液法：CCl_4，濃度：約 10 mmol/L）

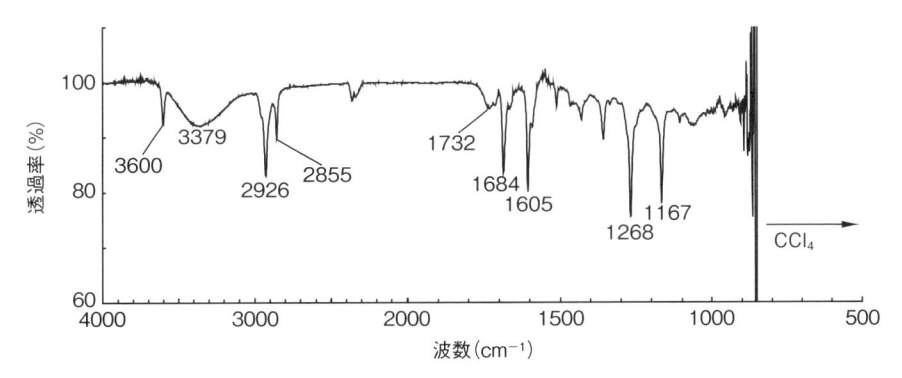

5章 演習問題

¹H NMR（溶媒：CDCl₃）

Hz
2384.67
2381.85
2379.80
2375.05
2372.99
2370.19
2104.37
2101.56
2099.50
2094.76
2092.71
2089.88
779.76

¹³C NMR（溶媒：CDCl₃）

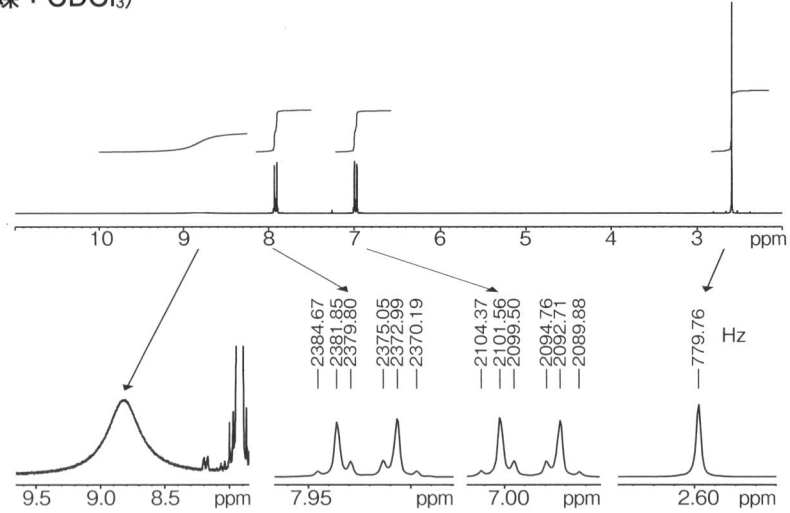

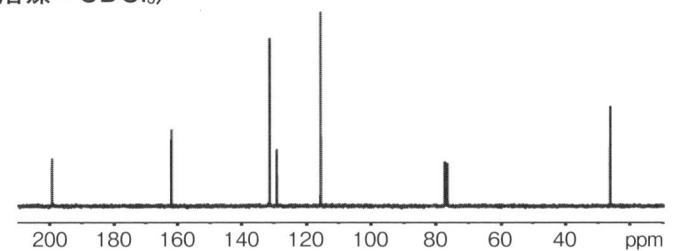

δ (ppm)
26.31 (CH₃)
115.72 (CH)
129.17 (C)
131.42 (CH)
162.00 (C)
199.47 (C)

¹H−¹H COSY（溶媒：CDCl₃）

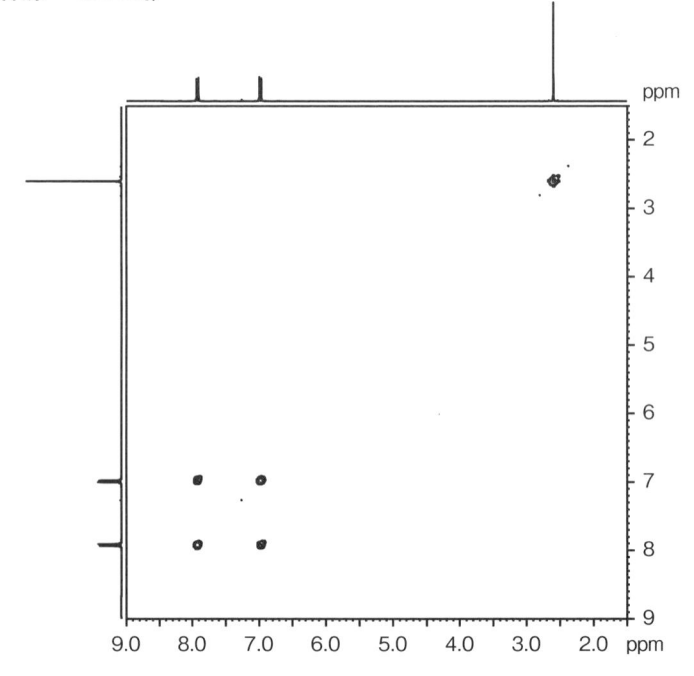

¹H−¹³C HSQC (溶媒：CDCl₃)

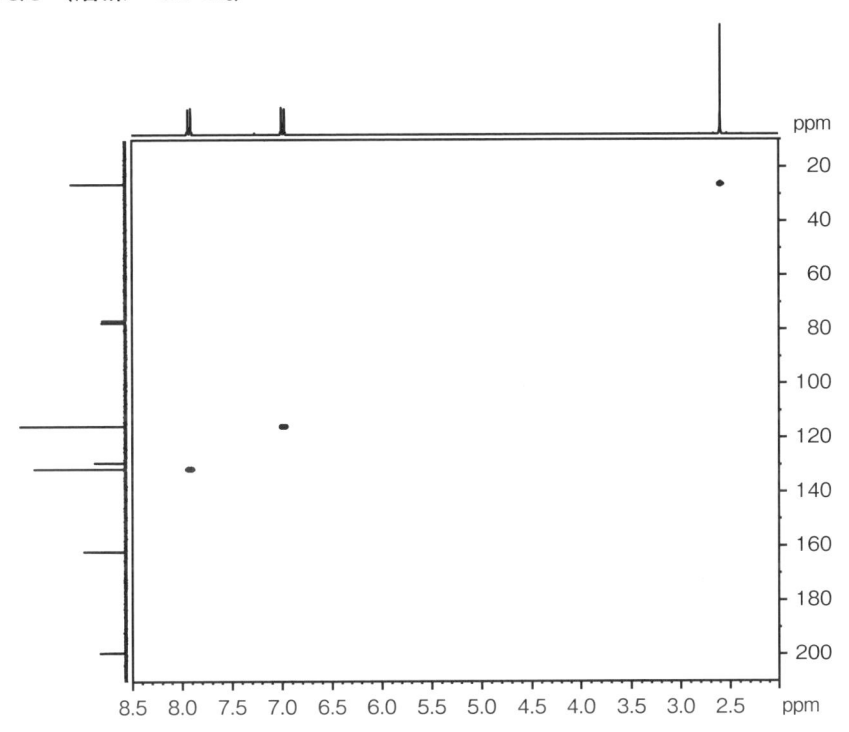

¹H−¹³C HMBC (溶媒：CDCl₃)

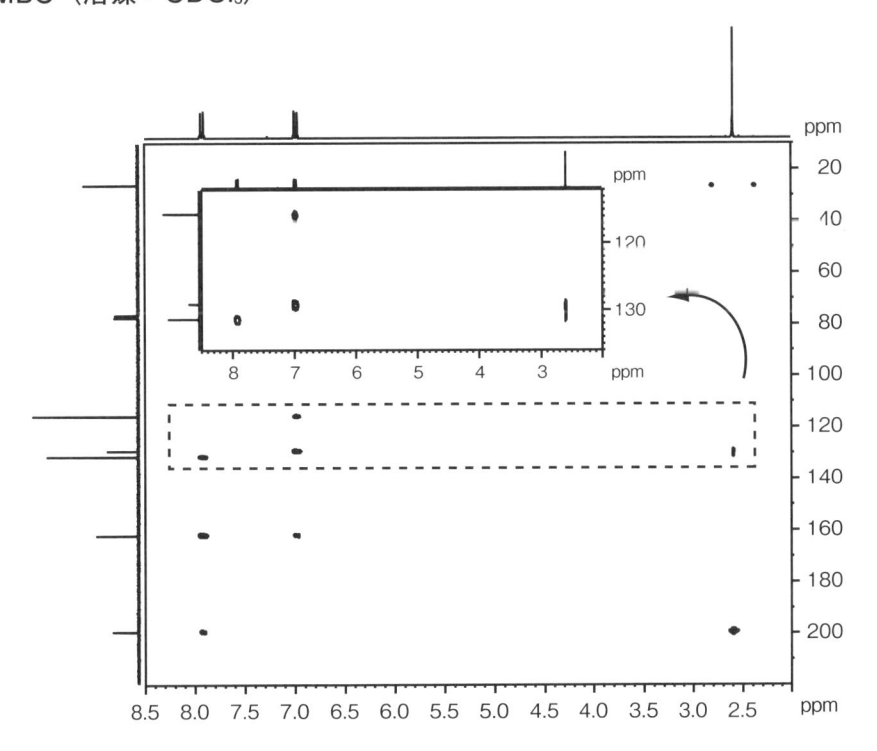

演習問題6

分子式 $C_8H_8O_2$ で示される化合物の構造を示せ.

MS

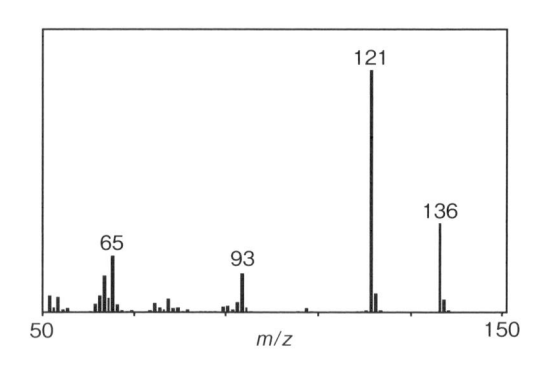

IR（液膜法）

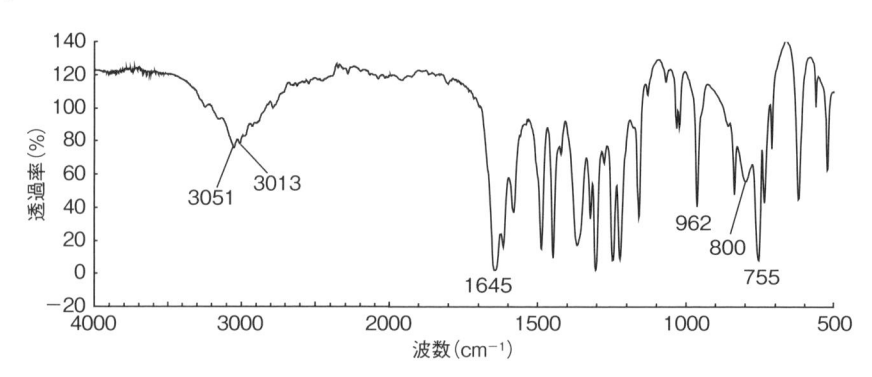

ピーク: 3051, 3013, 1645, 962, 800, 755

IR（溶液法：CCl_4，濃度：約 20 mmol/L）

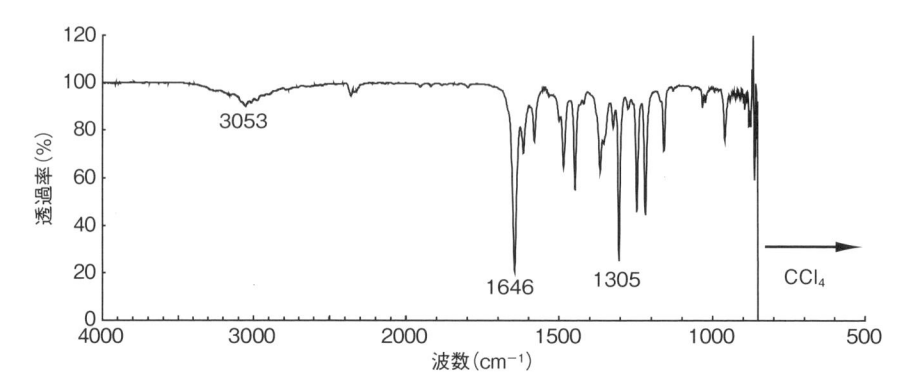

ピーク: 3053, 1646, 1305

演習問題6　93

¹H NMR（溶媒：CDCl₃）

ピーク位置 (Hz):
- 3681.77, 3681.39
- 2315.49, 2313.99, 2313.82
- 2307.51, 2305.98, 2305.85
- 2241.21, 2239.88, 2234.35, 2234.01, 2233.09, 2232.74, 2232.34, 2231.47, 2231.11, 2225.94, 2225.59, 2224.26, 2223.91
- 2088.64, 2088.24, 2087.47, 2087.07, 2080.23, 2079.82, 2079.06, 2078.65
- 2070.47, 2069.29
- 2063.27, 2062.45, 2062.13, 2061.31
- 2055.28, 2054.10
- 777.58

拡大部: 7.70 ppm, 7.45 ppm, 6.95 ppm, 6.90 ppm

¹³C NMR（溶媒：CDCl₃）

δ (ppm)
26.40 (CH₃)
118.14 (CH)
118.76 (CH)
119.50 (C)
130.58 (CH)
136.26 (CH)
162.15 (C)
204.41 (C)

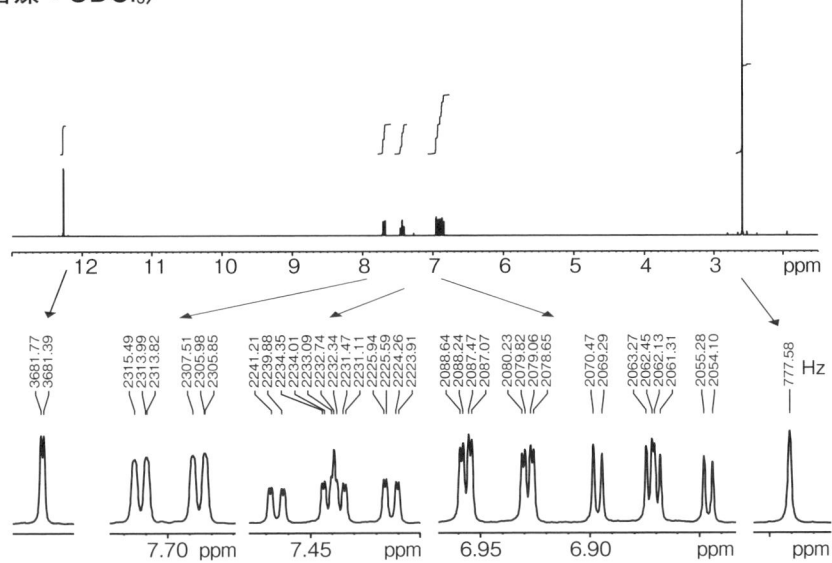

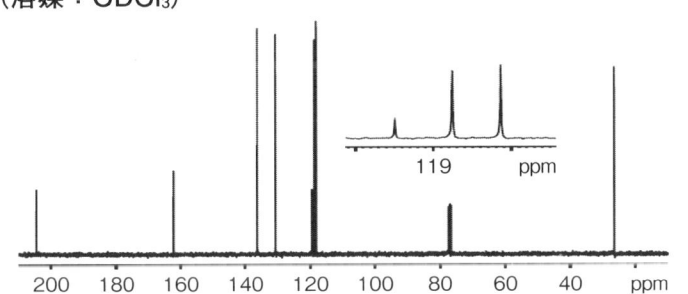

¹H–¹H COSY（溶媒：CDCl₃）

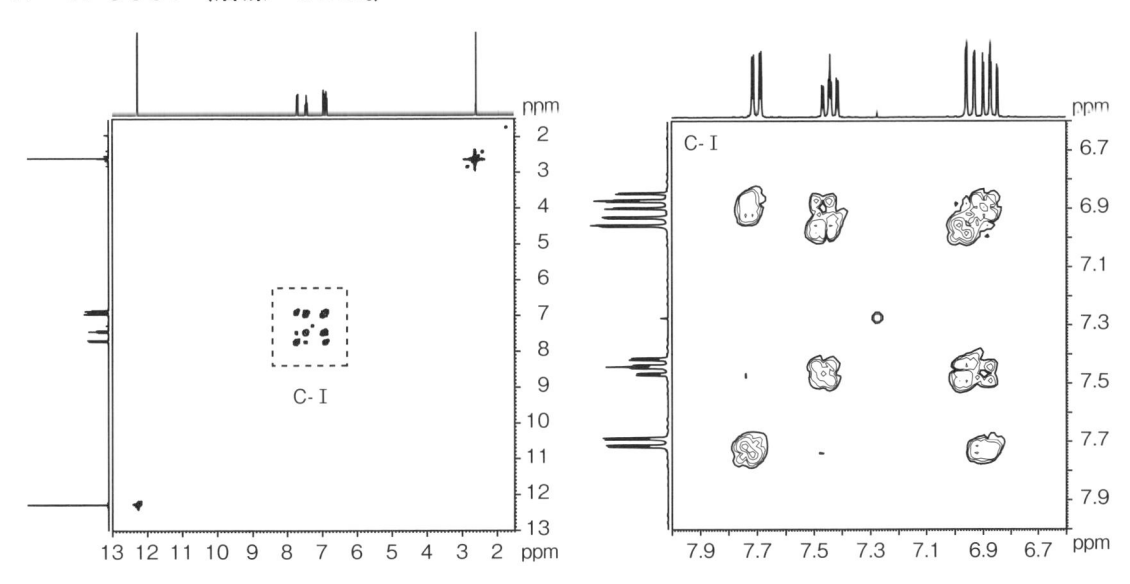

C-I

¹H―¹³C HSQC（溶媒：CDCl₃）

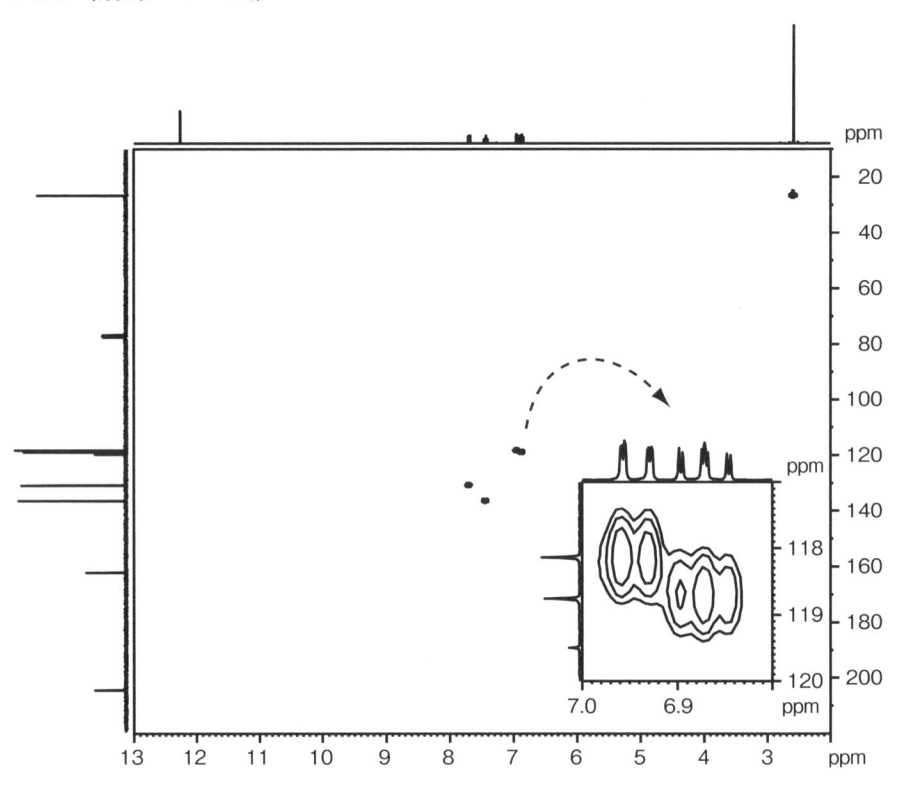

¹H―¹³C HMBC（溶媒：CDCl₃）

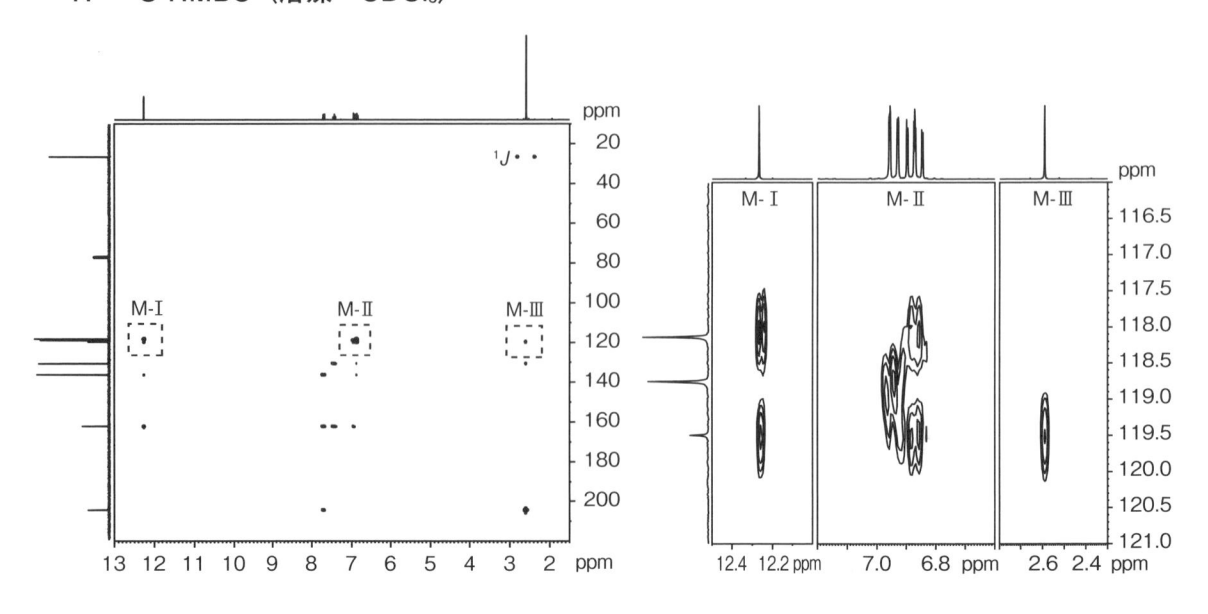

演習問題 7

分子式 $C_6H_5NO_2$ で示される化合物の構造を示せ.

MS

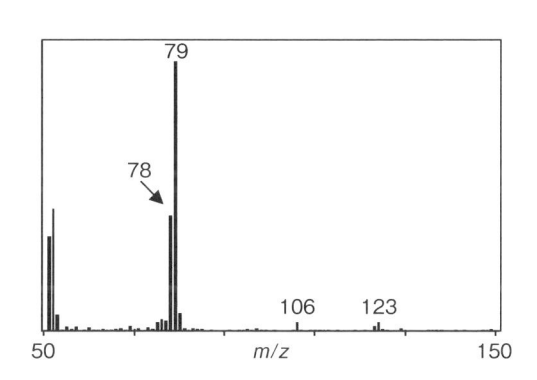

IR（KBr 法）

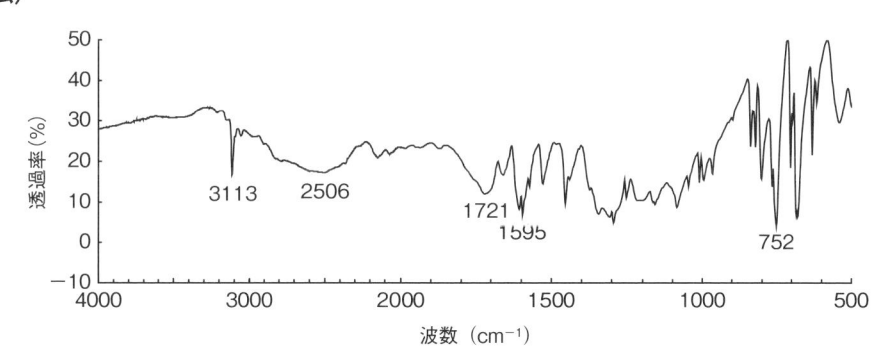

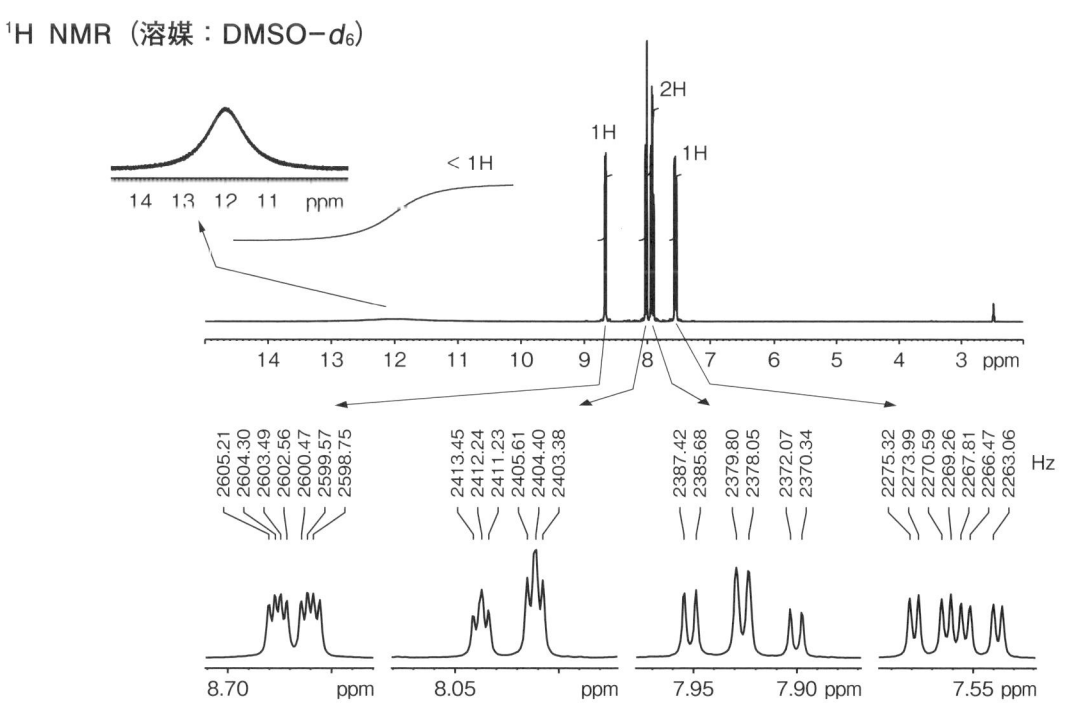

^{1}H NMR（溶媒：DMSO-d_6）

¹³C NMR（溶媒：DMSO-d_6）

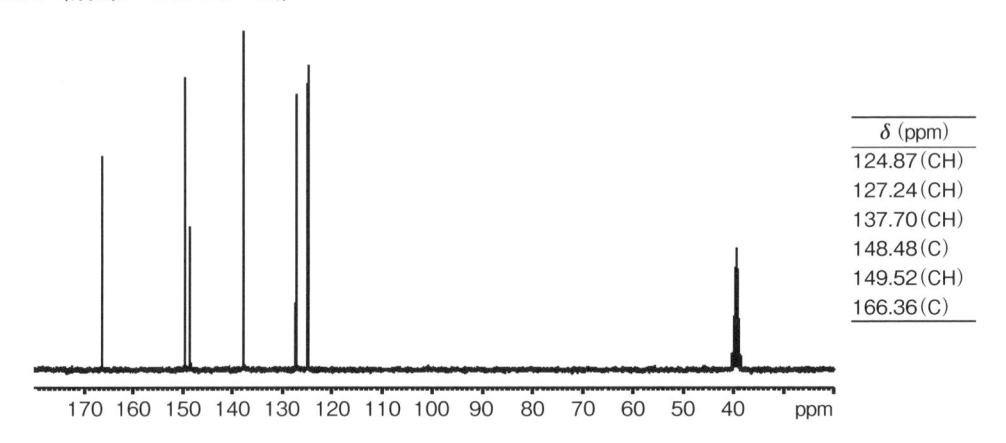

δ (ppm)
124.87 (CH)
127.24 (CH)
137.70 (CH)
148.48 (C)
149.52 (CH)
166.36 (C)

¹H–¹H COSY（溶媒：DMSO-d_6）

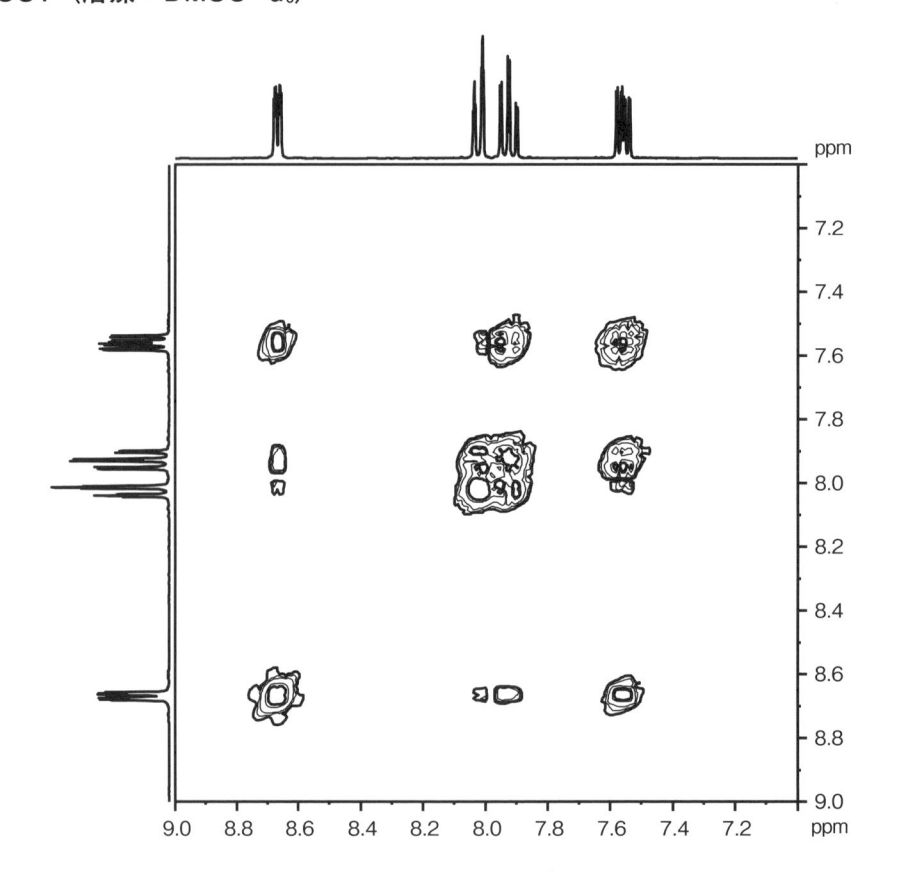

¹H-¹³C HSQC（溶媒：DMSO-d_6）

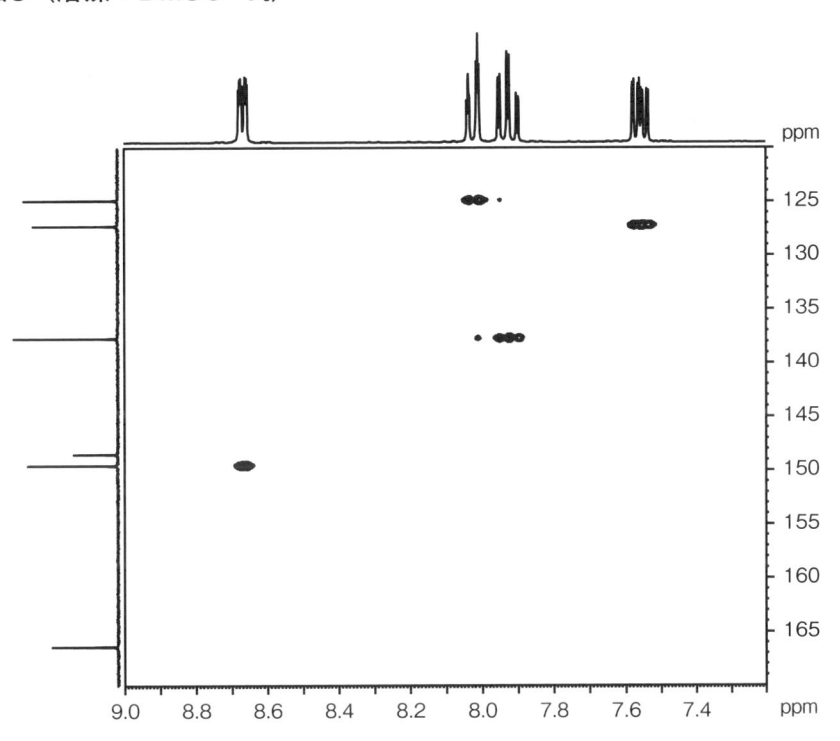

¹H-¹³C HMBC（溶媒：DMSO-d_6）

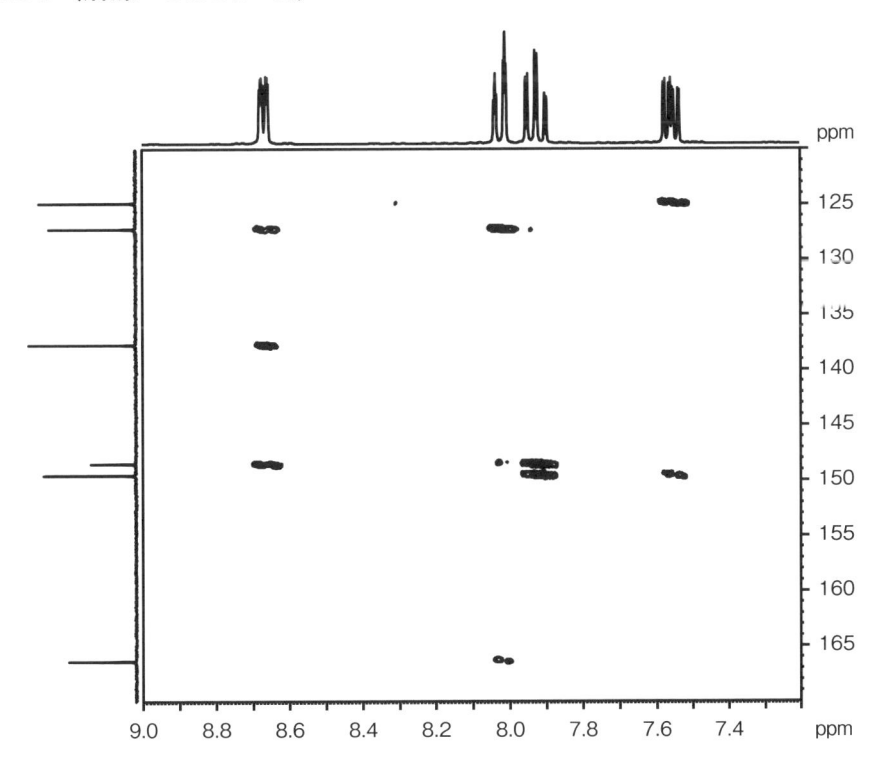

演習問題8

つぎのサンプル(1)～(3)に示した各種スペクトルは，アニスアルデヒド (anisaldehyde) $C_8H_8O_2$ のオルト，メタ，パラ異性体のいずれかのものである．各サンプルはどの構造であるか．理由も含めて説明せよ．

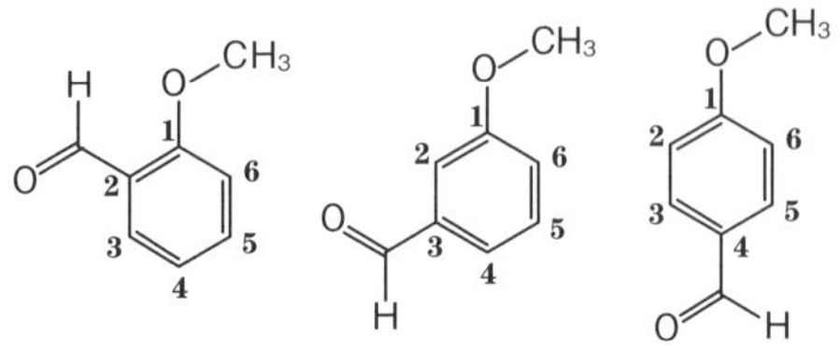

o-異性体　　m-異性体　　p-異性体

サンプル(1)

MS

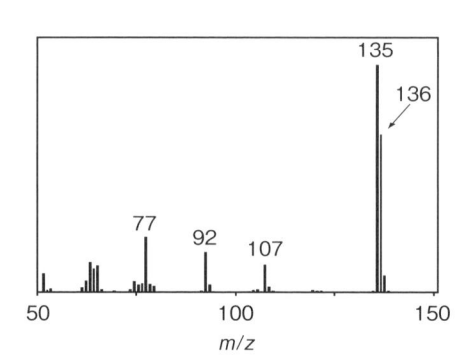

IR（液膜法）

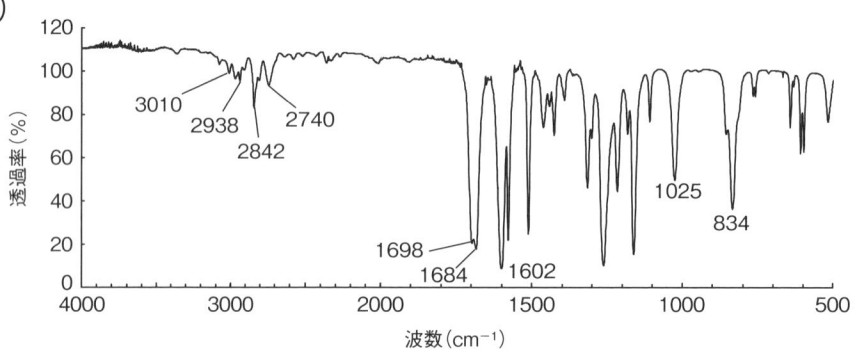

3010, 2938, 2842, 2740, 1698, 1684, 1602, 1025, 834

^{1}H NMR（溶媒：CDCl$_3$）

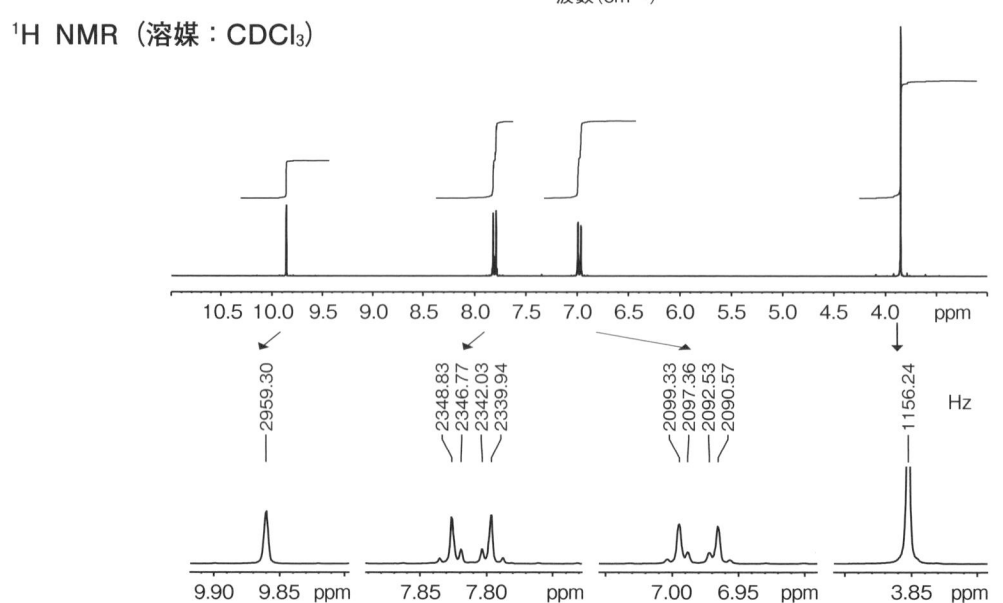

2959.30 Hz
2348.83, 2346.77, 2342.03, 2339.94 Hz
2099.33, 2097.36, 2092.53, 2090.57 Hz
1156.24 Hz

9.85 ppm, 7.85–7.80 ppm, 7.00–6.95 ppm, 3.85 ppm

演習問題 8

¹³C NMR（溶媒：CDCl₃）

δ (ppm)
55.23
114.01
129.63
131.62
164.30
190.44

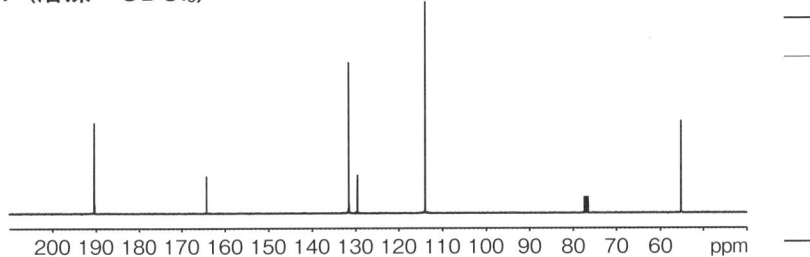

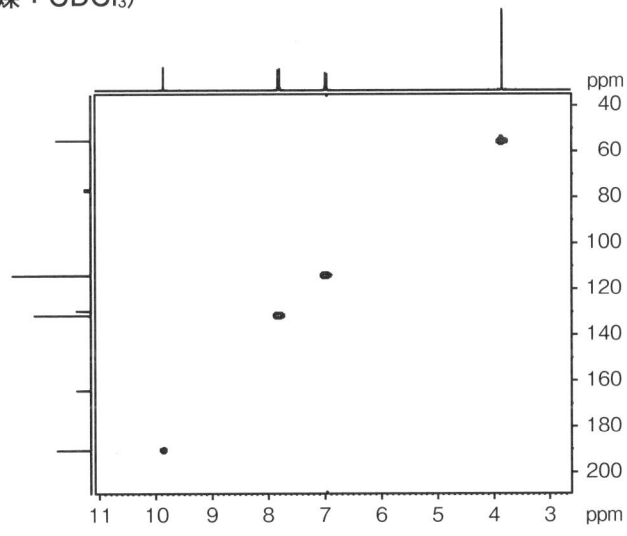

¹H−¹³C HSQC（溶媒：CDCl₃）

¹H−¹³C HMBC（溶媒：CDCl₃）

$^1J_{CH}$：C−H の直接結合相関が消え残っている．

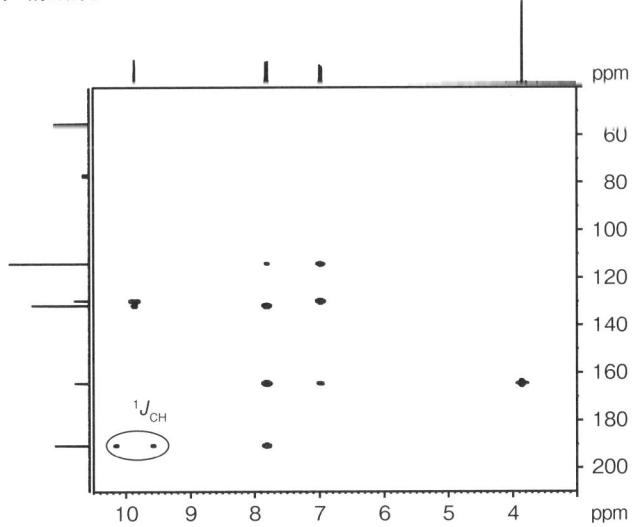

サンプル(2)

MS

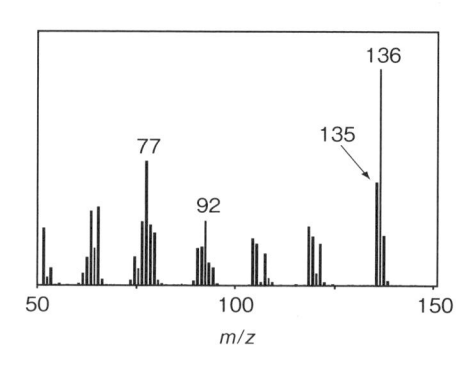

IR（液膜法）

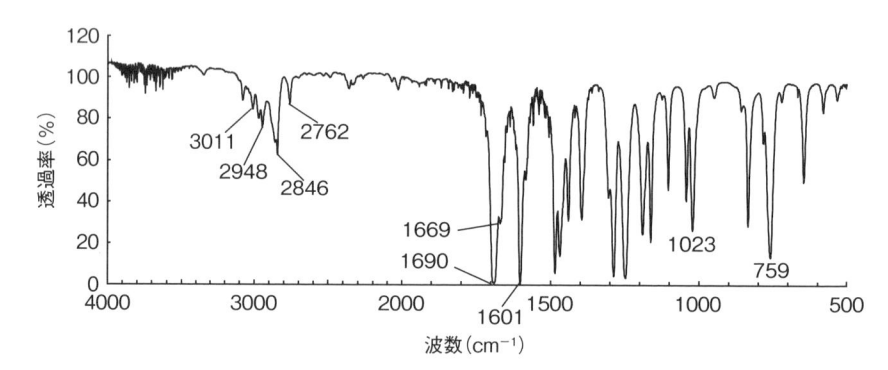

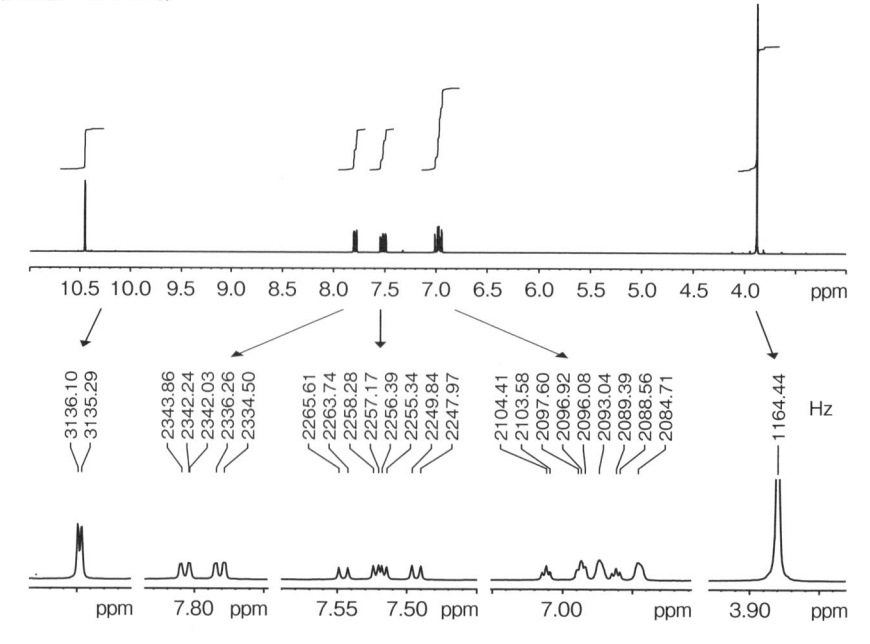

3011, 2948, 2846, 2762, 1690, 1669, 1601, 1023, 759

^{1}H NMR（溶媒：CDCl$_3$）

10.5, 10.0, 9.5, 9.0, 8.5, 8.0, 7.5, 7.0, 6.5, 6.0, 5.5, 5.0, 4.5, 4.0 ppm

3136.10, 3135.29
2343.86, 2342.24, 2342.03, 2336.26, 2334.50
2265.61, 2263.74, 2258.28, 2257.17, 2256.39, 2255.34, 2249.84, 2247.97
2104.41, 2103.58, 2097.60, 2096.92, 2096.08, 2093.04, 2089.39, 2088.56, 2084.71
1164.44 Hz

ppm, 7.80 ppm, 7.55, 7.50 ppm, 7.00 ppm, 3.90 ppm

演習問題 8

13C NMR (溶媒：CDCl₃)

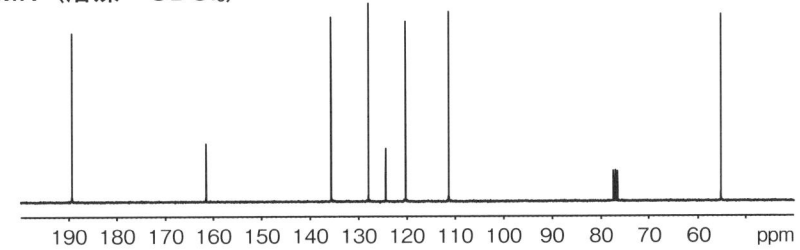

δ (ppm)	δ (ppm)
55.28	128.02
111.40	135.71
120.29	161.53
124.46	189.37

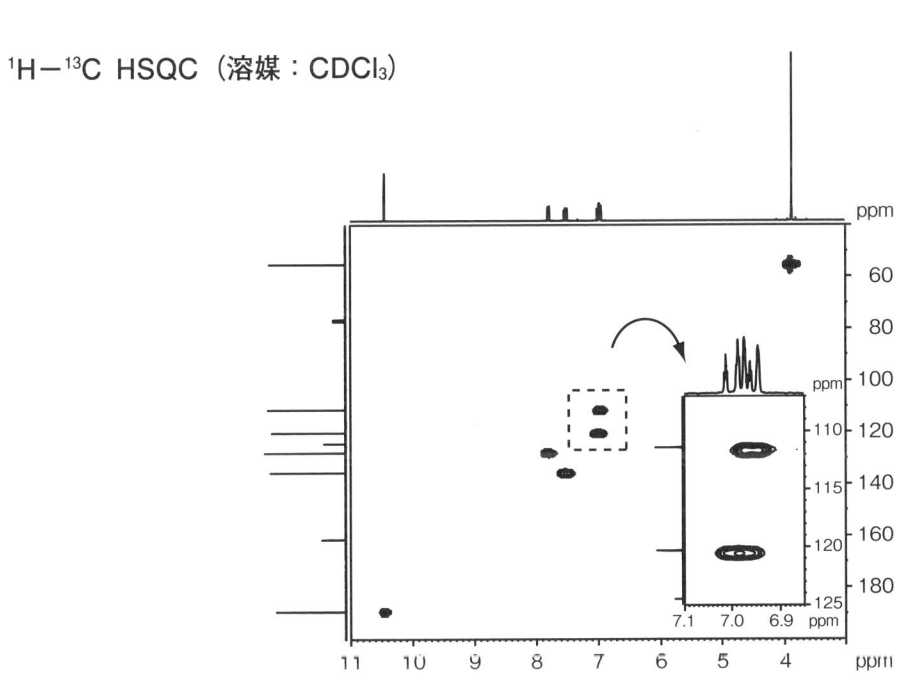

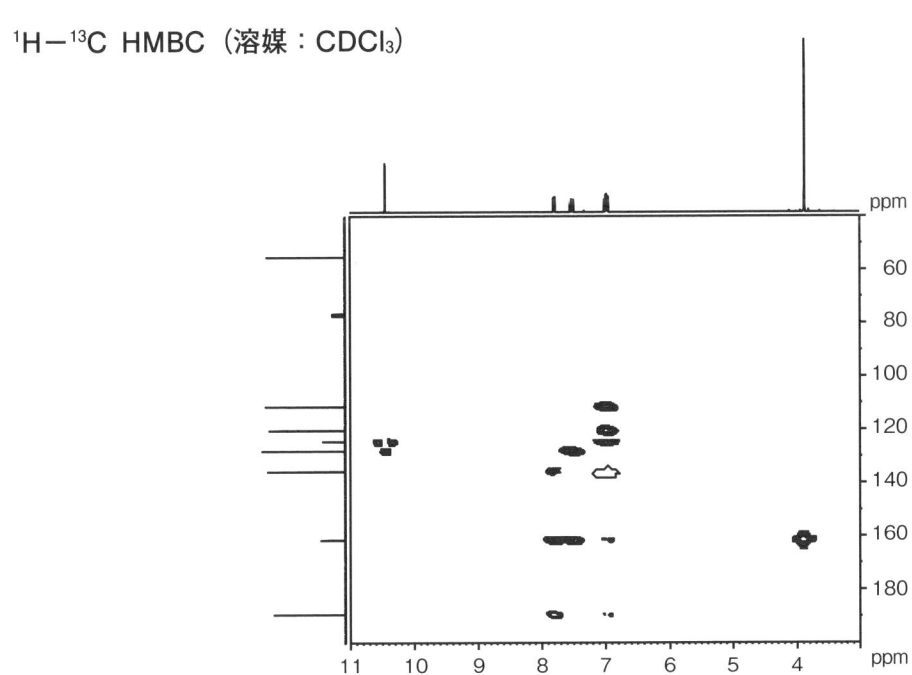

1H−13C HSQC (溶媒：CDCl₃)

1H−13C HMBC (溶媒：CDCl₃)

サンプル(3)

MS

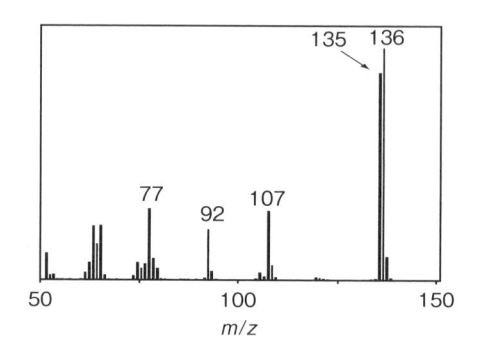

IR（液膜法）

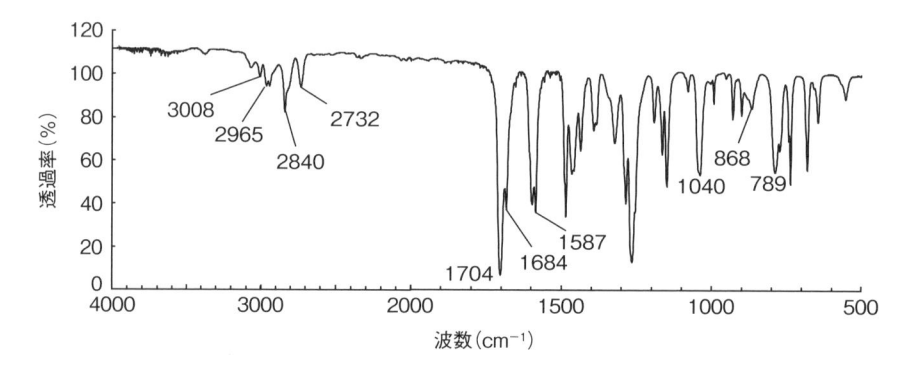

¹H NMR（溶媒：CDCl₃）

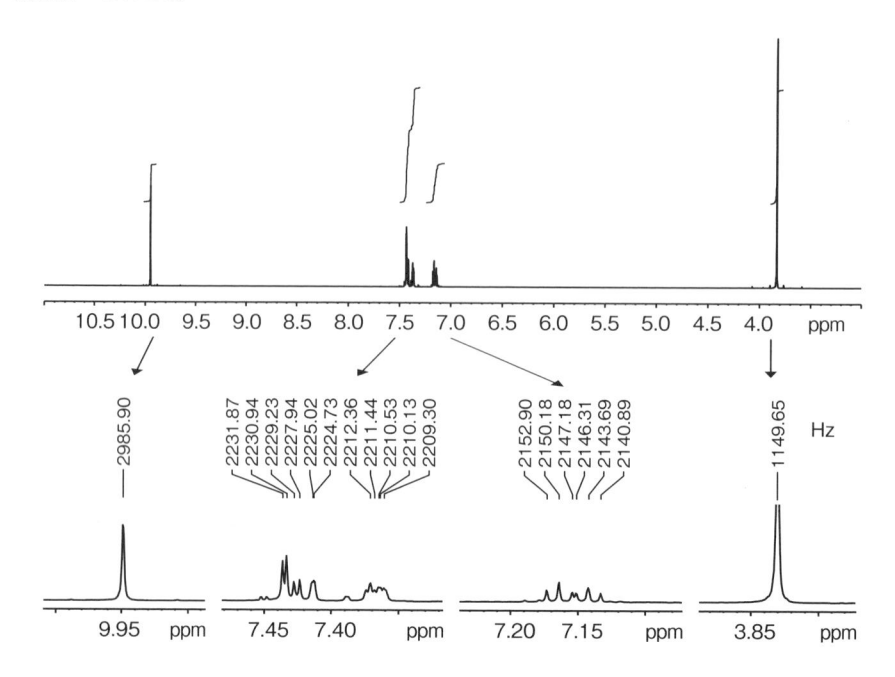

演習問題 8

^{13}C NMR（溶媒：CDCl$_3$）

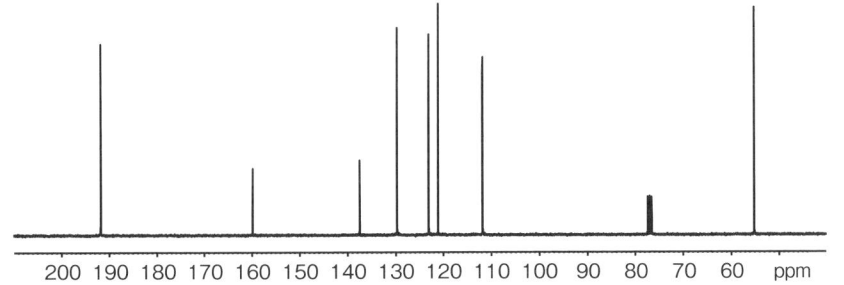

δ (ppm)
55.15
111.92
121.15
123.17
129.79
137.58
159.90
191.85

^{1}H−^{13}C HSQC（溶媒：CDCl$_3$）

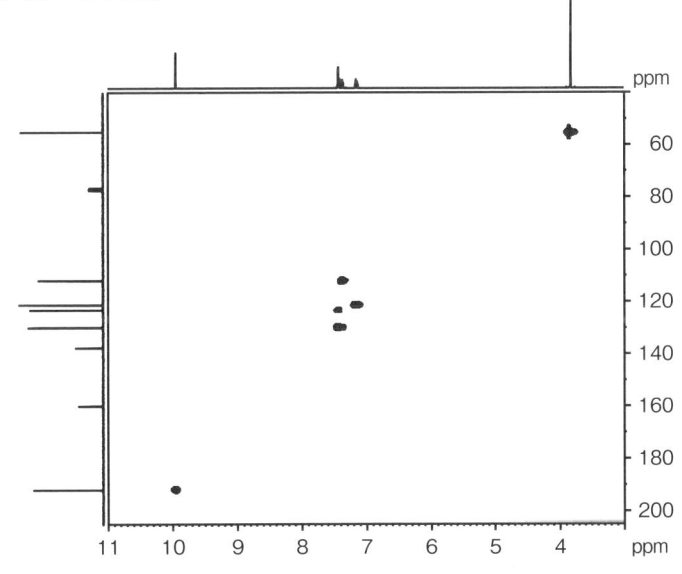

^{1}H−^{13}C HMBC（溶媒：CDCl$_3$）

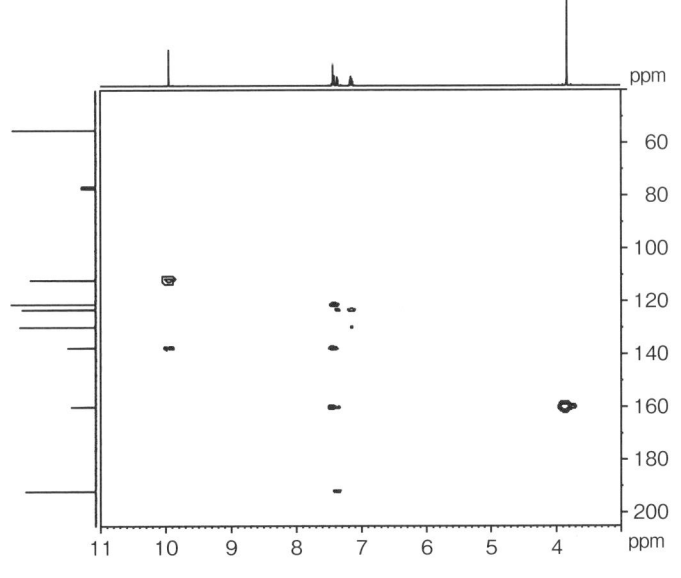

演習問題9

分子式 C_7H_6ClI で示される化合物の構造を示せ.

MS

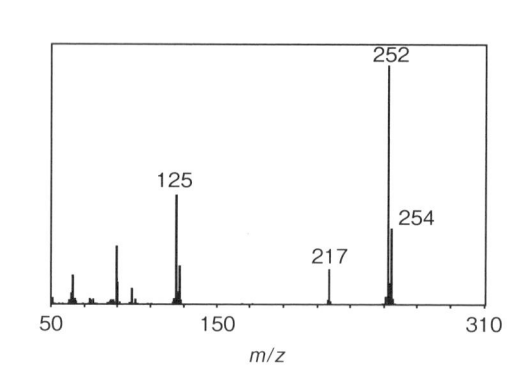

IR（液膜法）

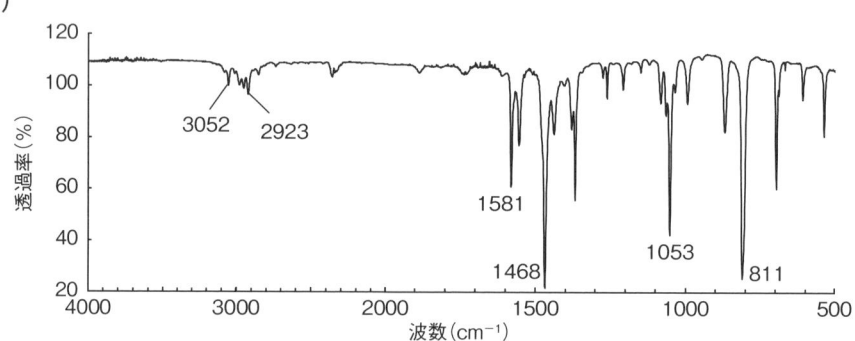

^{1}H NMR（溶媒：CDCl$_3$）

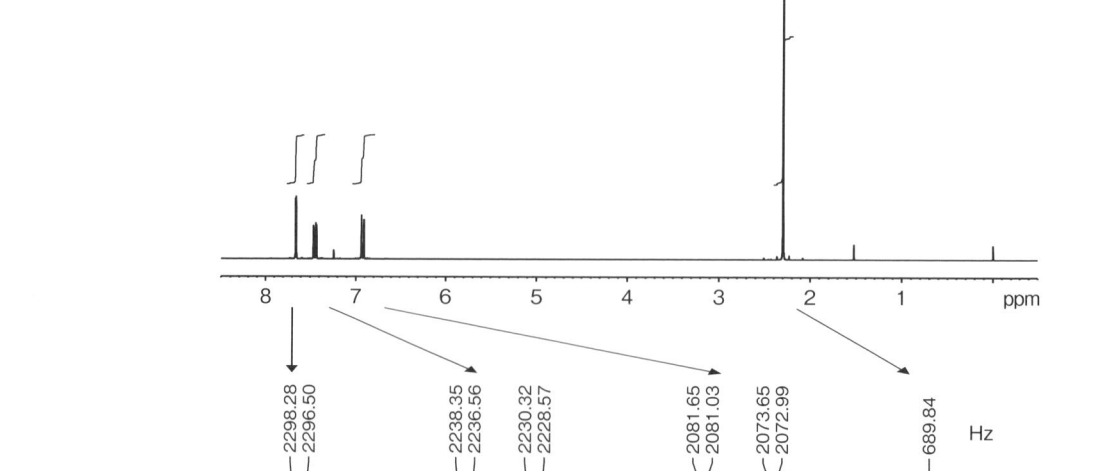

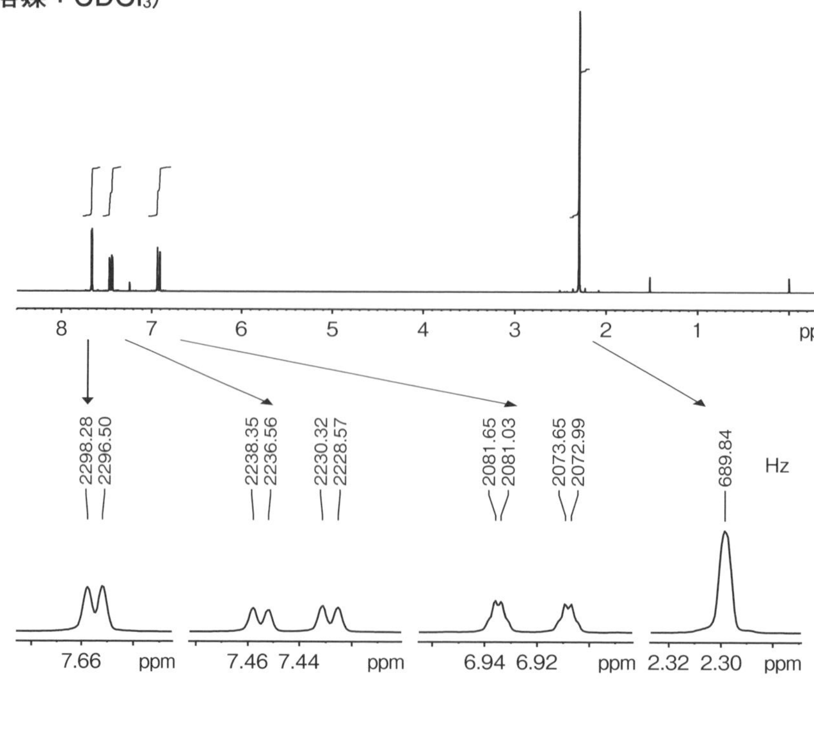

¹³C NMR（溶媒：CDCl₃）

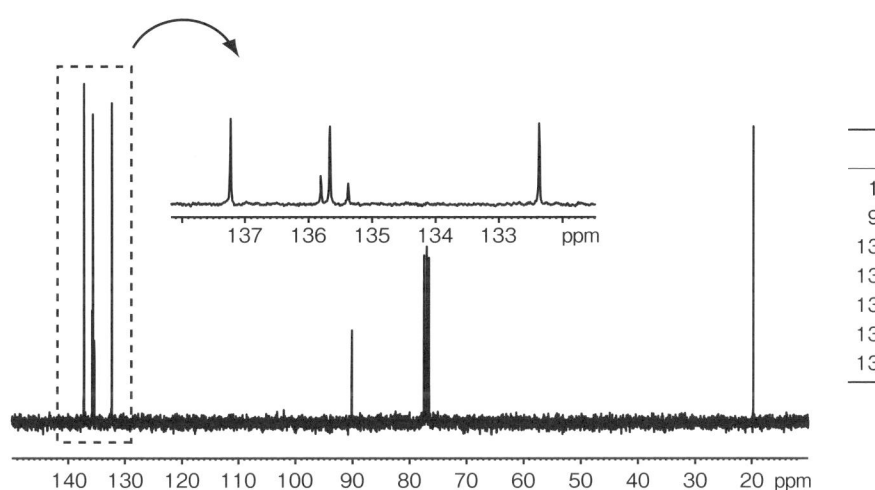

δ (ppm)
19.74 (CH₃)
90.21 (C)
132.36 (CH)
135.38 (C)
135.66 (CH)
135.80 (C)
137.22 (CH)

¹H–¹H COSY（溶媒：CDCl₃）

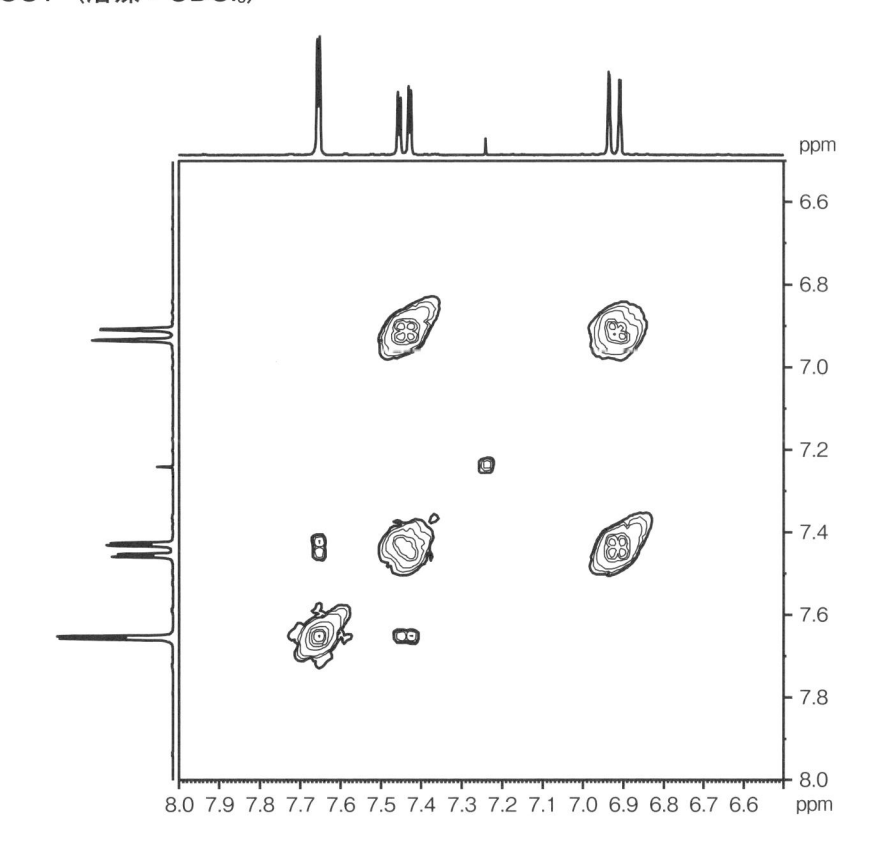

5章 演習問題

¹H−¹³C HSQC（溶媒：CDCl₃）

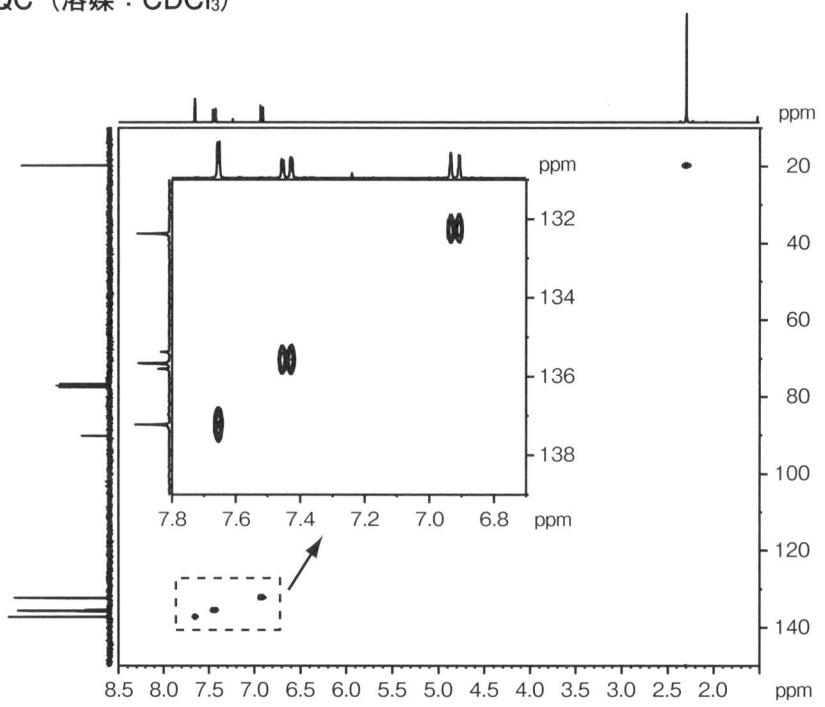

¹H−¹³C HMBC（溶媒：CDCl₃）

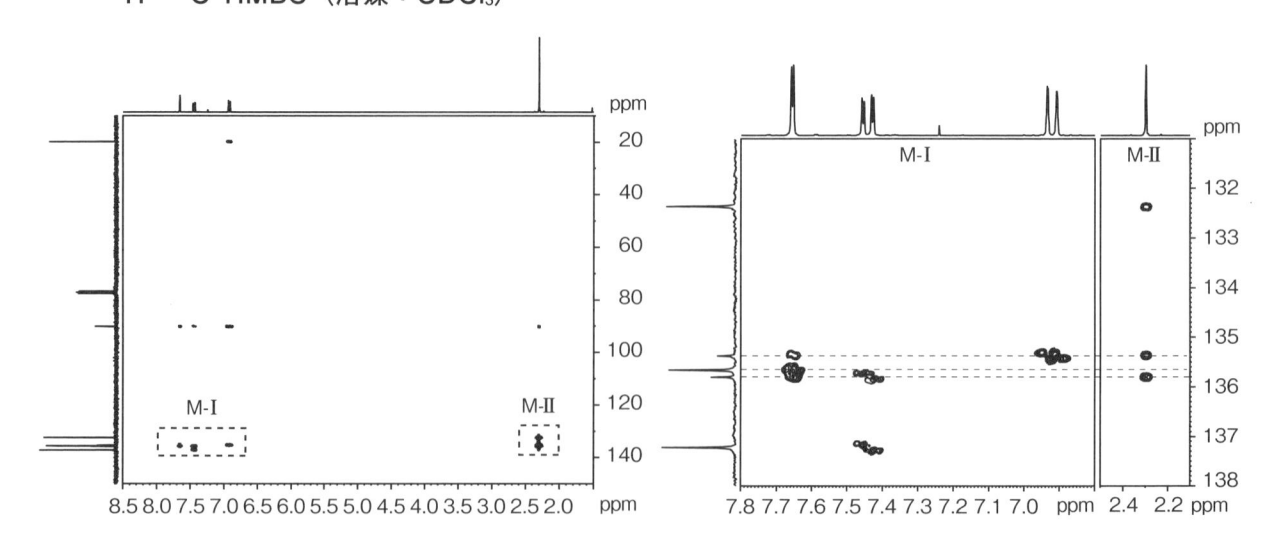

演習問題 10

　以下のスペクトルは不飽和度が4で遷移金属を含まない化合物について測定したものである．分子式と構造の概略を述べよ．余力のある者は，構造を完全に決定せよ．

MS

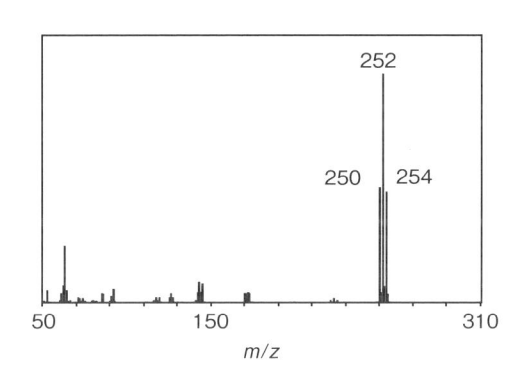

IR（液膜法）

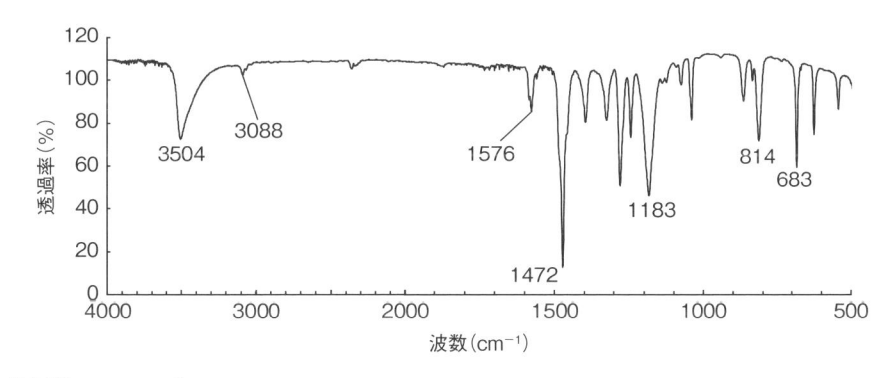

¹H NMR（溶媒：CDCl₃）

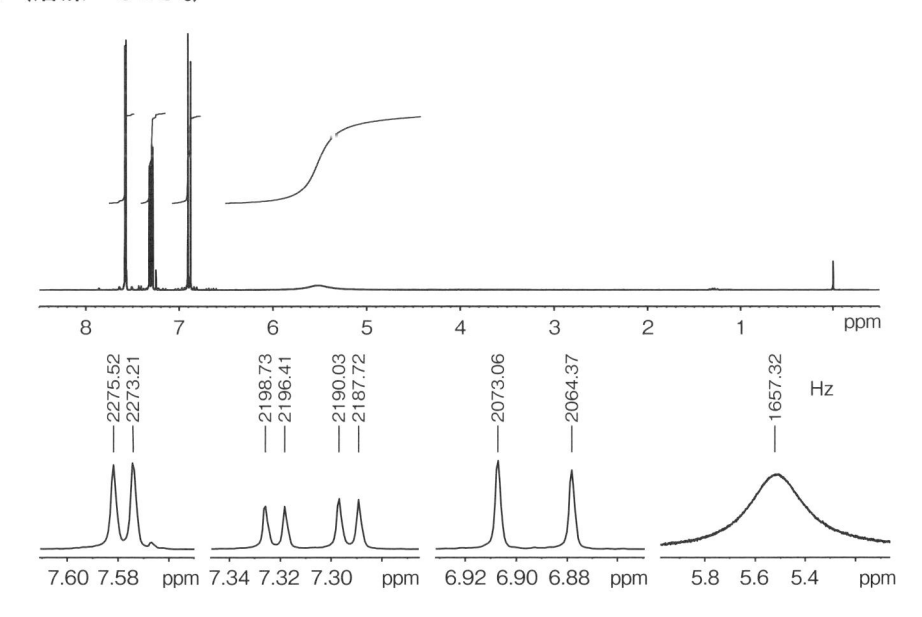

13C NMR (溶媒：CDCl₃)

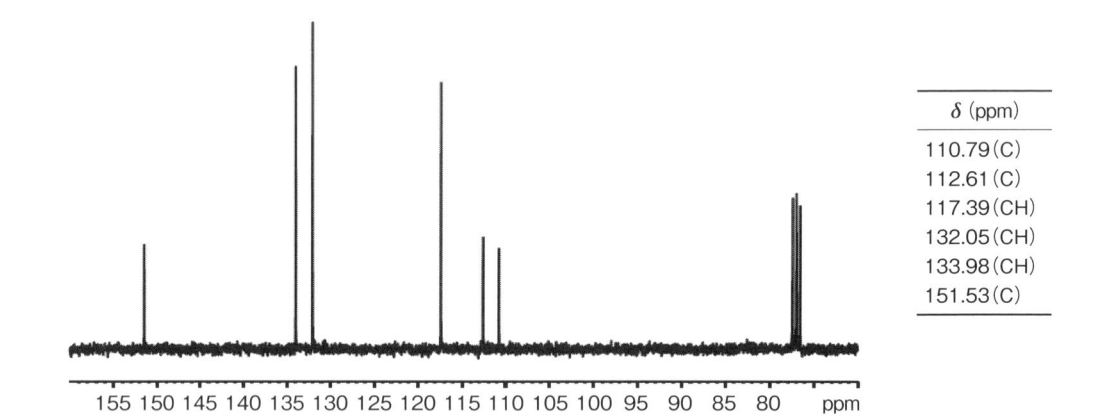

δ (ppm)
110.79 (C)
112.61 (C)
117.39 (CH)
132.05 (CH)
133.98 (CH)
151.53 (C)

¹H–¹H COSY (溶媒：CDCl₃)

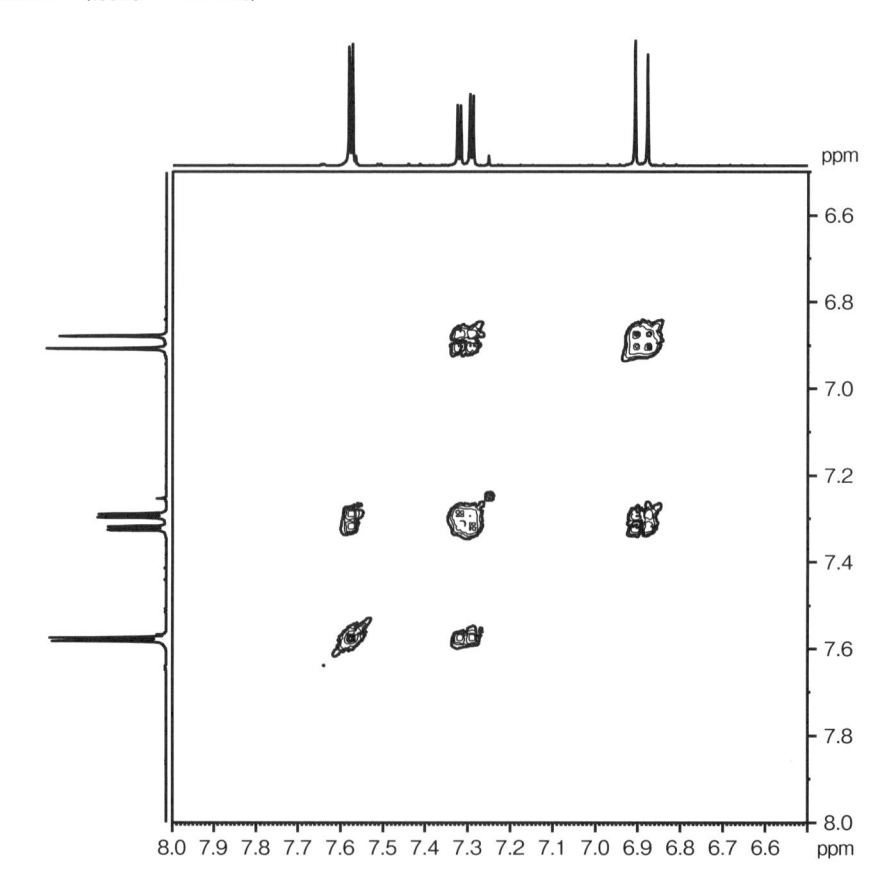

¹H−¹³C HSQC（溶媒：CDCl₃）

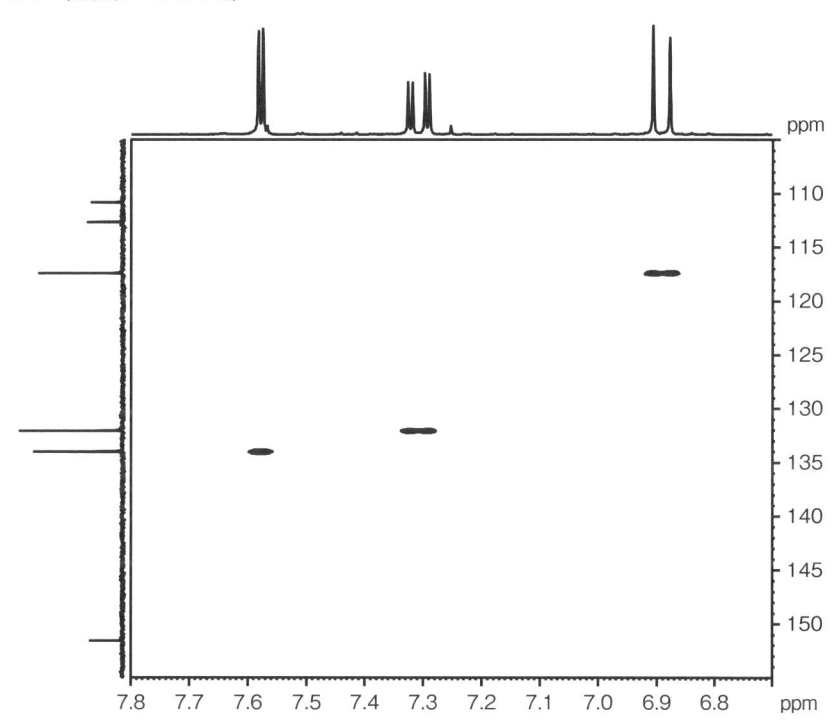

¹H−¹³C HMBC（溶媒：CDCl₃）

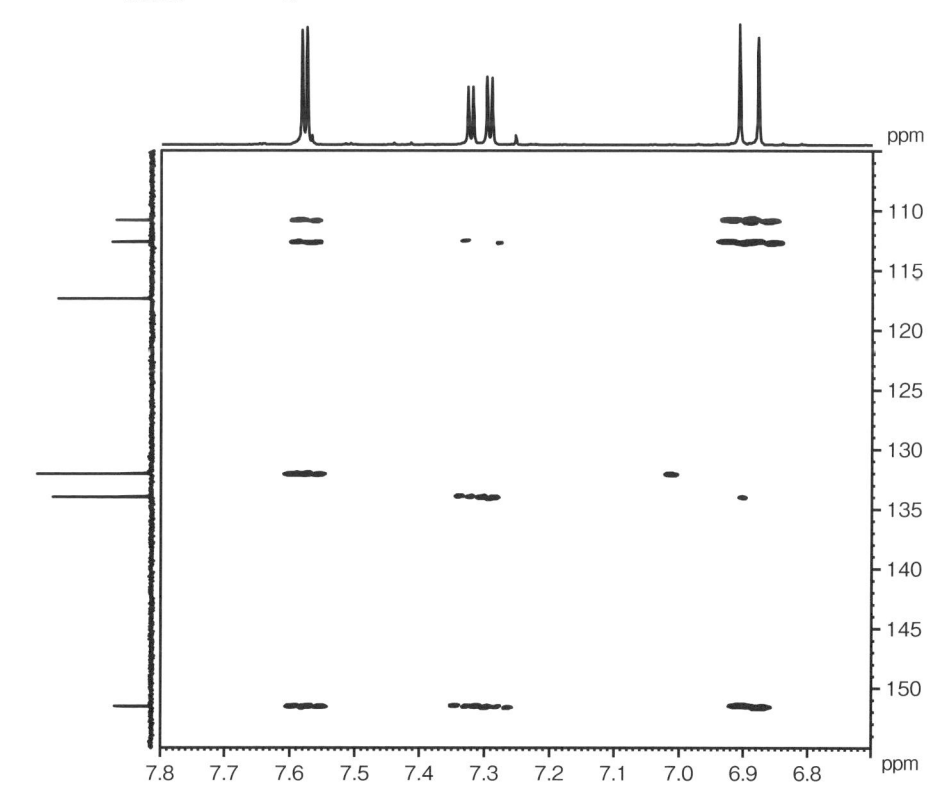

演習問題11

D-カンファー（D-camphor）について下記の問に答えよ．

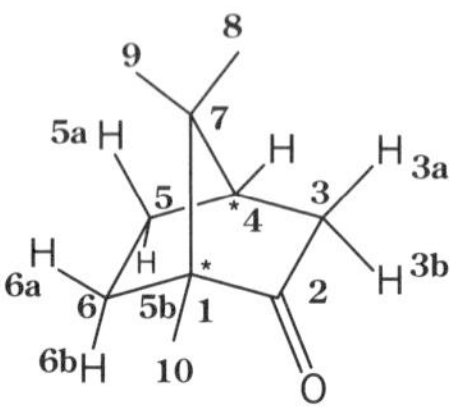

1) MSスペクトルに観測されている m/z 81, 95, 108 のフラグメントイオンは，高分解能マススペクトルでは，それぞれ 81.0701, 95.0862, 108.0935 である．それぞれのフラグメントのイオン式を求めよ．ただし，^1H，^{12}C，^{16}O の原子量はそれぞれ 1.00783, 12.0000, 15.9949 とし，電子の質量は無視してよい．

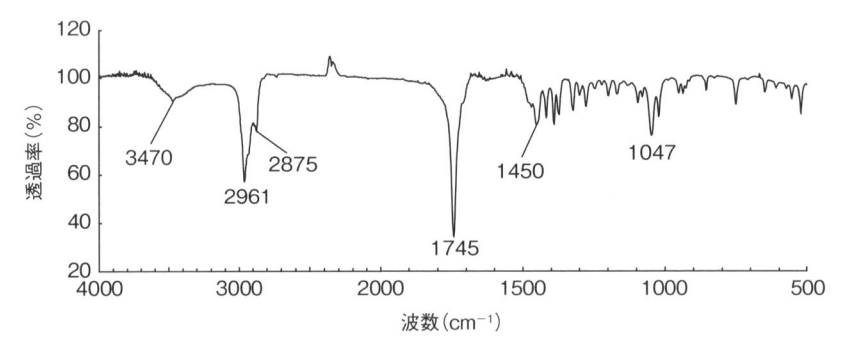

2) IRスペクトル（KBr法）の 1745 cm^{-1} は，標準的な飽和脂肪族ケトン（アセトンやシクロヘキサノン：約 1715 cm^{-1}）よりも高波数シフトしているが，それはなぜか．

3) IRスペクトル（KBr法）の 3470 cm^{-1} の吸収は何か．ヌジョール法のスペクトルと比較して考察せよ．

4) NMRスペクトルのすべての^1H，^{13}Cシグナルを帰属せよ．

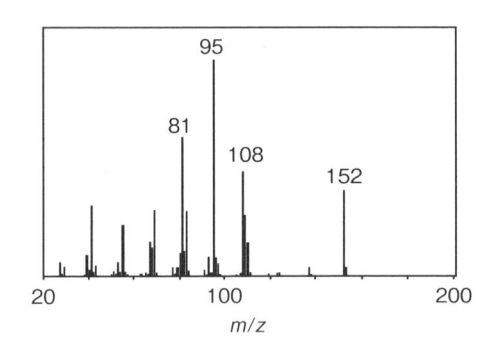

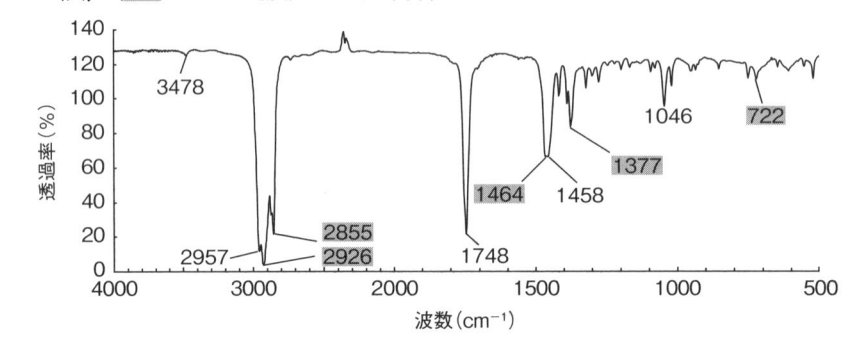

¹H NMR（溶媒：CDCl₃）

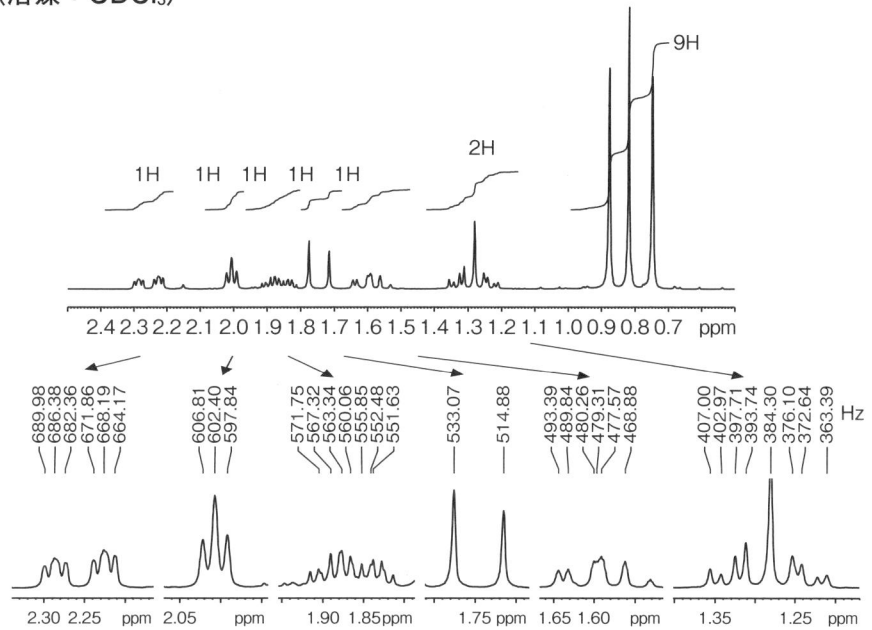

ppm範囲	積分
2.4–2.2	1H
~2.1	1H
~2.0	1H
~1.9	1H
~1.8	1H
~1.7	2H
0.9–0.8	9H

拡大図の各ピーク位置 (Hz):
- 689.98, 686.38, 682.36, 671.86, 668.19, 664.17
- 606.81, 602.40, 597.84
- 571.75, 567.32, 563.34, 560.06, 555.85, 552.48, 551.63
- 533.07, 514.88
- 493.39, 489.84, 480.26, 479.31, 477.57, 468.88
- 407.00, 402.97, 397.71, 393.74, 384.30, 376.10, 372.64, 363.39

拡大ppm範囲: 2.30–2.25 ppm, 2.05 ppm, 1.90–1.85 ppm, 1.75 ppm, 1.65–1.60 ppm, 1.35–1.25 ppm

¹³C NMR（溶媒：CDCl₃）

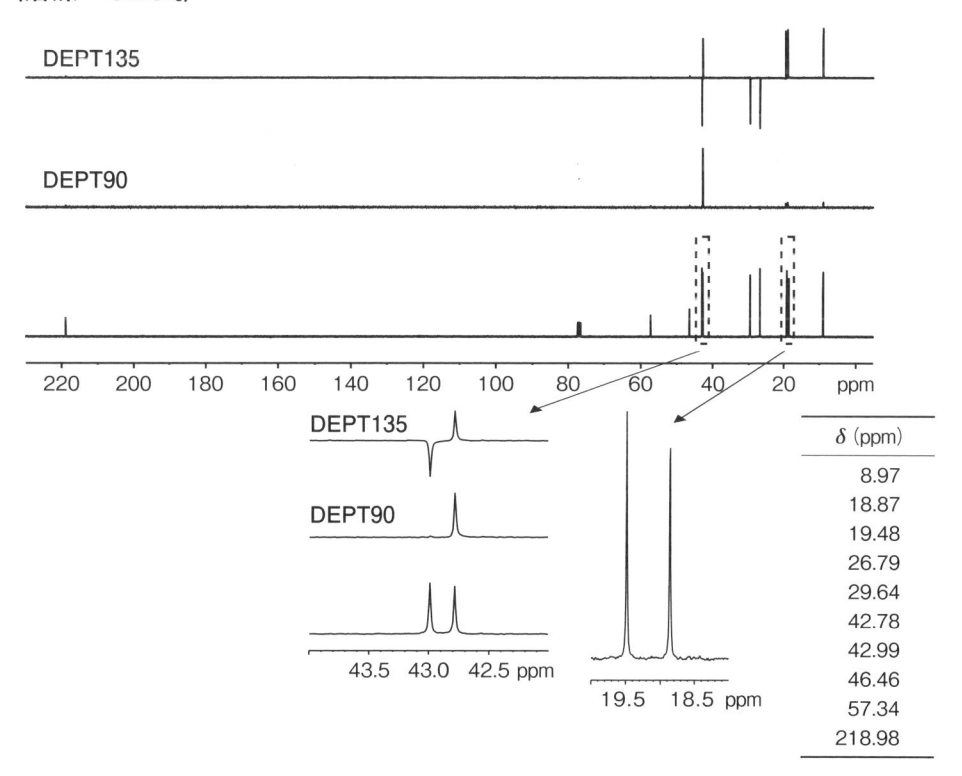

DEPT135, DEPT90, ブロードバンドデカップリングスペクトル

拡大領域: 43.5–42.5 ppm, 19.5–18.5 ppm

δ (ppm)
8.97
18.87
19.48
26.79
29.64
42.78
42.99
46.46
57.34
218.98

¹H−¹H COSY（溶媒：CDCl₃）

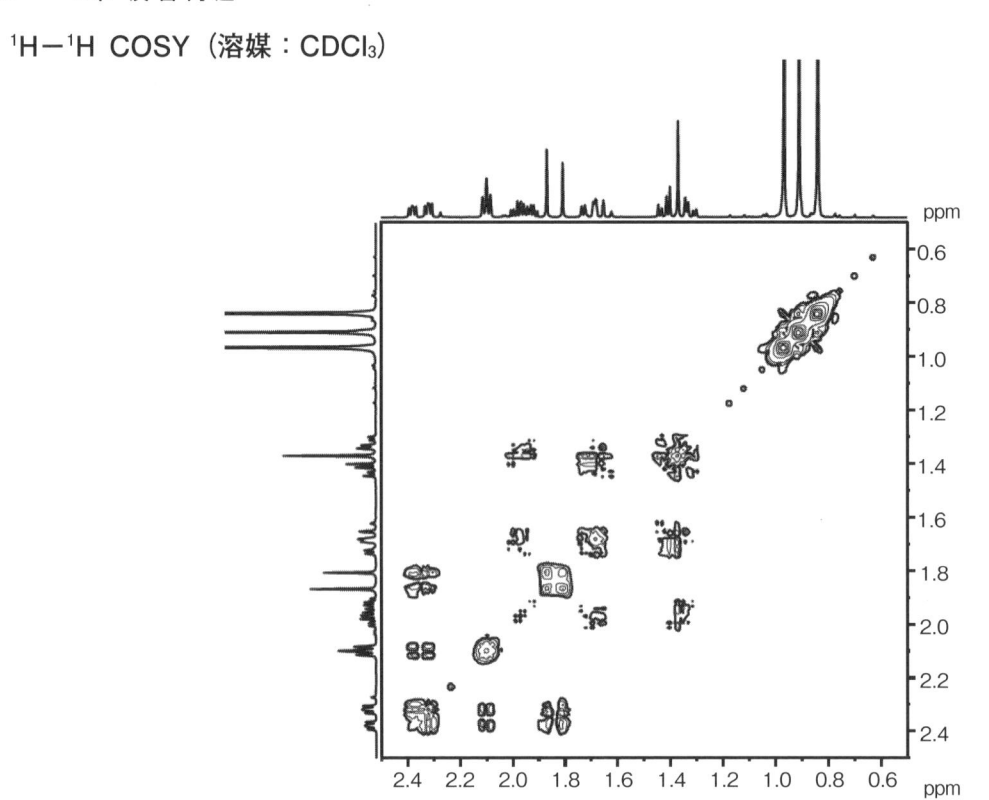

¹H−¹³C HSQC（溶媒：CDCl₃）

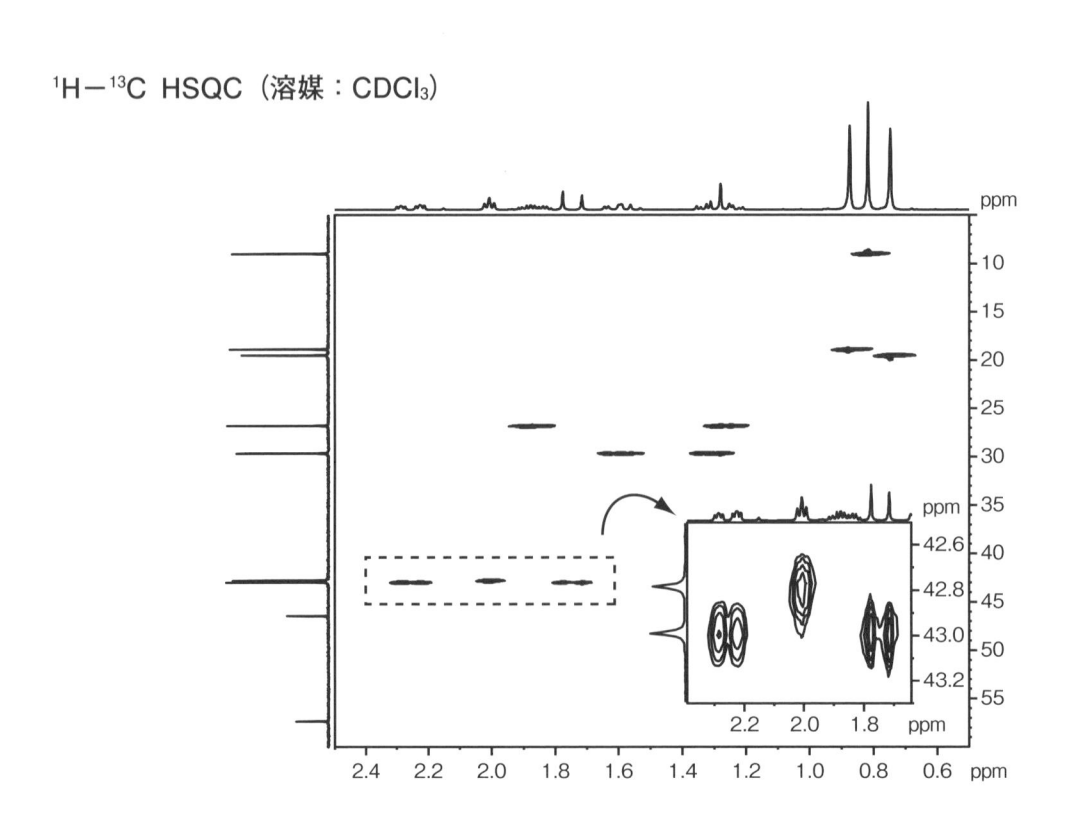

$^1H-^{13}C$ HMBC（溶媒：$CDCl_3$）
全体図

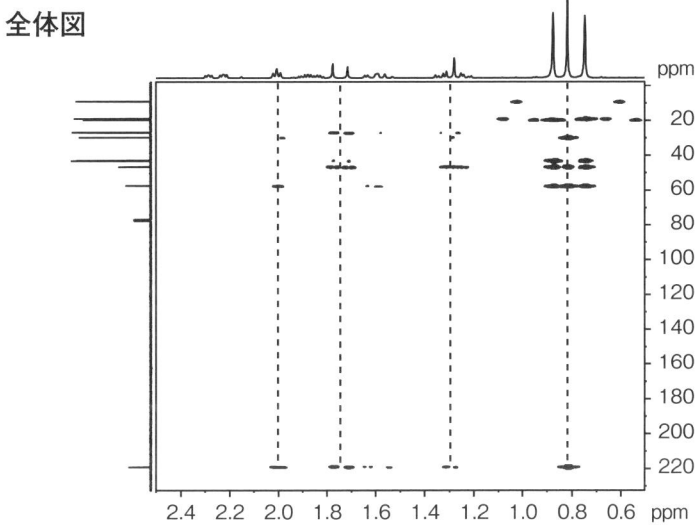

^{13}C（5 ppm〜65 ppm）の拡大図

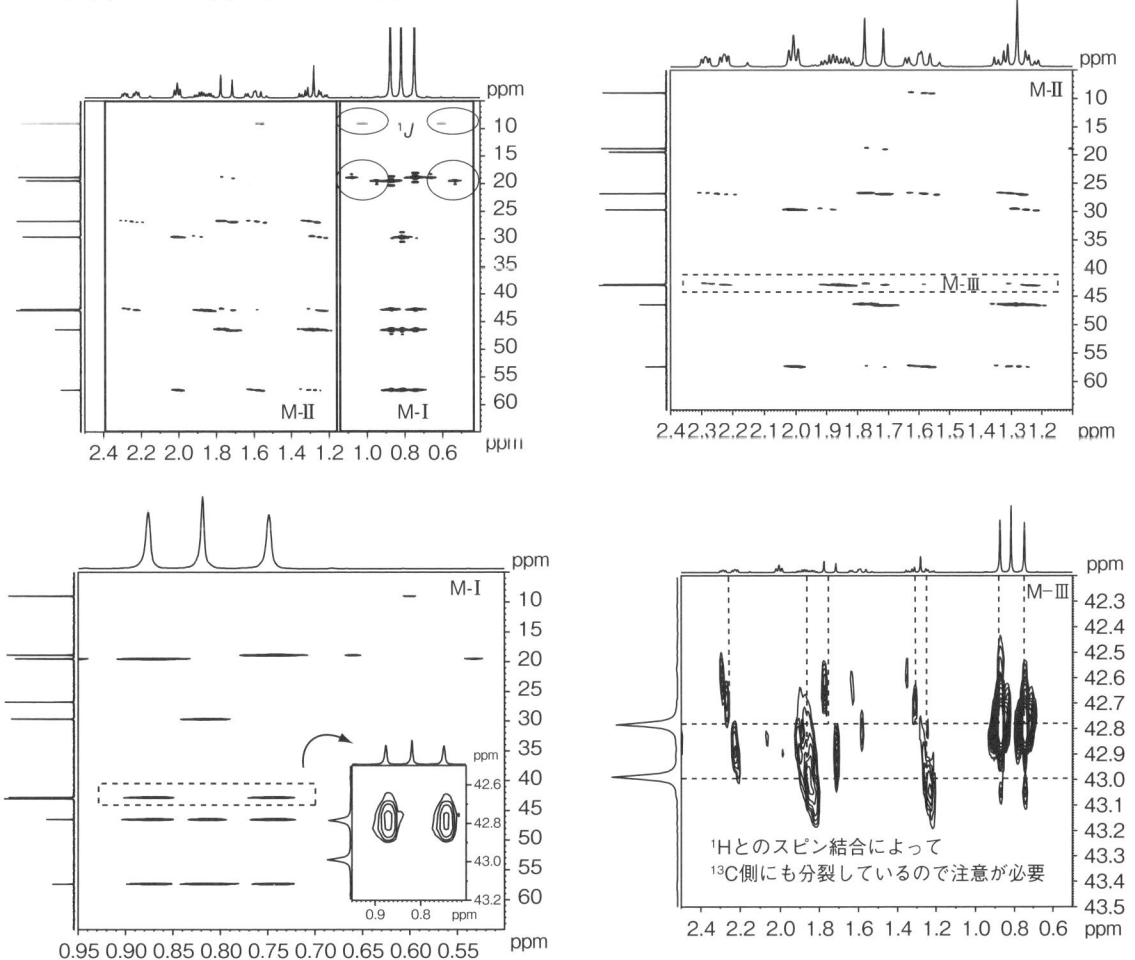

M-II
M-I
M-III

M-I
M-III

^1Hとのスピン結合によって
^{13}C側にも分裂しているので注意が必要

¹H−¹H NOESY（溶媒：CDCl₃）

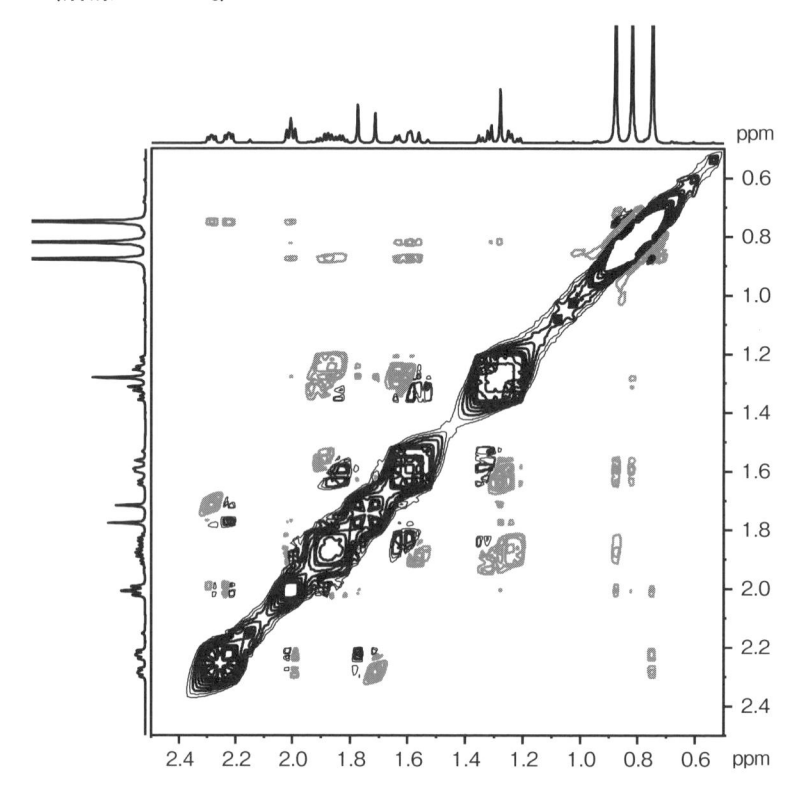

演習問題 12

α-イオノン*の各種スペクトルのシグナルを帰属せよ．

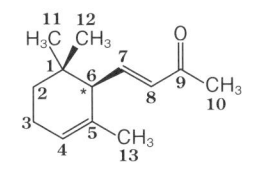

MS

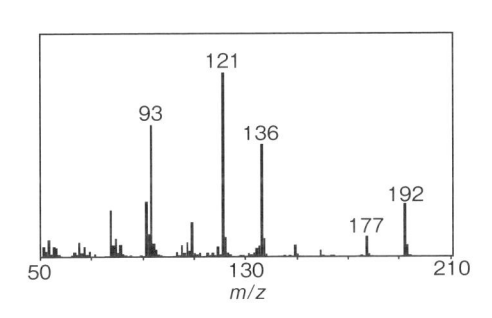

IR（液膜法）

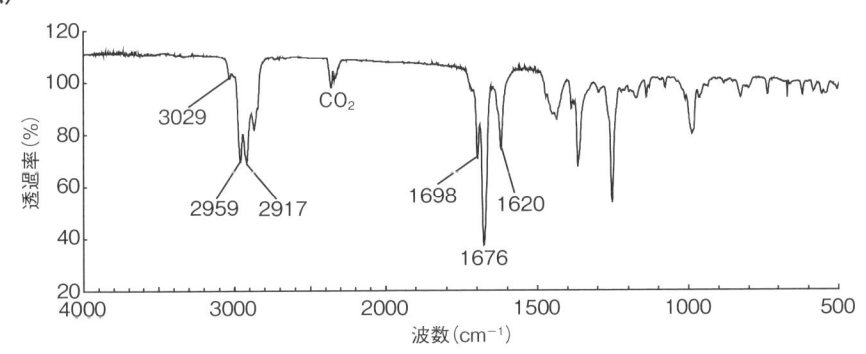

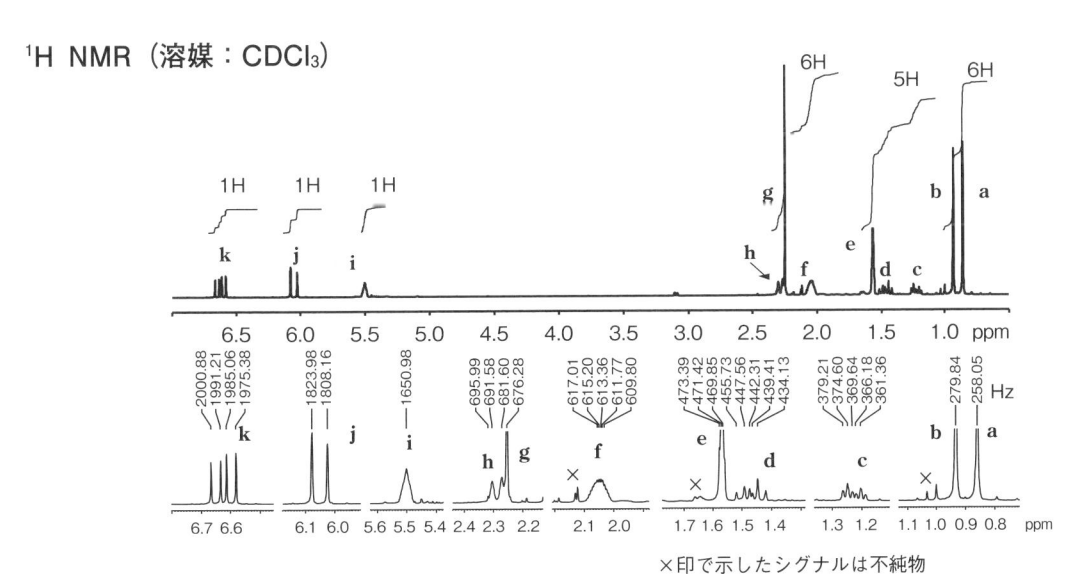

3029, 2959, 2917, CO₂, 1698, 1676, 1620

¹H NMR（溶媒：CDCl₃）

シグナル位置（Hz）:
- k: 2000.88, 1991.21, 1985.06, 1975.38
- j: 1823.98, 1808.16
- i: 1650.98
- h: 695.99, 691.58, 681.60, 676.28
- g: 617.01, 615.20, 613.36, 611.77, 609.80
- f: (不純物 ×)
- e: 473.39, 471.42, 469.85, 455.73, 447.56, 442.31, 439.41, 434.13
- d:
- c: 379.21, 374.60, 366.18, 361.36
- b: 279.84
- a: 258.05

×印で示したシグナルは不純物

---

* イオノンは異性体によって慣用名が決まっており，二重結合が構造式の 4-5 の位置にある場合を α，5-6 にある場合を β，5-13 にある場合を γ とする．

5章 演習問題

¹³C NMR (溶媒:CDCl₃)

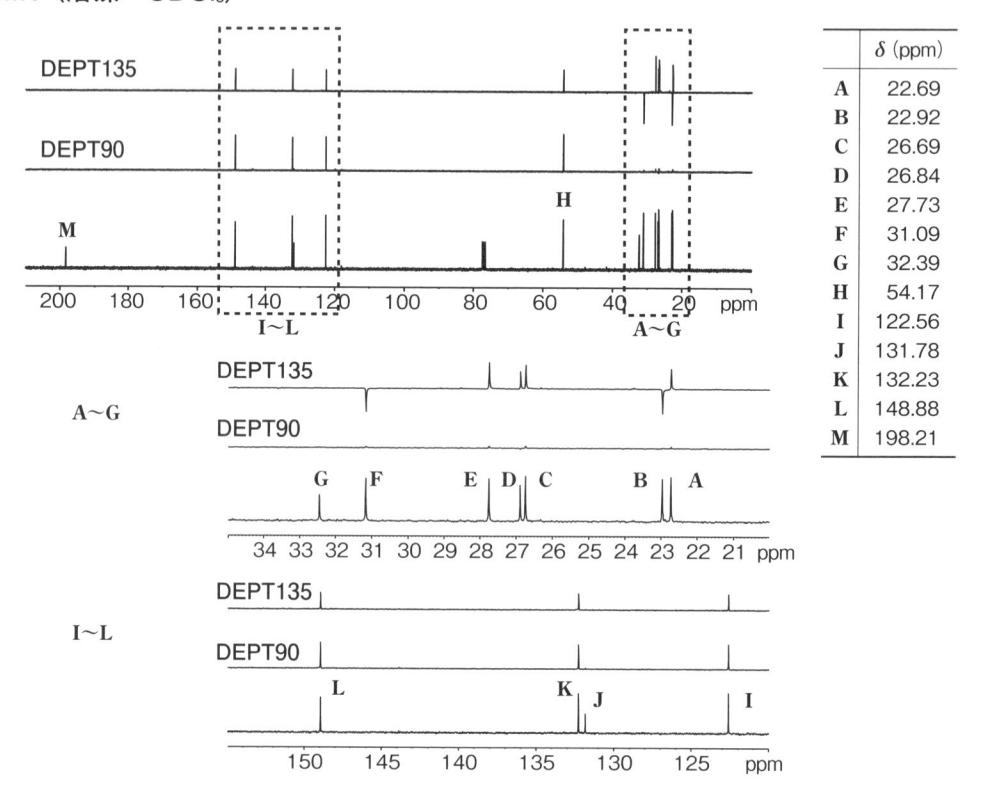

	δ (ppm)
A	22.69
B	22.92
C	26.69
D	26.84
E	27.73
F	31.09
G	32.39
H	54.17
I	122.56
J	131.78
K	132.23
L	148.88
M	198.21

¹H-¹H COSY (溶媒:CDCl₃)

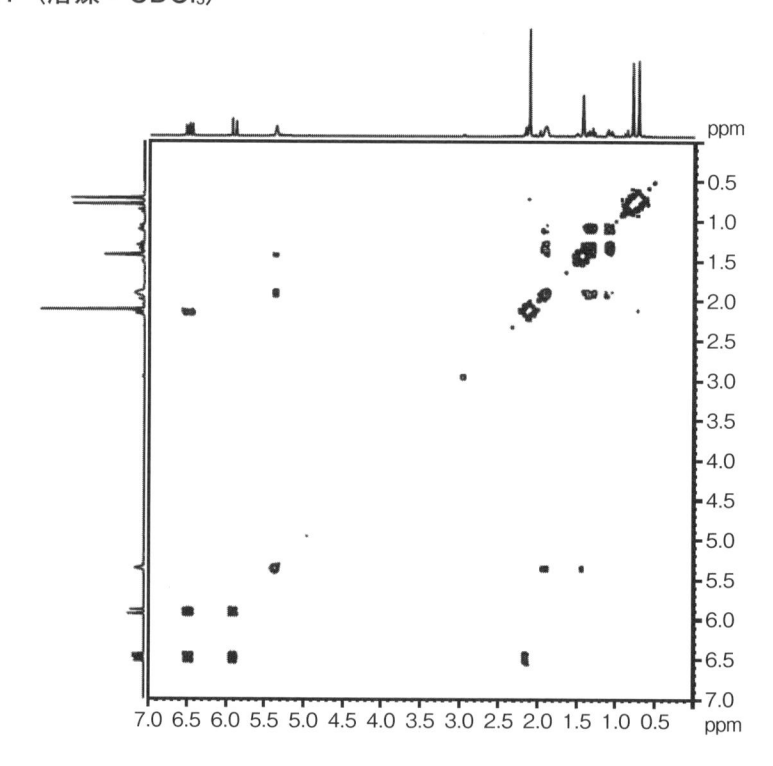

演習問題 12

¹H–¹³C HSQC（溶媒：CDCl₃）

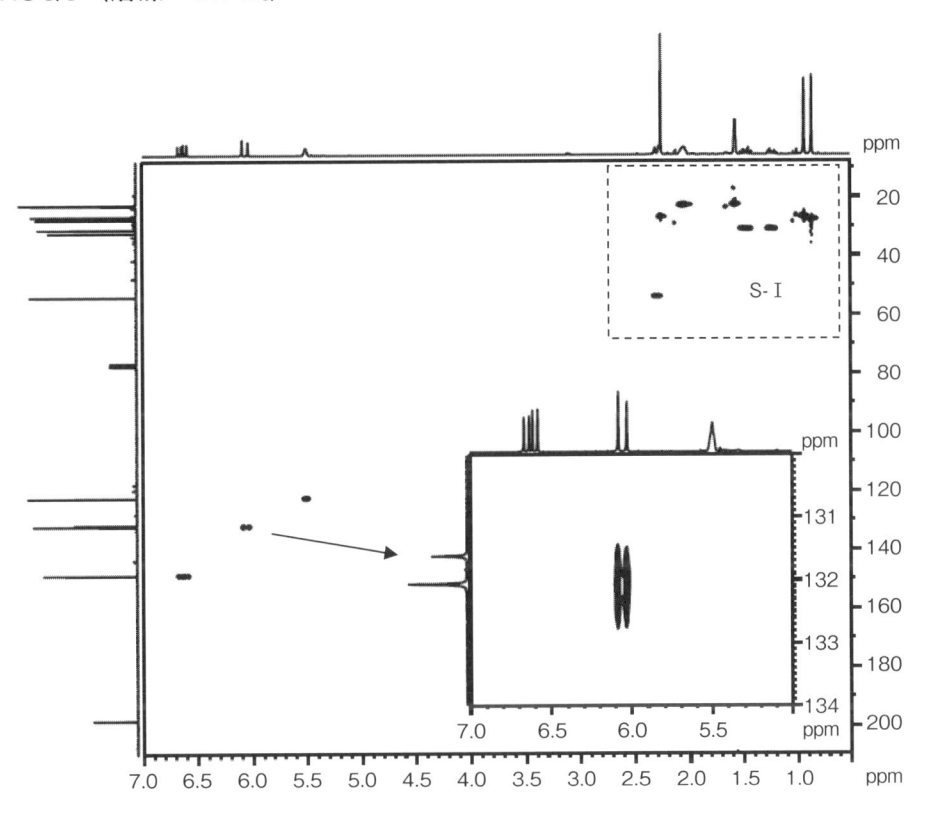

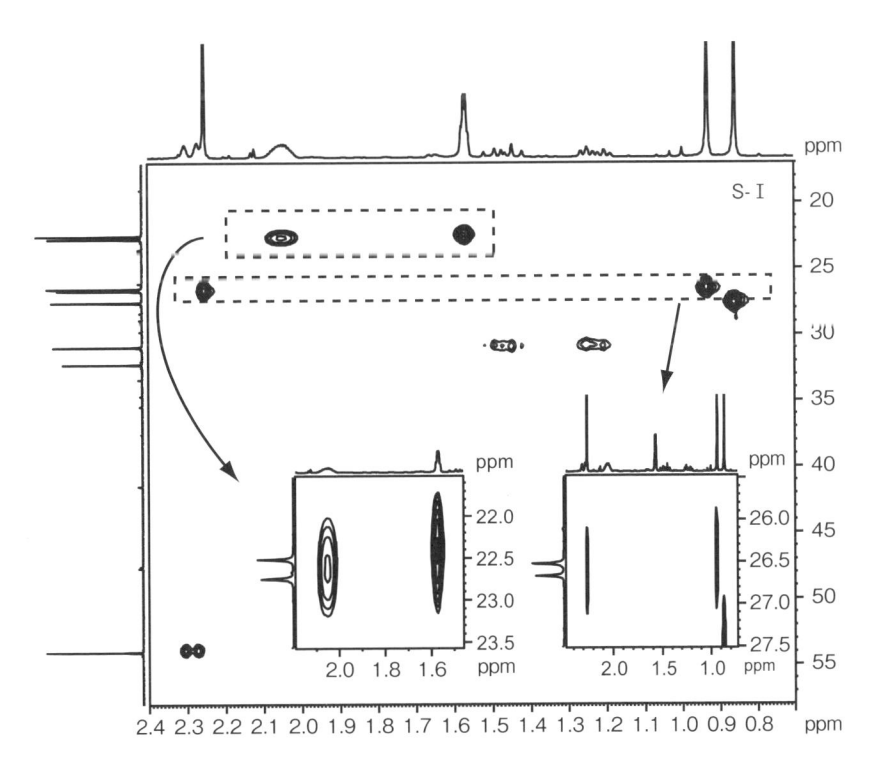

5章 演習問題

¹H–¹³C HMBC(溶媒：CDCl₃)

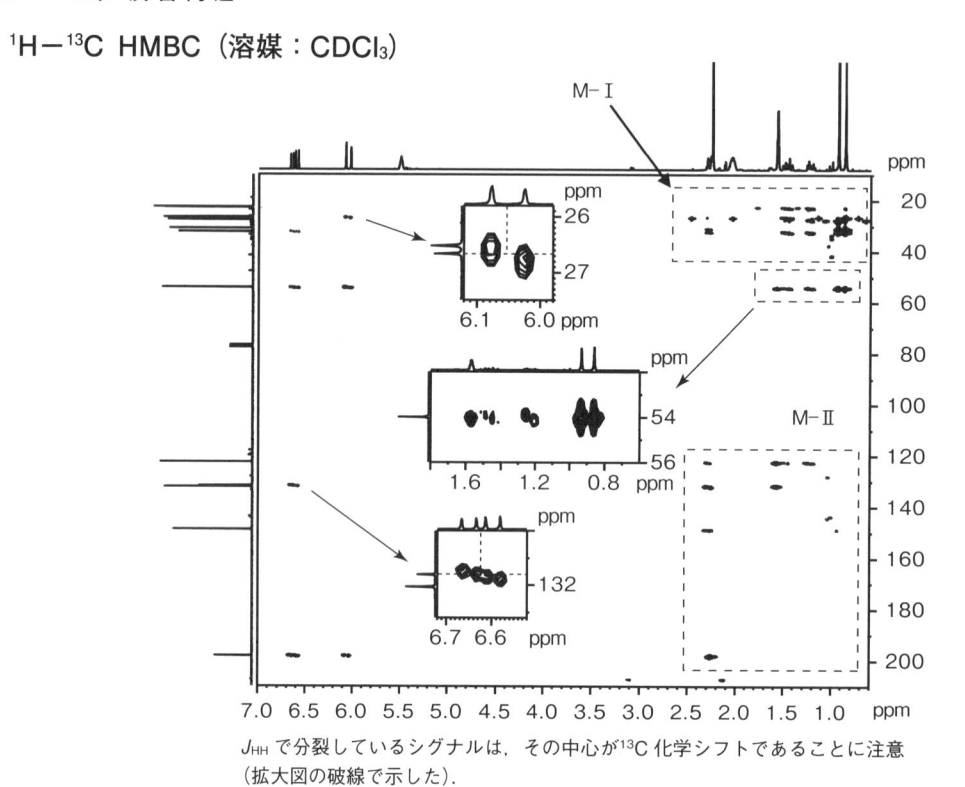

J_{HH} で分裂しているシグナルは，その中心が¹³C 化学シフトであることに注意（拡大図の破線で示した）．

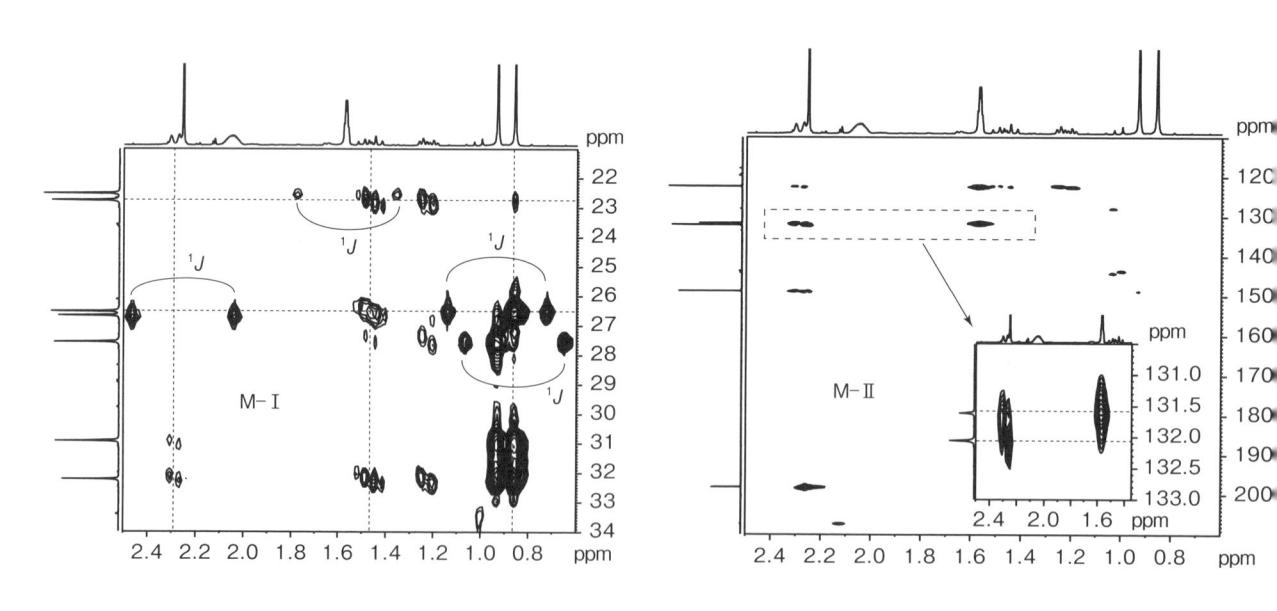

¹H–¹H NOESY（溶媒：CDCl₃）

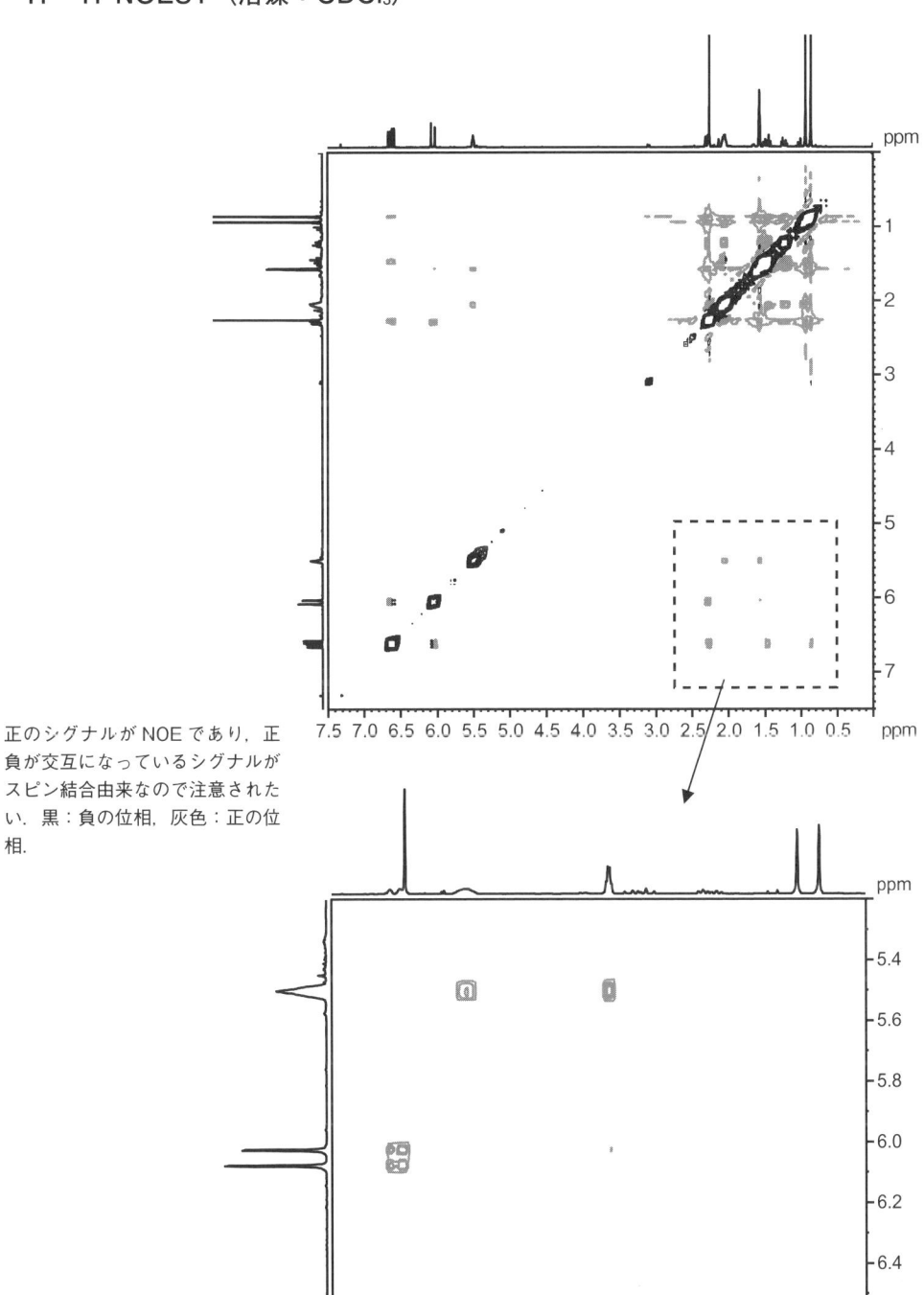

正のシグナルがNOEであり，正負が交互になっているシグナルがスピン結合由来なので注意されたい．黒：負の位相，灰色：正の位相．

演習問題13

4-メチル-1,10-フェナントロリンのNMRスペクトルを可能な限り帰属せよ．

¹H NMR

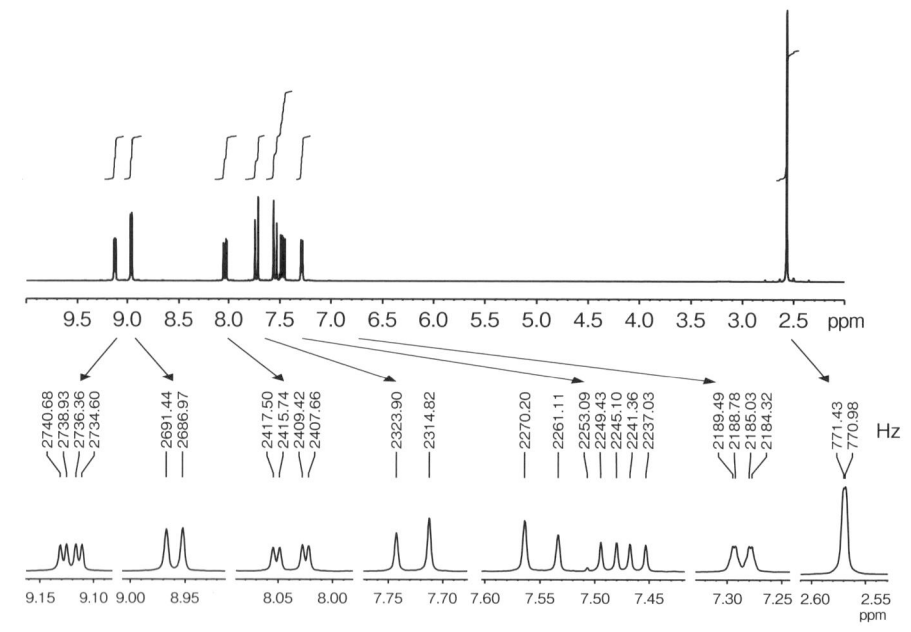

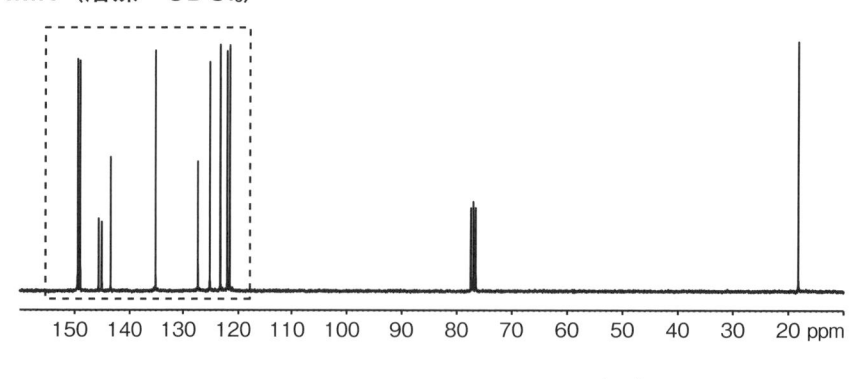

Hz
2740.68
2738.93
2736.36
2734.60
2691.44
2686.97
2417.50
2415.74
2409.42
2407.66
2323.90
2314.82
2270.20
2261.11
2253.09
2249.43
2245.10
2241.36
2237.03
2189.49
2188.78
2185.03
2184.32
771.43
770.98

¹³C NMR（溶媒：CDCl₃）

δ (ppm)
18.27 (CH₃)
121.63 (CH)
122.09 (CH)
123.33 (CH)
125.18 (CH)
127.32 (C)
127.34 (C)
135.05 (CH)
143.48 (C)
145.07 (C)
145.66 (C)
149.00 (CH)
149.43 (CH)

¹H−¹H COSY（溶媒：CDCl₃）

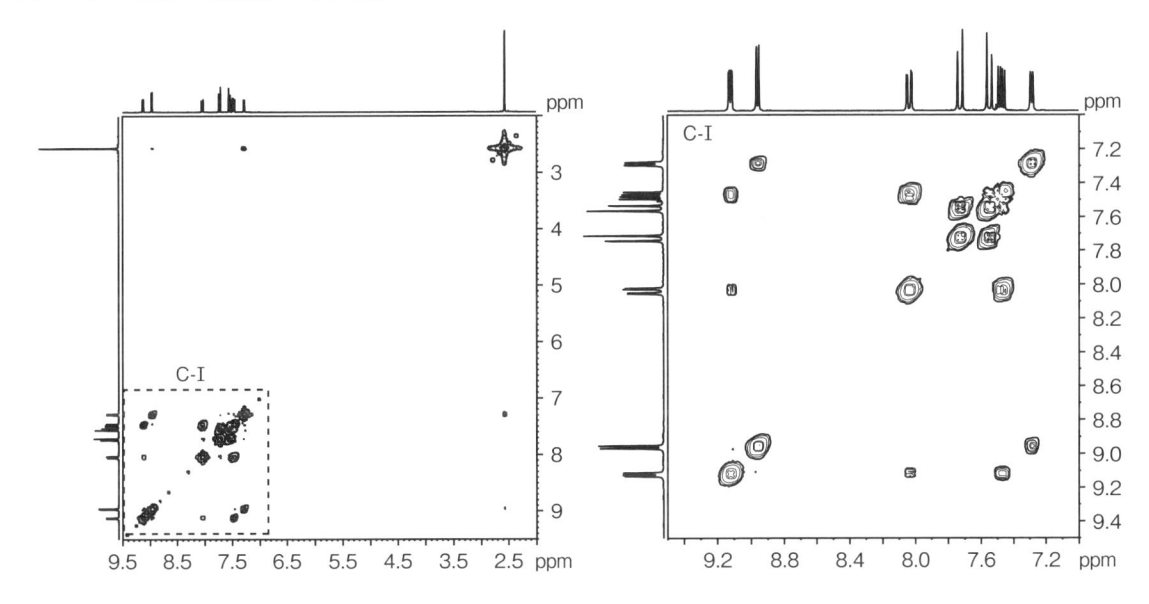

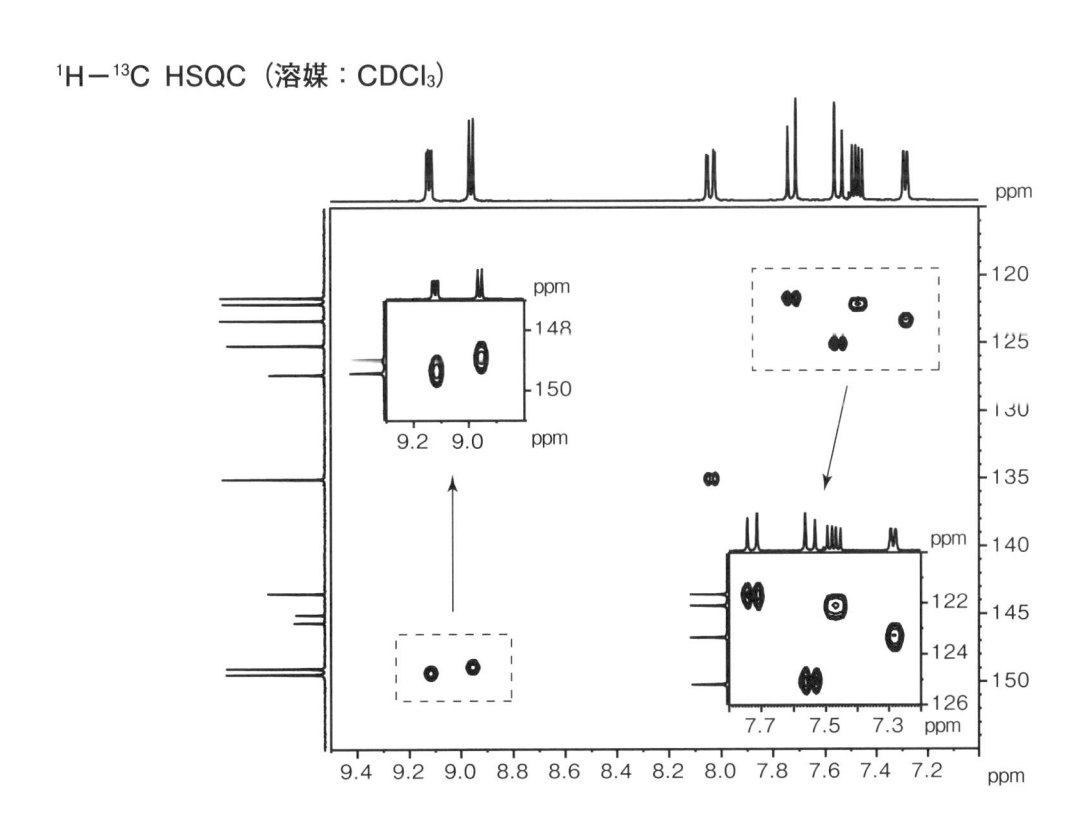

¹H−¹³C HSQC（溶媒：CDCl₃）

5章 演習問題

$^1H-^{13}C$ HMBC（溶媒：$CDCl_3$）

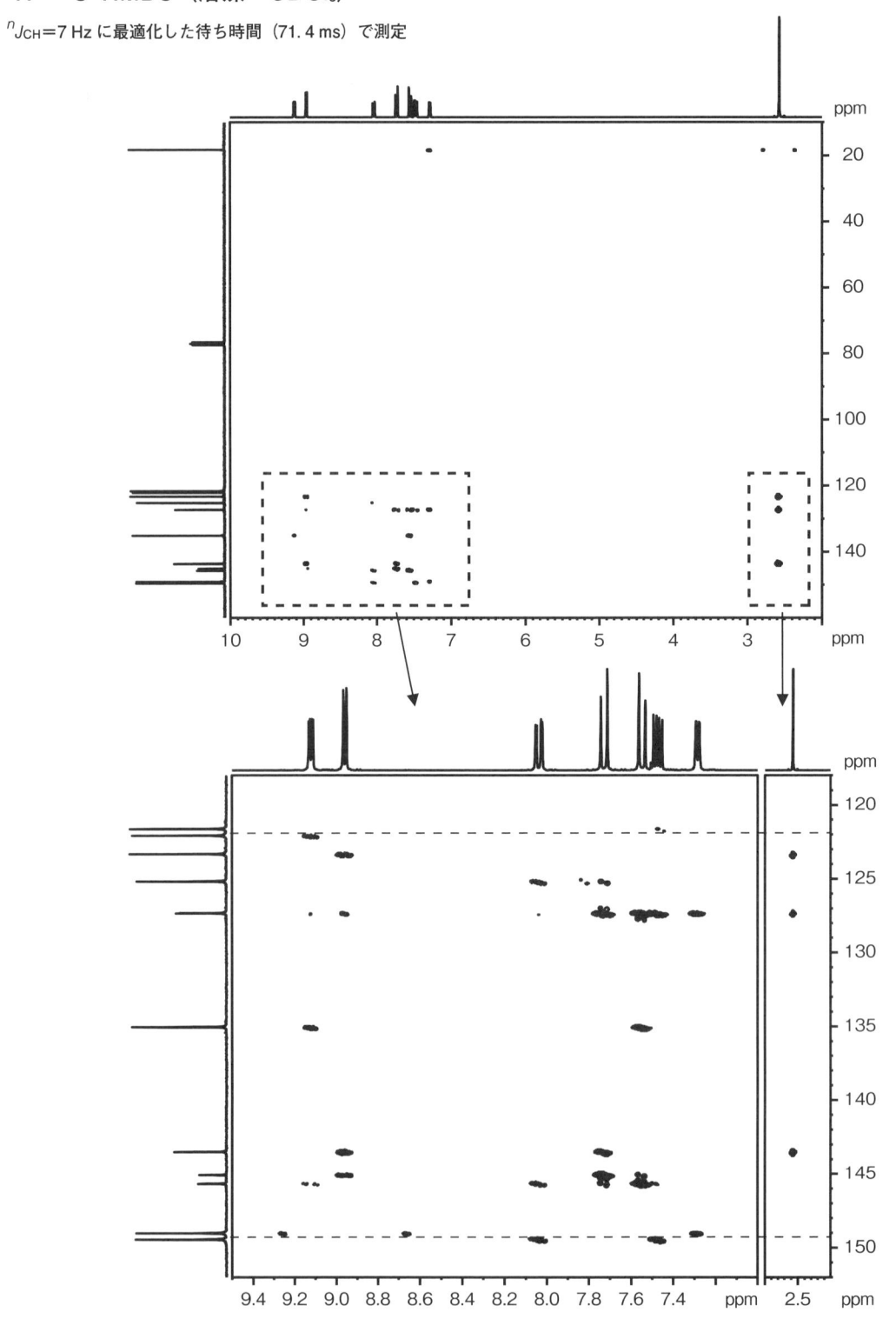

$^nJ_{CH}=7$ Hz に最適化した待ち時間（71.4 ms）で測定

演習問題 14

β-D-ガラクトース ペンタアセタートの NMR スペクトルを帰属せよ.

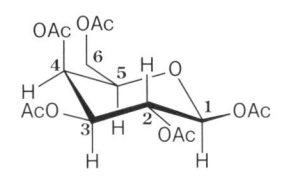

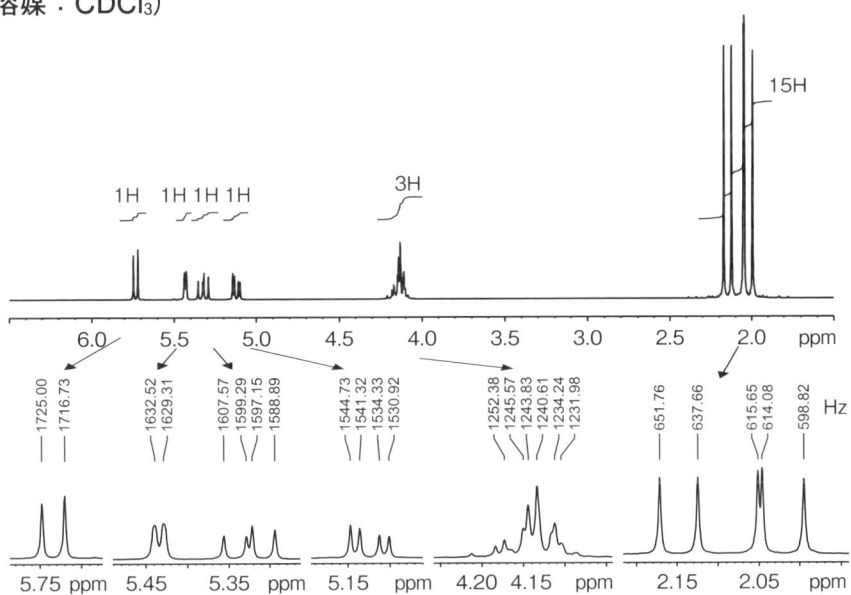

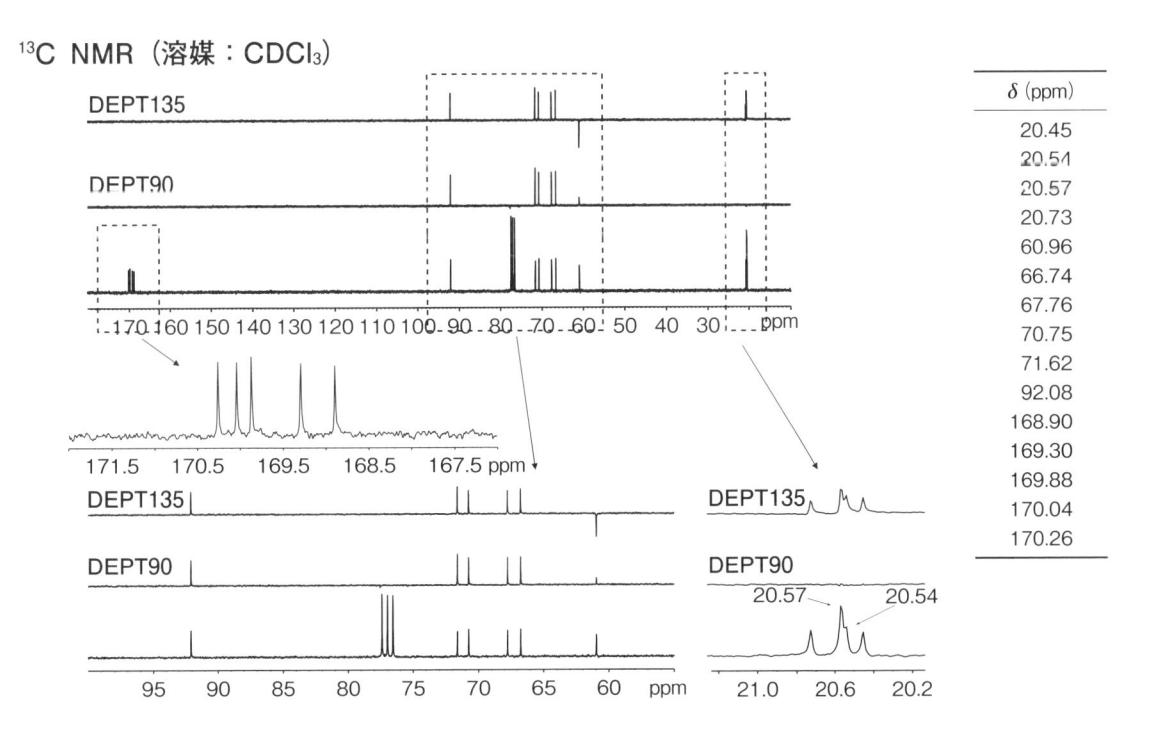

¹H NMR（溶媒：CDCl₃）

ピーク位置 (Hz)
1725.00, 1716.73
1632.52, 1629.31
1607.57, 1599.29, 1597.15, 1588.89
1544.73, 1541.32, 1534.33, 1530.92
1252.38, 1245.57, 1243.83, 1240.61, 1234.24, 1231.98
651.76, 637.66, 615.65, 614.08, 598.82

¹³C NMR（溶媒：CDCl₃）

δ (ppm)
20.45
20.54
20.57
20.73
60.96
66.74
67.76
70.75
71.62
92.08
168.90
169.30
169.88
170.04
170.26

¹H–¹H COSY（溶媒：CDCl₃）

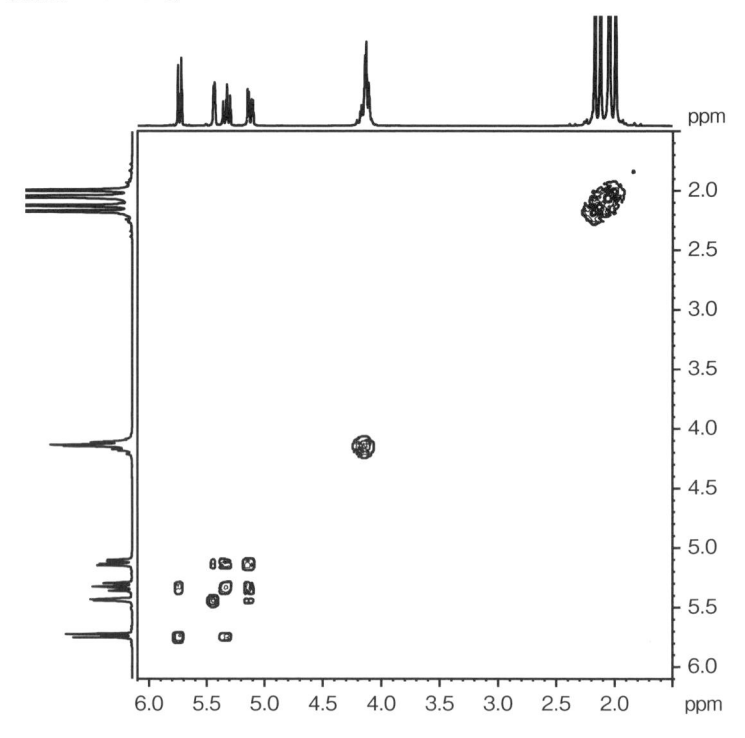

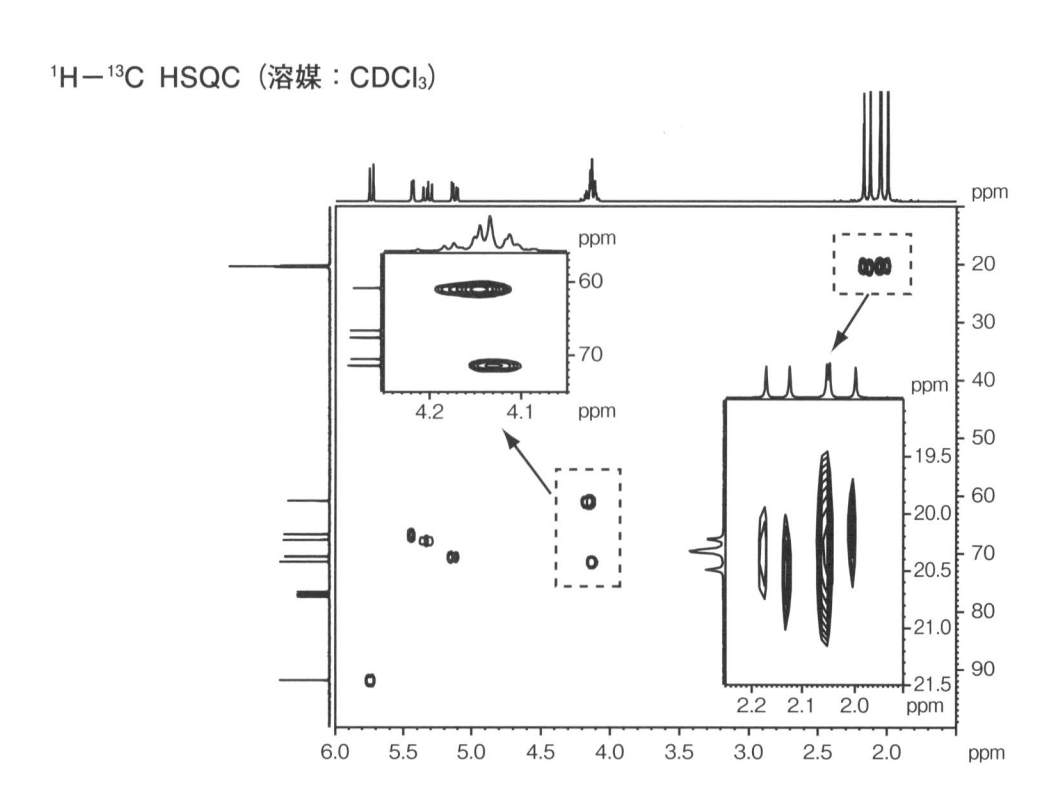

¹H–¹³C HSQC（溶媒：CDCl₃）

演習問題 14

¹H−¹³C HMBC（溶媒：CDCl₃）

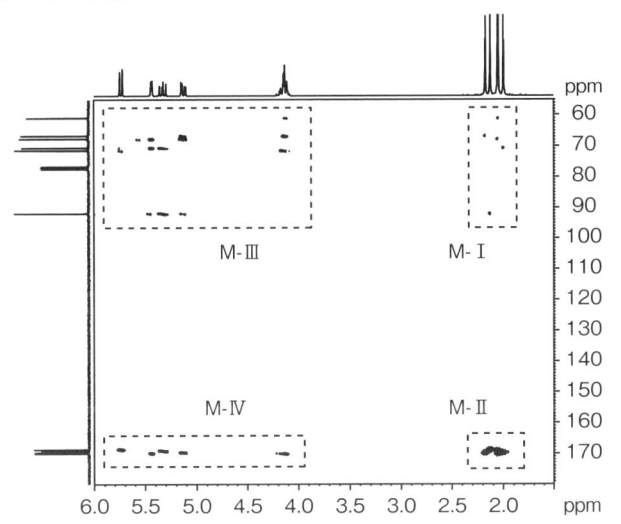

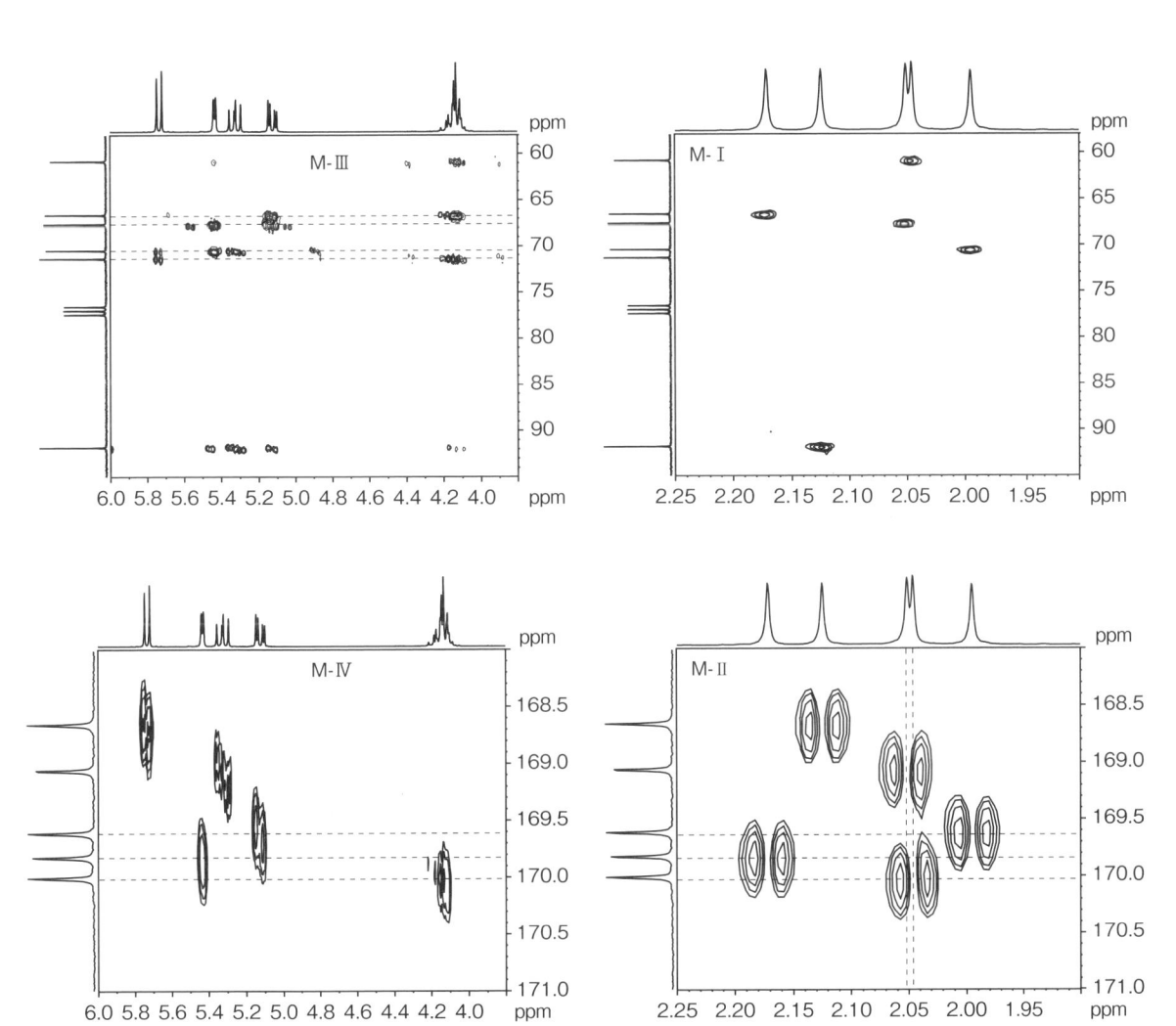

126　**5章 演習問題**

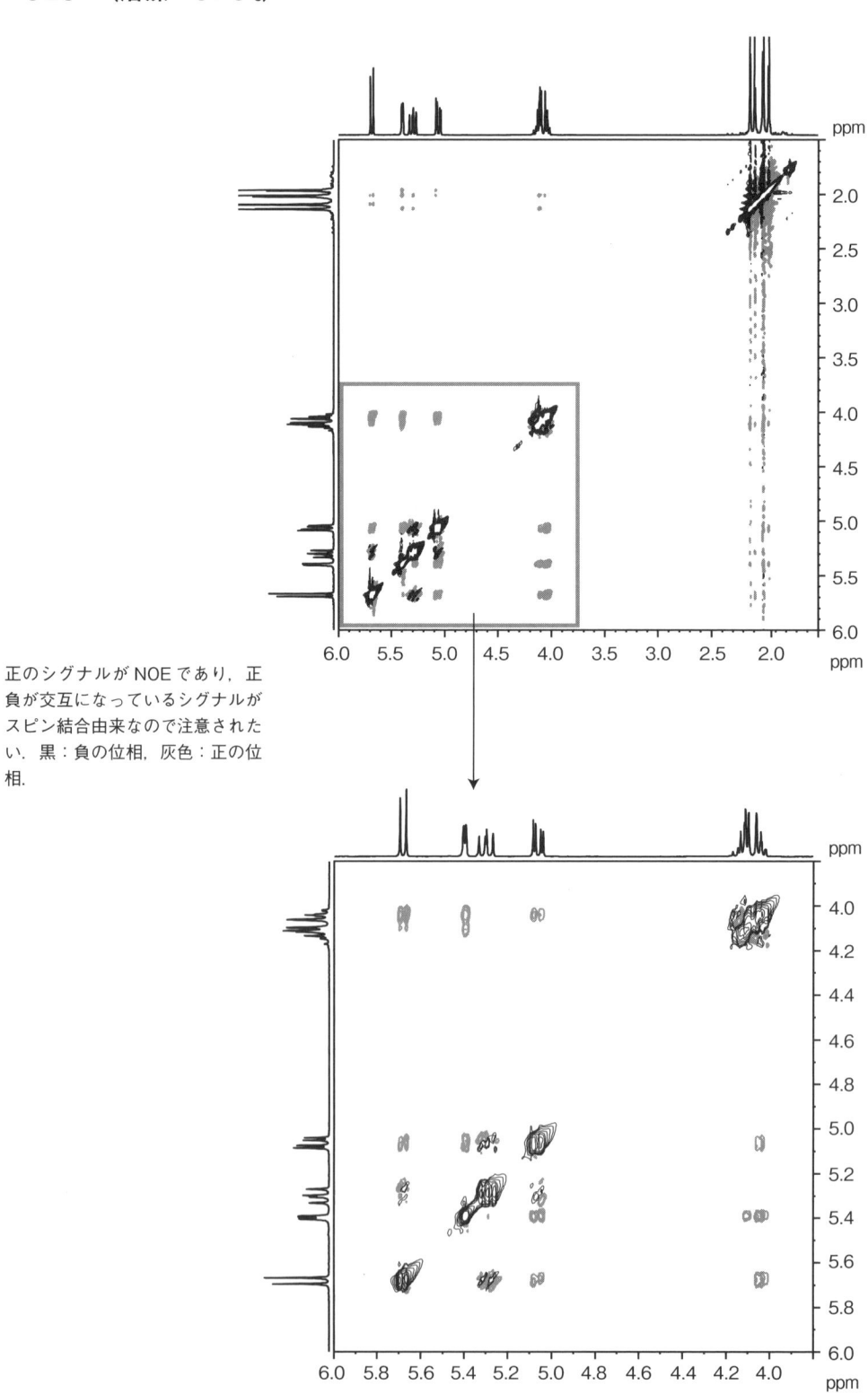

NOESY（溶媒：CDCl$_3$）

正のシグナルがNOEであり，正負が交互になっているシグナルがスピン結合由来なので注意されたい．黒：負の位相，灰色：正の位相．

演習問題 15

以下に示す NMR スペクトルは，ネロールとゲラニオールのどちらのスペクトルか．

ネロール

ゲラニオール

¹H NMR（溶媒：CDCl₃，濃度：0.5 mol/L）

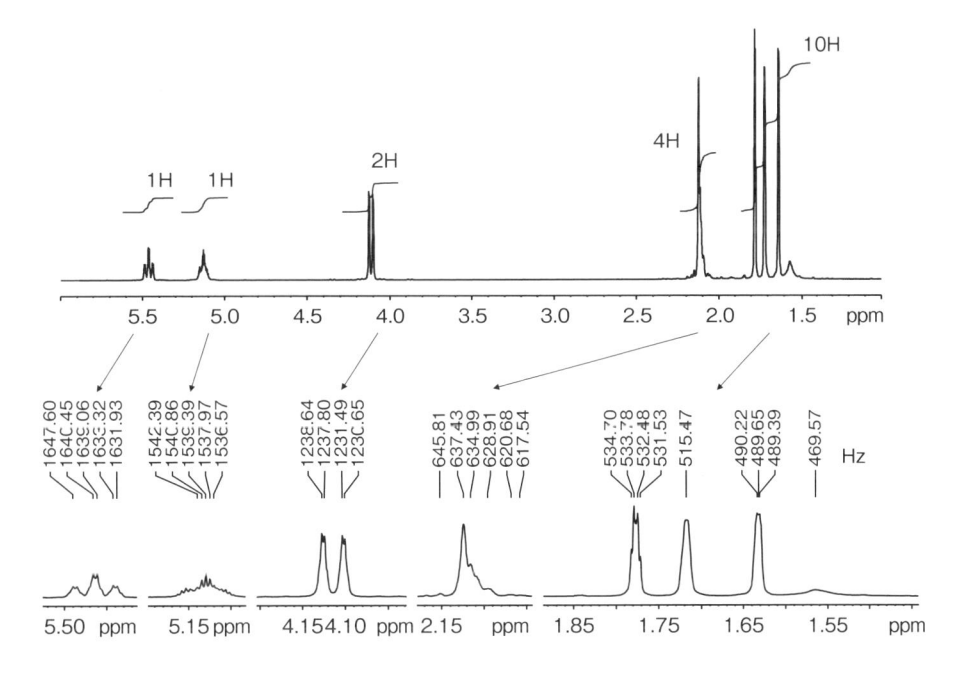

Hz
1647.60
1640.45
1635.06
1633.32
1631.93
1542.39
1540.86
1539.39
1537.97
1536.57
1238.64
1237.80
1231.49
1230.65
645.81
637.43
634.99
628.91
620.68
617.54
534.70
533.78
532.48
531.53
515.47
490.22
489.65
489.39
469.57

¹³C NMR（溶媒：CDCl₃，濃度：0.5 mol/L）

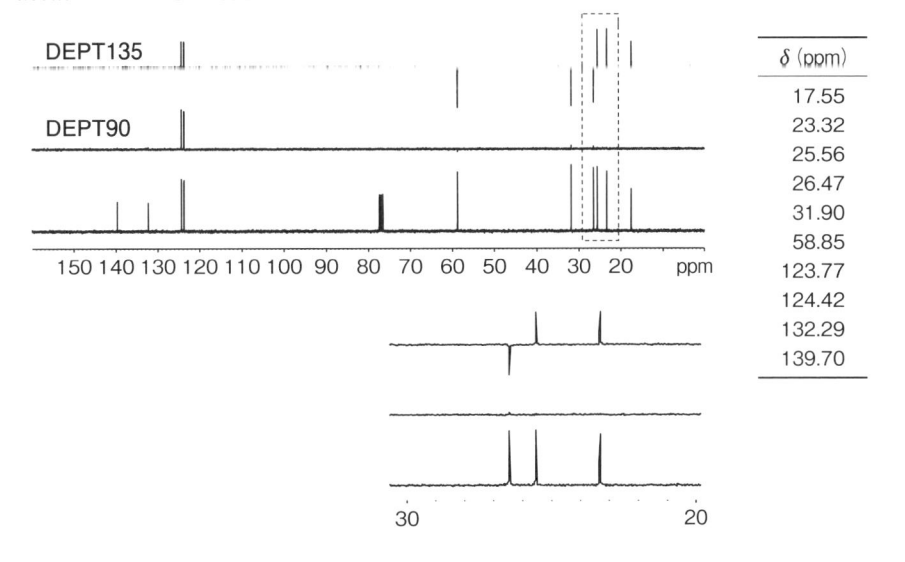

δ (ppm)
17.55
23.32
25.56
26.47
31.90
58.85
123.77
124.42
132.29
139.70

¹H–¹H COSY（溶媒：CDCl₃，濃度：1.5 mol/L）

（OH 基は一次元スペクトルと濃度が異なるため，δ 2.29 ppm へシフトしている）

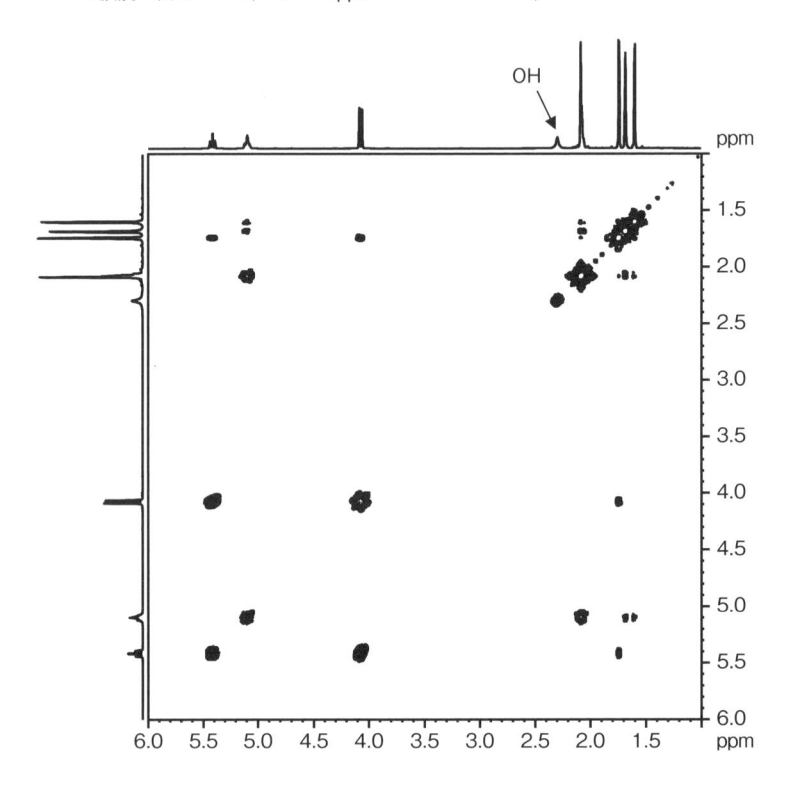

¹H–¹³C HSQC（溶媒：CDCl₃，濃度：1.5 mol/L）

（OH 基は一次元スペクトルと濃度が異なるため，δ 2.29 ppm へシフトしている）

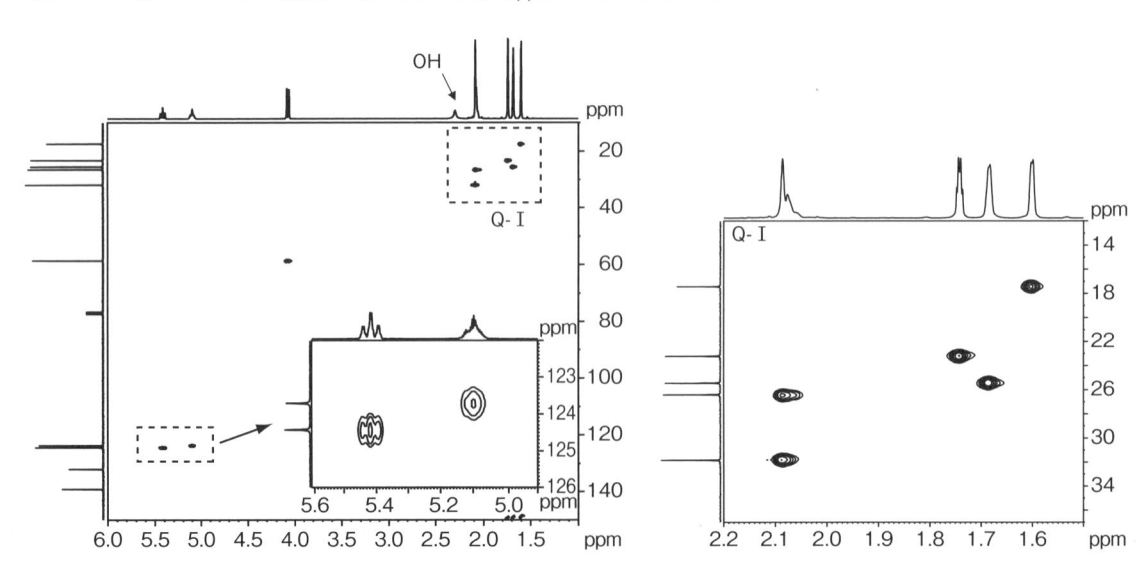

¹H−¹³C HMBC（溶媒：CDCl₃，濃度：1.5 mol/L）

（OH 基は一次元スペクトルと濃度が異なるため，δ 2.29 ppm へシフトしている）

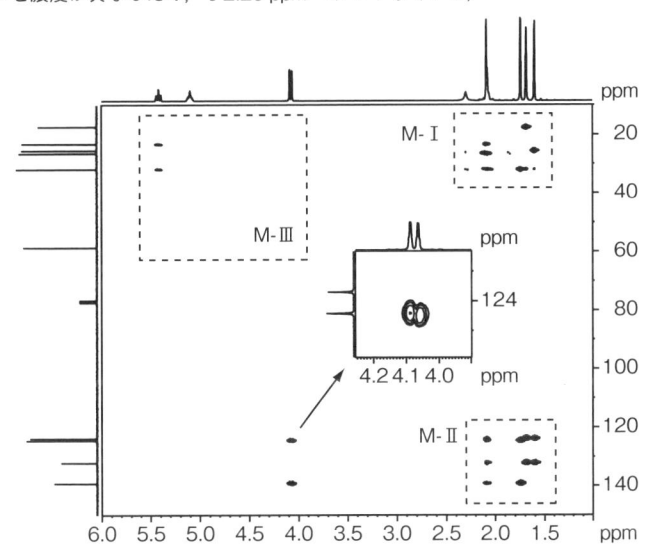

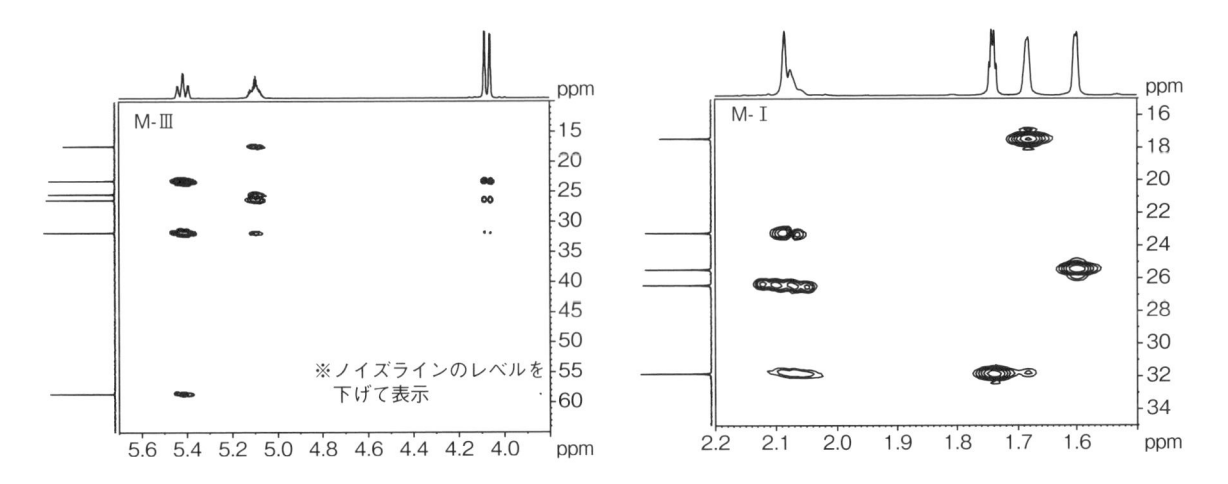

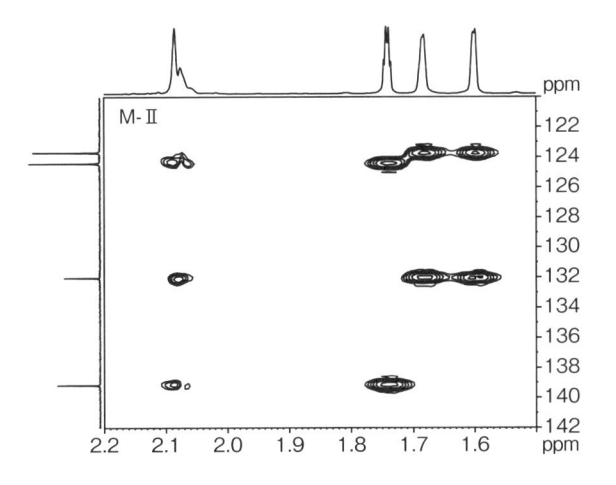

※ノイズラインのレベルを下げて表示

NOESY（溶媒：CDCl₃, 濃度：0.5 mol/L）

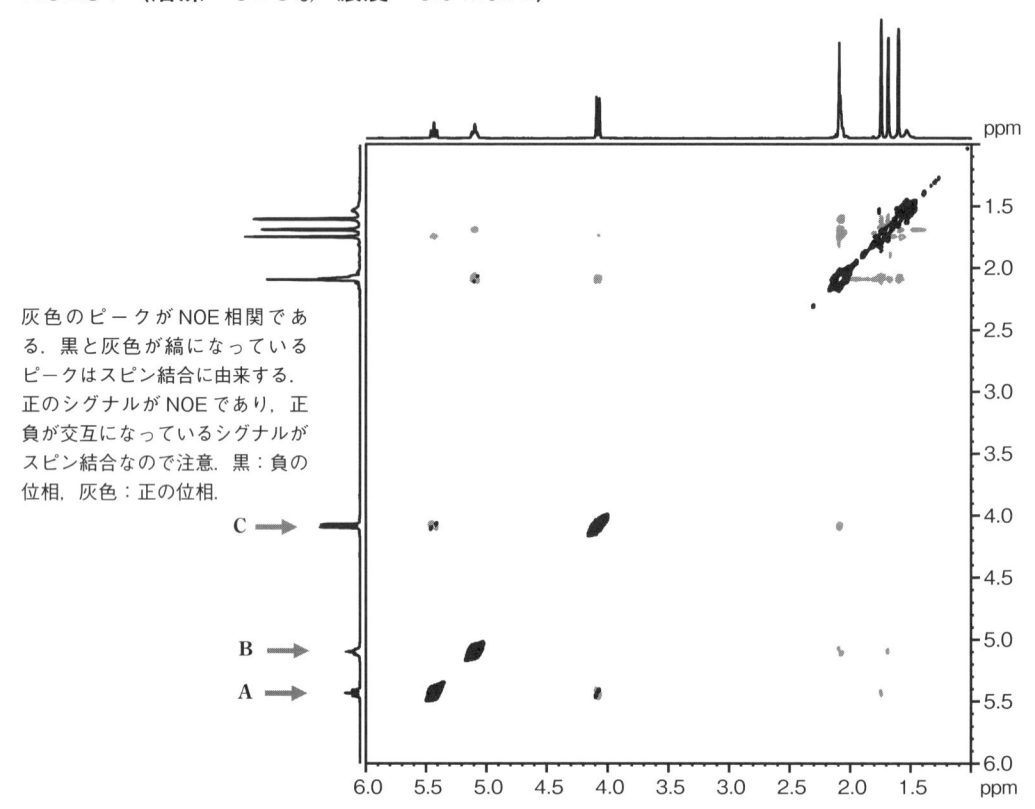

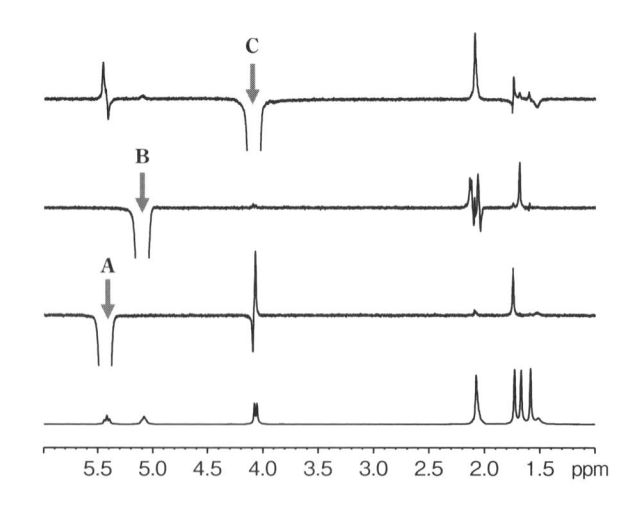

灰色のピークが NOE 相関である．黒と灰色が縞になっているピークはスピン結合に由来する．正のシグナルが NOE であり，正負が交互になっているシグナルがスピン結合なので注意．黒：負の位相，灰色：正の位相．

【参考】 GOESY*

---

* NOESY を一次元化したスペクトルが測定できる．特に磁場勾配パルスを使った特殊な手法であり，繰返し積算したときの時間変化によるノイズを効率的に除去できるので，一般的な一次元 NOESY よりも位相エラーが少ない高品位なスペクトルが得られる．スペクトルの読み方としては，下向きに強く観測されている矢印の場所がオフセット周波数（差 NOE では照射パルスの周波数）であり，このシグナルに対する NOE の上向きのシグナルとして観測される．あるいはオフセット周波数と同じ周波数（化学シフト）の NOESY をスライスしたスペクトルと考えてもよい．

練習問題の解答

1章

1・1 a) 17.0347, b) 66.0029, c) 185.0740. c)のイオンの価電子数は(+3)+(-1) = +2である．小数点以下4桁の場合は，微小である電子の質量を考慮する必要はない．

1・2 a) ① Br_2, ② Cl_2, ③ Cl_2Br, ④ $ClBr_2$
b) 問題a)から，塩素が二つ含まれることがわかる．$C_mH_nCl_2$ が質量98となる組合わせは，$C_2H_4Cl_2$ 以外に考えられない．
c) 計算方法は1・2・1節を参照．ハロゲン以外を含めて考えると，以下のようになる．m/z 100 は $^{12}C_2^1H_2^{35}Cl^{37}Cl$, $^{12}C_2^2H_2^{35}Cl_2$, $^{12}C^{13}C^1H^2H^{35}Cl_2$, $^{13}C_2^1H_2^{35}Cl_2$ の四つの同位体が考えられるが，1番目以外はいずれもほとんど含まれない．たとえば，<u>炭素の最大数が2で^{13}C が二つ含まれる場合の確率</u>は，$(0.0107)^2$ しかない．同位体存在度が多いほうを1として計算すると，$^{12}C_2^1H_2^{35}Cl_2$ は1，$^{12}C_2^1H_2^{35}Cl^{37}Cl$ は $1^2 \times 1^2 \times (2 \times 1 \times 0.3196) = 0.6392$ であるから，$m/z\ 98 : m/z\ 100 = 100 : 64$ となる．

フラグメントイオンは，以下のようになる．ハロゲン化炭化水素のフラグメンテーションはやや難しい．

$C_2H_4Cl_2^{•+}$ → $-HCl$ → $C_2H_3Cl^{•+}$ $m/z\ 62$ → $-Cl$ → $C_2H_3^+$ $m/z\ 27$
$C_2H_4Cl_2^{•+}$ → $-Cl$ → $C_2H_4Cl^+$ $m/z\ 63$ → $-HCl$ → $C_2H_3^+$ $m/z\ 27$
$-CH_2Cl$ → CH_2Cl^+ $m/z\ 49$

1・3 スペクトル(b)において m/z 44 は最も強く観測されている．これは，マクラファティー転位によって生成すると考えられ，ブタナールであることがわかる．

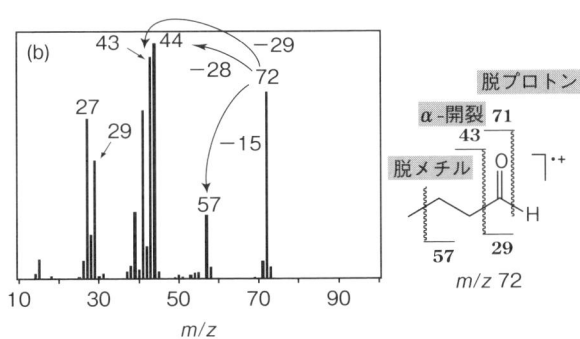

マクラファティー転位： $m/z\ 44$
カルボカチオンの開裂は酪酸と同様
$C_3H_7 : m/z\ 43 \to 41 \to 39$
$C_2H_5 : m/z\ 29 \to 27$

また，スペクトル(a)は2-ブタノンのものである．2-ブタノンはγ水素がないので，マクラファティー転位が起こらない．

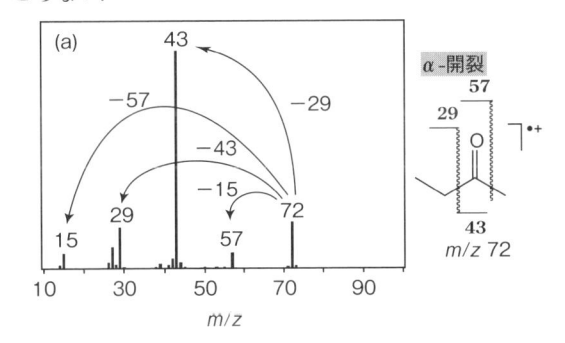

(a) α-開裂 $m/z\ 72$

1・4
1. 酪酸

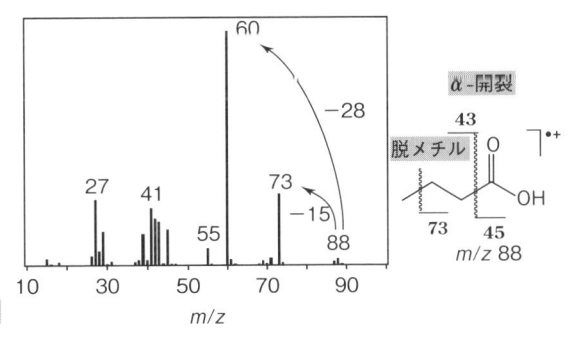

α-開裂 脱メチル $m/z\ 88$
脱プロトン α-開裂 71 脱メチル $m/z\ 72$
マクラファティー転位 $m/z\ 60$ 脱水 $m/z\ 42$

(b) 脱メチル

練習問題の解答

カルボカチオンから水素脱離を伴う開裂

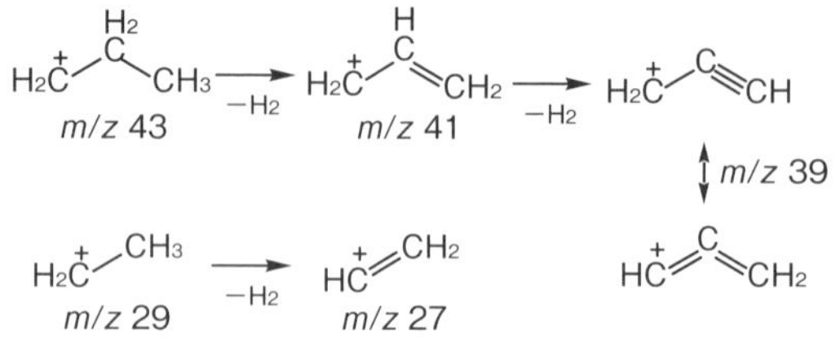

$H_2C^+-CH_2-CH_3$ $\xrightarrow{-H_2}$ $H_2C^+-CH=CH_2$ $\xrightarrow{-H_2}$ $H_2C^+-C\equiv CH$
$m/z\ 43$ $\qquad$ $m/z\ 41$ $\qquad\qquad$ $\updownarrow\ m/z\ 39$
$\qquad\qquad\qquad\qquad\qquad\qquad\qquad\qquad HC^+=C=CH_2$

$H_2C^+-CH_3$ $\xrightarrow{-H_2}$ $HC^+=CH_2$
$m/z\ 29$ $\qquad$ $m/z\ 27$

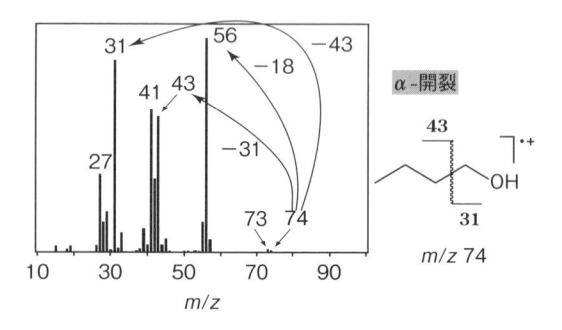

脱 水

脱水は，マクラファティー転位と同様の6員環型のγ水素転位による過程（下図）と，イオン化前の熱反応による過程（フラグメンテーションでない）がある．

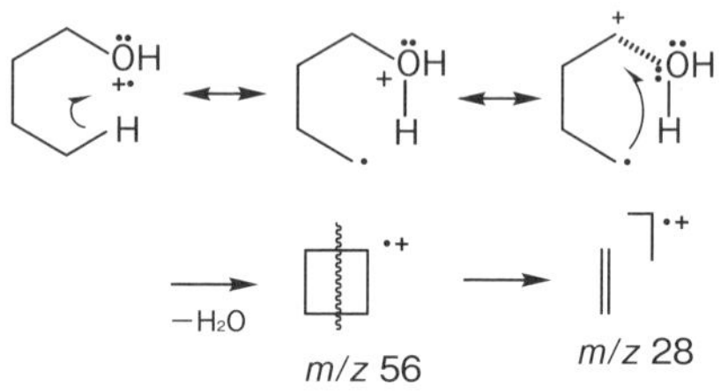

(シクロヘキサノール機構図) $\xrightarrow{-H_2O}$ $\square^{+\cdot}$ $m/z\ 56$ $\longrightarrow$ $\|^{+\cdot}$ $m/z\ 28$

2. 酢酸エチル

(マススペクトル：m/z 29, 43, 45, 61, 70, 73, 88)

α-開裂
$m/z\ 88$、43、45、73

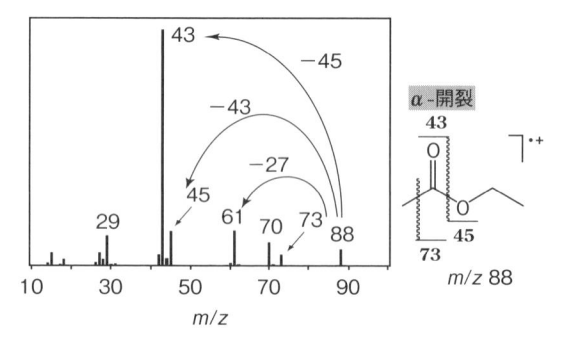

二重水素移動を伴うマクラファティー転位

エステルは，水素が二つ転位するマクラファティー転位が起こることがある．このような転位は，水素一つのマクラファティー転位との競争過程となり，酢酸エチルでは $m/z\ 60\ [CH_3COOH]^+$ よりも下記のような $m/z\ 61$ が優勢になっている．

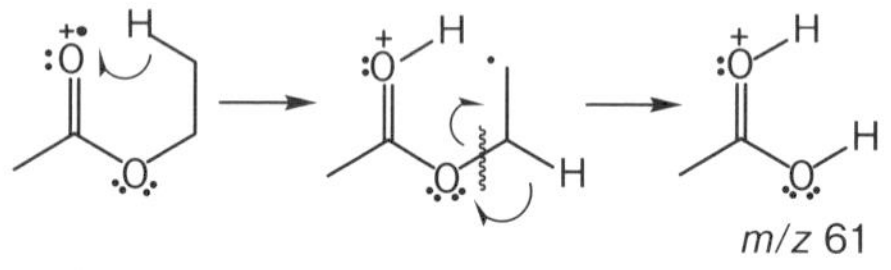

(機構図) $m/z\ 61$

※ 2個目の水素転位は，位置選択性がなく，脱離するエチレンのどの水素からでもよい．

3. 1-ブタノール

(マススペクトル：m/z 27, 31, 41, 43, 56, 73, 74)

α-開裂
$m/z\ 74$、43、31

4. 1-ペンチン

(マススペクトル：m/z 27, 39, 40, 53, 67, 68)

α-開裂
脱メチル $m/z\ 68$、29、53、39

脱プロトン $m/z\ 67$

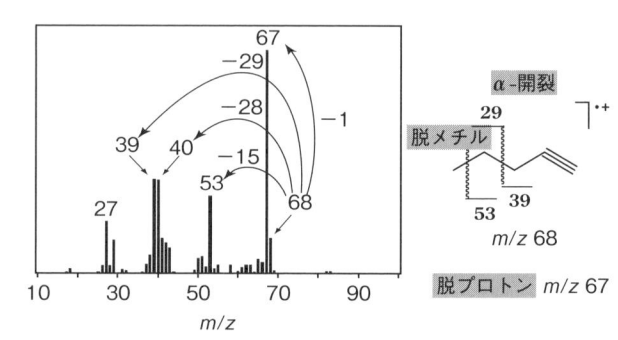

アルキンのマクラファティー転位

(機構図) $\xrightarrow{-C_2H_4}$ $m/z\ 40$

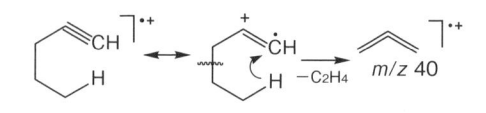

カルボカチオンの開裂は酪酸と同様

$C_3H_7 : m/z\ 43 \rightarrow 41 \rightarrow 39$
$C_2H_5 : m/z\ 29 \rightarrow 27$

5. ジイソプロピルアミン

(マススペクトル：m/z 44, 86, 101, −42, −15)

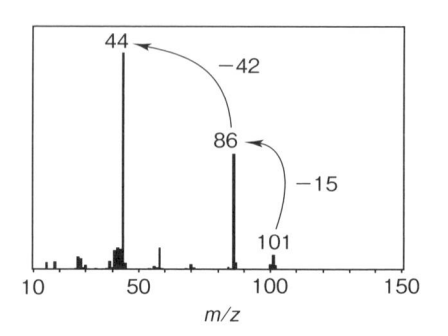

6. 1-ブロモ-5-ヘキセン

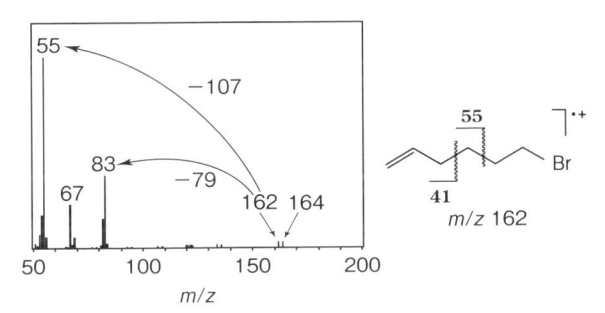

臭素は^{79}Brと^{81}Brの同位体がほぼ1:1で存在するので，^{81}Brを含む同位体ピーク m/z 164が分子イオンピーク m/z 162と同等の強度で観測されている．

ハロゲン化炭化水素では，下記の例外を除き，ハロゲンのない炭化水素と同じような開裂を示す．

m/z 83は脱臭素によって生じたものである．これは，本来マイナーな経路であるが，この化合物では比較的強く観測されている．一般に，脂肪族ハロゲン化炭化水素は，安定な5員環構造ができることがあるが，この化合物では開裂する結合が二重結合になっているので生成しない（しにくい）．

1・5 C_8H_8Oであるから，整数質量は120であり，m/z 120が分子イオンピークであることがわかる．m/z 77 $[C_6H_5]^+$ および m/z 51 $[C_4H_3]^+$ は典型的なフラグメントイオンであり，フェニル基の存在が示唆される．

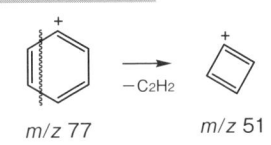

また，120−105＝15からメチル基が存在し，120−77＝43とあわせてアセチル基（CH_3CO-）の存在が示唆される．したがって，この化合物はアセトフェノンである．

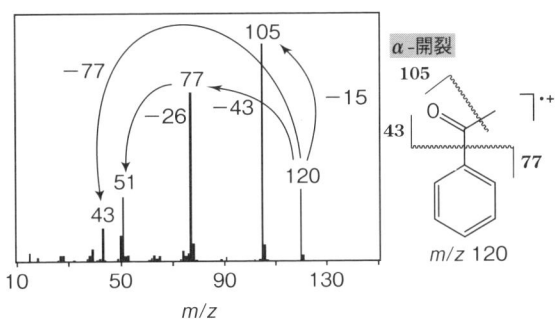

1・6 a) 安定同位体の天然存在度は，^{13}Cが1.1％，^{15}Nが0.4％であり，炭素数や窒素数が1桁程度であれば同位体パターン（X, X+1, X+2…）にほとんど影響を与えない（HやOの同位体は無視できるほど少ない）．

よって，m/z 86〜88の一連のピークは同位体パターンによって検出されたイオンではない．一方，窒素ルールによると，分子に含まれる窒素の数が奇数の場合，その整数質量は奇数になる（窒素の数が偶数の場合は整数質量が偶数）．出題された化合物は窒素の数が1であるから，整数質量は奇数である．したがって，分子イオンピークは m/z 87であることがわかる．ブチルアミドは，高沸点であるためにイオン化する前に熱分解反応を起こしやすく，フラグメントイオンではないピークが観測されている（p.15の「熱反応による開裂」参照）．

b) n-ブタンアミド以上の鎖長をもつアミド化合物は，典型的なマクラファティー転位を起こす．脱離するのはエチレン（エテン）である．

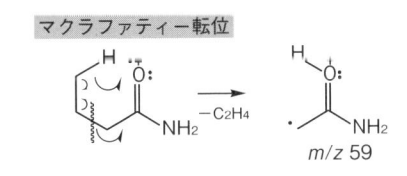

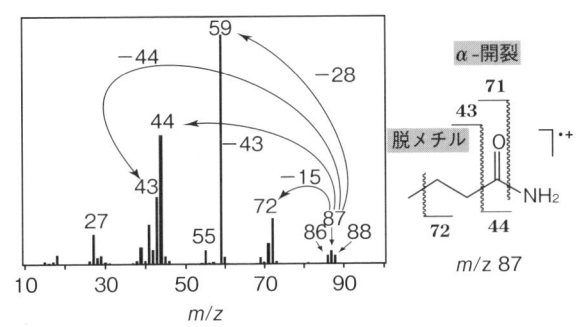

134　練習問題の解答

2章

2・1 この問題は，カルボニル基の吸収帯が構造によってどのように変わるかを主題としている（詳しくは2・2節を参照）．簡単な考え方としては，最も一般的な脂肪族ケトンの吸収である $1715\,cm^{-1}$ から，どのくらい差があるかで考察するとよい．$1715\,cm^{-1}$ より高波数に吸収があるおもな官能基は，エステル，環のサイズが6員環より小さいケトン，アルデヒド，ラクトン，酸無水物などがある．逆に，低波数に出るものは，芳香族ケトン，$α,β$-不飽和ケトンなどがある．

(a) – (1)：(a)のカルボニル吸収帯は，$1715\,cm^{-1}$ より $27\,cm^{-1}$ 高波数シフトしている．よって，(1)または(2)であることがわかる．C–H 吸収はすべて $3000\,cm^{-1}$ より低波数であり，脂肪族のものである．$1240\,cm^{-1}$ に大きな吸収があり，これはエステル特有の C–C(=O)–O 逆対称伸縮振動である．

(b) – (3)：(b)のカルボニル吸収帯は，$1715\,cm^{-1}$ から $3\,cm^{-1}$ しか変わらないから，脂肪族ケトンであることがわかる．C–H 伸縮振動の吸収は，すべて一般的な脂肪族 C–H 伸縮振動のものである．

(c) – (2)：(c)のカルボニル吸収帯は，$1715\,cm^{-1}$ より $13\,cm^{-1}$ 高波数シフトしている．また，2824 と $2723\,cm^{-1}$ に二つの C–H 伸縮振動があり，このことはアルデヒドに特有である．

(d) – (4)：(d)のカルボニル吸収帯は，$1715\,cm^{-1}$ より $30\,cm^{-1}$ 低波数シフトしており，多重結合に共役したケトンの吸収である．また，3064 および $3006\,cm^{-1}$ に二重結合あるいは芳香環の C–H 伸縮振動が見られる．

2・2

(a) – (2)：C–H 伸縮振動の領域である 3000 から $2850\,cm^{-1}$ の吸収に重なって，3500 から $2500\,cm^{-1}$ に幅広い大きな吸収がある．$1712\,cm^{-1}$ にカルボニル基の吸収があることから，この化合物にはカルボキシ基があることが予想される．$3000\,cm^{-1}$ 周辺の大きな吸収は，水素結合を形成しているカルボン酸の OH 伸縮振動である．

したがって，この化合物は(2)のブタン酸である．

(b) – (3)：3360 と $3191\,cm^{-1}$ に，二つの大きな OH または NH 伸縮振動が現れている．このように二つの吸収帯が現れるのは，第一級アミンや第一級アミドなど，–NH₂ 基をもつものである．ところで，この化合物でさらに特徴的なのは，1664 と $1635\,cm^{-1}$ の二つの吸収である．カルボニル基の吸収帯としてはやや低波数側に位置している．これらはそれぞれアミドⅠ吸収帯，アミドⅡ吸収帯とよばれる，アミド結合に特有の二つで一組の吸収帯である．

これらの情報を総合すると，この化合物には第一級アミド結合があると予想される．そのような化合物は(3)のブタンアミドである．

(c) – (1)：(c)のスペクトルから読み取れることは，$3339\,cm^{-1}$ の幅広い吸収が，水素結合を形成している OH か NH の存在を示し，2961 から $2875\,cm^{-1}$ に極大をもついくつかの吸収から，脂肪族の C–H 結合があることがわかる．芳香族を含む二重結合の C–H は $3000\,cm^{-1}$ より高波数側に出るはずであり，アセチレンの C–H 伸縮振動はさらに高波数の $3300\,cm^{-1}$ 付近に鋭い吸収として現れ，同時に 2100 から $2300\,cm^{-1}$ に C≡C 三重結合の伸縮振動を伴う．

したがって，それらの官能基はない．また，カルボニル基もない．以上から，候補のなかでこれらの条件を満たすのは(1)のブタノールである．

2・3

(a) – (4)：C–H 伸縮振動の領域を見ると，$3078\,cm^{-1}$ に吸収がある．これは，二重結合あるいは芳香族の存在を示す．$1641\,cm^{-1}$ の中程度の吸収も，1400 から $1500\,cm^{-1}$ の吸収とともに，二重結合あるいは芳香環の存在を示す．候補の化合物のなかで二重結合あるいは芳香環をもつものは(4)だけであるので問題なく決定できる．

ところで，(4)は臭素化合物である．臭素の存在は IR スペクトルにどのような影響を与えるのであろうか．C–Br 伸縮振動は，500 から $700\,cm^{-1}$ に現れるとされている．この領域にいくつかの吸収が現れているが，どれが C–Br のものであるかはわからない．一部のアルケンや末端アルキンあるいはその他の化合物もこの領域に吸収をもつので，IR スペクトルからハロゲン原子の存在を確定するのは困難である．

(b) – (1)：(b)のスペクトルを一見すると，脂肪族できわめて官能基の少ない化合物であると予想される．$3000\,cm^{-1}$ より高波数側に吸収がないので OH や NH がなく，多重結合や芳香族もなく，また 1650 から $1800\,cm^{-1}$ にかけても平らであるのでカルボニル基もない．唯一特

徴的なのは 1142 cm^{-1} のブロードな吸収である．これは，C–O 結合の関与する逆対称伸縮振動であることが多く，エーテルやエステルに見られる吸収である．この場合はカルボニル基の吸収がないことから，エーテル基の存在の可能性がある．そのような化合物は (1) のエチルエーテルのみである．

(c)–(2)：ひときわ目をひくのは，2250 cm^{-1} の鋭い吸収である．この領域に現れる吸収は，C≡C あるいは C≡N 三重結合の伸縮振動であり，(2) または (3) である．末端の C≡C 結合であれば C–H 伸縮振動が 3300 cm^{-1} 付近に現れるはずであるが，(c) のスペクトルには観測されない．内部の C≡C 結合では ≡C–H がないので，それだけでは判断できないように思えるが，両側がアルキル基のアセチレンでは，対称性がよいので吸収が非常に弱い．よって，2250 cm^{-1} の鋭い吸収は，C≡N 三重結合の伸縮振動であると予想される．(3) の 1-ペンチンは，末端アセチレンの吸収がないので，該当しない．

(d)–(3)：3307 cm^{-1} に鋭い吸収がある．また，2120 cm^{-1} に中程度の吸収があるので，これら二つの吸収より末端アルキンの存在が予想される．前者は C–H 伸縮振動で，後者は C≡C 伸縮振動である．それ以外に特徴的な吸収は 632 cm^{-1} の幅広い吸収であるが，これは ≡C–H の変角振動によるものである．

2・4 N-メチルアセトアミドは第二級アミドであり，アミドの N–H 伸縮振動，アルキル基の C–H 伸縮振動，C=O 伸縮振動（アミド I 吸収帯）および N–H 変角振動（アミド II 吸収帯）がおもな吸収として考えられる．

液膜法で測定する場合，希薄な溶液と異なり，分子間の相互作用（アミドの場合は特に水素結合）が顕著に現れる．

第二級アミド N–H 伸縮振動は，水素結合を形成しない希薄溶液の場合は 3400 から 3500 cm^{-1} に観測される．液膜の場合は会合（水素結合）しており，その場合に C=O と N–H の関係がシスのものとトランスのものがある．これらは 3060 から 3330 cm^{-1} の間に複数の吸収となって現れる．

アセチル基のメチルの C–H 伸縮振動は，通常のアルキル基のものと同じであり，3000 cm^{-1} より少し低波数側に現れる．

第二級アミドのアミド I 吸収帯は，液膜（あるいは化合物によっては固体）では 1640 cm^{-1} 付近に，アミド II 吸収帯は 1550 cm^{-1} 付近に現れる．

構造決定を行う場合には，測定法の確認と，これらの吸収の帰属をきちんと行う必要がある．また，これらより低波数側に多くの吸収があるのが常である．これらはメチル基の C–H 変角振動や C–N 伸縮振動，あるいはアミド基周辺の変角振動などであるが，この領域は指紋領域であり，多くの化合物で非常に多くの吸収が存在するので，個々の吸収から官能基を推測するにはあまり役立たない．しかし，既知の化合物と，他の特性吸収帯の吸収も含めてこの領域の吸収が一致すれば，それこそ指紋による個人の特定同様，化合物の同定に用いることができる．

液膜法による N-メチルアセトアミドの IR スペクトルは，以下のようになる．

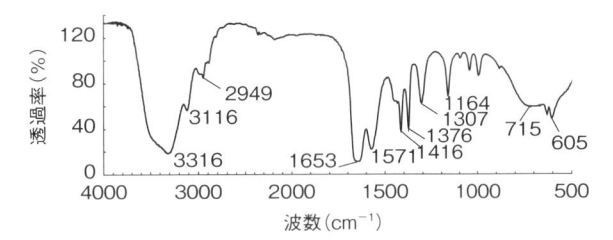

3章

3・1 (a)–(2), (b)–(1), (c)–(3)

(a) δ (ppm)：1.26 (t, J = 7.1 Hz, 3 H, –CH$_2$C$\underline{H}_3$), 2.04 (s, 3 H, C$\underline{H}_3$CO–), 4.12 (q, J = 7.1 Hz, 2 H, –CO–OC$\underline{H}_2$CH$_3$)

(b) δ (ppm)：1.05 (t, J = 7.3 Hz, 3 H, C$\underline{H}_3$CH$_2$–), 2.15 (s, 3 H, –COC$\underline{H}_3$), 2.47 (q, J = 7.3 Hz, 2 H, CH$_3$-C$\underline{H}_2$CO–)

(c) δ (ppm)：2.58 (s, 3 H, –COC$\underline{H}_3$), 7.40〜7.47 (m, 2 H, 3,5-H(Ph)), 7.51〜7.57 (m, 1 H, 4-H(Ph)), 7.92〜7.97 (m, 2 H, 2, 6-H (Ph))

【補足】ベンゼン環の 2 位と 6 位プロトンの化学シフトは，カルボニル基の非遮蔽効果で説明できる．ベンゼン環とカルボニル基の間の結合は回転可能であるが，カルボニル基はベンゼン環と共役しているため，同一平面状にある確率が非常に高い．そのため，カルボニル基の近傍にある 2 位と 6 位のプロトンや 1 位の炭素は，非遮蔽効果を顕著に受ける．

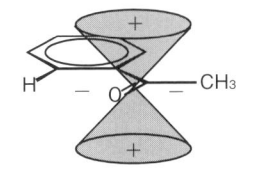

3・2 (a)-(4), (b)-(3), (c)-(1), (d)-(2)

(a) δ (ppm)：0.97 (t, *J* = 7.4 Hz, 3 H, C*H*₃CH₂-), 1.67 (m, 2 H, CH₃C*H*₂CH₂-), 2.42 (dt, *J* = 1.8, 7.2 Hz, 2 H, -CH₂C*H*₂CHO), 9.77 (t, *J* = 1.8 Hz, 1 H, -CH₂C*H*O)

(b) δ (ppm)：1.08 (t, *J* = 7.4 Hz, 3 H, C*H*₃CH₂-), 1.70 (m, 2 H, CH₃C*H*₂CH₂-), 2.34 (t, *J* = 7.0 Hz, 2 H, -C*H*₂CN)

(c) δ (ppm)：0.98 (t, *J* = 7.4 Hz, 3 H, C*H*₃CH₂-), 1.54 (m, 2 H, CH₃C*H*₂CH₂-), 1.93 (t, *J* = 2.7 Hz, 1 H, -CH₂C≡C*H*), 2.15 (dt, *J* = 2.7, 7.1 Hz, 2 H, -CH₂C*H*₂C≡CH)

(d) δ (ppm)：1.51〜1.59 (m, 2 H, -CH₂C*H*₂CH₂-), 1.82〜1.92 (m, 2 H, -C*H*₂CH₂Br), 2.04〜2.13 (m, 2 H, =CHC*H*₂CH₂-), 3.41 (t, 2 H, -C*H*₂Br), 4.9〜5.06 (m, 2 H, *H*₂C=CH-), 5.72〜5.86 (m, 1 H, H₂C=C*H*CH₂-)

【補足】三重結合のπ電子はC≡C結合軸まわりで運動するので，結合軸に沿って遮蔽空間があり，二重結合とは異なる効果を及ぼす．したがって，アルキン≡C-Hのプロトンは，三重結合の電子求引性の効果を考慮してもオレフィンプロトンより大きく低周波数シフトし，2 ppm 前後に観測される．2 ppm の領域はアルキル基のメチレンやメチンプロトンの領域と重なっており，同定しにくい．しかし，スピン結合定数が求められる場合は，-C*H*₂C≡C*H* の ⁴*J* が 3 Hz ほどになり，アルキルの ³*J* より小さいから区別することができる．

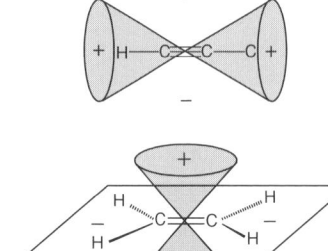

3・3 (a)-(3), (b)-(2), (c)-(1)

(a) δ (ppm)：0.93 (t, *J* = 7.3 Hz, 3 H, C*H*₃CH₂-), 1.31〜1.43 (m, 2 H, CH₃C*H*₂CH₂-), 1.49〜1.59 (m, 2 H, -CH₂C*H*₂CH₂-), 3.45 (t, *J* = 5.1 Hz, 1 H, -CH₂O*H*), 3.57〜3.63 (m, 2 H, -CH₂C*H*₂OH)

(b) δ (ppm)：0.98 (t, *J* = 7.4 Hz, 3 H, C*H*₃CH₂-), 1.67 (sextet, *J* = 7.4 Hz, 2 H, CH₃C*H*₂CH₂-), 2.35 (t, *J* = 7.4 Hz, 2 H, CH₃CH₂C*H*₂-), 11.74 (singlet (br), 1 H, -COO*H*)

(c) δ (ppm)：0.85 (t, *J* = 7.4 Hz, 3 H, C*H*₃CH₂-), 1.49 (m, 2 H, CH₃C*H*₂CH₂-), 2.01 (dd, *J* = 7.2〜7.4 Hz, 2 H, -CH₂C*H*₂CO-), 6.57 (singlet (br), 1 H, -CON*H*₂), 7.12 (singlet (br), 1 H, -CON*H*₂)

3・4 a) シグナル①，②はどちらもきれいな左右対称になっているので，本問 c) で記述しているように，一次のスピン結合をしていることがわかる．よって，隣合う水素の数に1を加えたものが分裂の多重度となる（*n*+1則）．二つのメチル基は結合の速い回転によって等価になるから，隣合うメチルプロトンの数は6である（アミノ基をはさんだ先にあるメチル基は離れているのでスピン結合できない）．したがって，メチンプロトンは七重線に分裂する．なお，アミノプロトンとメチンプロトンも隣合っているが，CDCl₃ 溶液ではスピン結合が見えないので注意していただきたい（演習問題1参照）．

b) 一次のスピン結合においては，化学シフトは対称な分裂の中心を見ればよく，横軸の目盛りから読み取ることができる（<u>一次のスピン結合でない場合は左右対称にならないので，分裂の中心から読み取ることができない</u>）．多重度が偶数の場合に計算するときは，対称な二つのピークの平均を取ればよい．ただし，一次元 ¹H NMR では小数点以下2桁まで求めることが多いので，有効数字には注意すること．

一方，スピン結合はまず周波数で考える必要がある．化学シフト δ (ppm) を周波数 (Hz) に変換するには，共鳴周波数 (MHz) を掛けると求められる．周波数 (Hz) の有効数字は小数点以下1桁まで求めることが多い．①と②はスピン結合しているので，分裂の幅は等しい．

① δ 2.91 ppm, *J* = 6.2 Hz, ② δ 1.04 ppm, *J* = 6.2 Hz

c) Δν/*J* = |2.91 - 1.04| × 300.13 / 6.2 = 90.5 であるから，明らかに8より大きい．したがって，一次のスピン結合をしていることがわかる．計算のとき，単位をそろえることを忘れないように．

3・5 a) **A** の ¹H NMR スペクトルには，化学シフト δ 1.21 と 3.48 にそれぞれ三重線 (t) と四重線 (q) のシグナルが，積分比 3：2 で観測され，それ以外にシグナルはない．δ 0.00 のものは標準物質の TMS であり，δ 7.3

付近のものは，溶媒の CDCl₃ の中の CHCl₃ のシグナルである．他の微細なピークはわずかな不純物に由来するものである．

これらのシグナルのカップリング定数は，δ 1.21 が 7.04 Hz，δ 3.48 が 7.02 Hz で，実際上等しい．よって，これらは δ 1.21 のシグナルがメチル基，δ 3.48 のシグナルがメチレン基で，互いに隣合っており，メチレン基の隣にはカップリングの相手の核はないことになる．

したがって，CH₃－CH₂－X という，エチル基に何かが結合した形であり，以下のようなケースが考えられる．

X として考えられるのは，3 章のチャート 3・1 から O，N，ハロゲンである．

① ハロゲンの場合はこれで分子が完結する．

O や N であればその先に結合が続くので，さらに以下のようなケースが考えられる．

② 残った結合の先にはプロトンが存在しない基がつながっている（N の場合は二つ）．

③ 残った結合の先に，同じ置換基（この場合であるとエチル基）が存在する（N の場合は二つ）．

④ X が N の場合ではその先に二つの置換基が結合できるので，②と③がともに存在する場合がある．

① のエチル基にハロゲンが付いている場合，Cl と Br については同位体の存在度を反映する質量分析の結果があればすぐに見分けられる（質量分析の項参照）．しかし，¹H NMR のスペクトルだけでは構造を決めるのが難しい．メチレンの化学シフトについて詳細な説明のある書籍で調べると，ハロゲンとしては Cl か Br が考えられる．また，F は ¹H－¹⁹F スピン結合によっても見分けられることがある．

O や N の場合，その先に結合する置換基が H であると（つまり，アルコールやアミンの場合），それらが ¹H NMR で観測されるので，注意してチャートを眺め，また D₂O を加えて測定すれば見分けられる．

② の場合では，CX₃ 基などが考えられる．なお，エステル基 OC(=O)－R の場合は，メチレンプロトンの化学シフトは δ 4.1 程度になり，他の酸素と結合した化合物と容易に見分けられる．

③ の場合，O であればもう一つエチル基が結合して（エチルエーテル）対称な分子になり，本問のスペクトルのように現れる（詳しくは 3・1・5 節のスピン結合の磁気的等価性の項参照）．N の場合，トリエチルアミンが考えられるが，この場合メチレンプロトンは δ 2.4 付近に現れるので区別できる．テトラエチルアンモニウム塩（たとえば，テトラエチルアンモニウムテトラフルオロボラート $(CH_3CH_2)_4N^+BF_4^-$ のように同じ基が四つ付いて第四級アンモニウム塩となり，窒素が電子求引性になるとメチレンプロトンは高波数側に現れるようになり，本問のスペクトルに近くなる．ただし，アンモニウム塩は，N 原子のまわりが混み合うために C－N 結合の自由な回転が阻害され，メチレンプロトンが非等価になる（複雑な分裂になる）ことがある．

④ では，エチル基二つ以外に電子求引性でプロトンをもたない基（たとえばトリフルオロアセチル基 CF₃CO－）が結合してアミドになると，エチル基のメチレンプロトンは高波数側に現れ，本問と類似のスペクトルになるであろう．

b) **A** のマススペクトルで，分子イオンの質量が 74 とわかった．このことから，ハロゲンがエチル基に直接結合した化合物ではないことがわかる．

N の場合，分子イオンの質量が偶数であるから，「窒素ルール」に基づくと窒素原子の数は偶数（0 を含む）である．エチル基の質量は 29 であるから残りは 45，¹⁴N を二つ含むと残りが 17 となり，水素を含まずに分子を構築することができない．

O 原子の場合，¹⁶O の質量 16 を 45 から差引くと 29 となる．有機化学と長くつき合っていると，質量分析に関連していろいろな小分子や官能基の質量が自然に頭に入ってくる．H₂O の 18，CO₂ の 44，CH₃OH の 32 などや，CH₃ 基の 15，CH₃O 基の 31，CH₃CO 基の 43，そして CH₃CH₂ 基の 29 などである．本問の場合，74 からエチル基の 29 を差引き，¹H NMR スペクトルのメチレン基の化学シフトから O が結合しているかもしれず，その質量 16 をさらに差引くと 29 が残ったという時点で，「酸素の両側にエチル基が結合していれば，対称な分子になってすべて説明がつく」ということがわかる．そして，この結論に矛盾がないか，他のスペクトルの情報があるなら（¹³C NMR や IR，UV など）それらと矛盾しないかを検証して，矛盾がなければそこで構造決定が終わるわけである．

本問の ¹H NMR スペクトルは エチルエーテル のものである．

3・6 (a)－(3)，(b)－(2)，(c)－(4)，(d)－(1)

(a) δ (ppm)：13.56($\underline{C}H_3CH_2-$)，15.49($CH_3\underline{C}H_2CH_2-$)，45.64（$-CH_2\underline{C}H_2CHO$），202.79（$-CH_2\underline{C}HO$）

(b) δ (ppm)：27.27（-CH₂C̲H₂CH₂-），32.09（-C̲H₂-CH₂Br），32.75（=CHC̲H₂CH₂-），33.64（-C̲H₂Br），114.92（H₂C̲=CH-），138.04（H₂C=C̲HCH₂-）

(c) δ (ppm)：13.52（C̲H₃CH₂-），18.08（CH₃C̲H₂CH₂-），35.94（CH₃CH₂C̲H₂-），180.63（-CH₂C̲OOH）

(d) δ (ppm)：26.36（-COC̲H₃），128.03（2,6-C̲H(Ph)），128.31（3,5-C̲H(Ph)），132.87（4-C̲H(Ph)），136.73（1-C(Ph)），197.89（Ph-C̲OCH₃）

3・7　(a)－(1)，(b)－(3)，(c)－(2)

(a) δ (ppm)：13.26（C̲H₃CH₂-），20.29（-CH₂C̲H₂-C≡CH），21.86（CH₃C̲H₂CH₂-），68.12（-C≡C̲H），84.41（-CH₂C̲≡CH）

(b) δ (ppm)：13.46（C̲H₃CH₂-），18.35（CH₃C̲H₂CH₂-），37.01（CH₂C̲H₂CO-），174.17（-CH₂C̲ONH₂）

(c) δ (ppm)：7.45（C̲H₃CH₂-），29.11（-COC̲H₃），36.48（CH₃C̲H₂CO-），209.16（-CH₂C̲OCH₃）

溶媒がCDCl₃でないスペクトルは (b) で，DMSO-d_6 で測定した．メチル基の¹³C炭素は核スピン量子数が1である重水素とカップリングするために，δ 39.5 に七重線として観測される．

3・8　(a)－(3)，(b)－(1)，(c)－(2)

(a) δ (ppm)：13.90（-CH₂C̲H₃），20.69（C̲H₃CO-），60.07（-CO-OC̲H₂CH₃），170.76（CH₃C̲O-O-）

(b) δ (ppm)：15.08（-CH₂C̲H₃），65.71（-OC̲H₂CH₃）

(c) δ (ppm)：13.66（C̲H₃CH₂-），18.75（CH₃C̲H₂CH₂-），34.56（-CH₂C̲H₂CH₂-），62.05（-CH₂C̲H₂OH）

3・9

ブタンニトリルには四つの炭素がある．三つはアルキル基の sp³ 炭素で，そのうち一つがメチル基，二つがメチレン基の炭素である．もう一つの炭素はシアノ基の sp 炭素である．

¹³C NMRの化学シフトのチャート3・2によると，sp³ のメチル，メチレン，メチンおよび第四級炭素は，おもな有機化合物の炭素のなかで，最も低周波数側に現れる．メチル基が最も低周波数側で，以下，上記の順に高周波数になる．sp² 炭素と sp 炭素は，sp 炭素のほうが低周波数側に現れるが，これは環電流の出現の仕方による異方性の違いによるものであり，¹H NMR にも共通する．

チャート3・2に従って，以下のように予想できる．

C₍₁₎H₃-C₍₂₎H₂-C₍₃₎H₂-C₍₄₎≡N

(1) sp³ メチル炭素：δ 5～20
(2) sp³ メチレン炭素：δ 15～55
(3) sp³ メチレン炭素：δ 15～55
(4) sp シアノ炭素：δ 110～125

実際は，以下のようである．

(1) sp³ メチル炭素：δ 13.0
(2) sp³ メチレン炭素：δ 18.8*
(3) sp³ メチレン炭素：δ 18.9*
(4) sp シアノ炭素：δ 119.6

* これら二つの炭素は逆の帰属かもしれない．

DEPT は，以下のようになるはずである．

DEPT 135：メチル；上向きピーク，メチレン（二つ）；下向きピーク，シアノ；出ない

DEPT 90：メチル，メチレン，シアノ；出ない

CDCl₃ 中，75 MHz の核磁気共鳴装置によって測定した¹³C NMR スペクトルは以下のようになる．

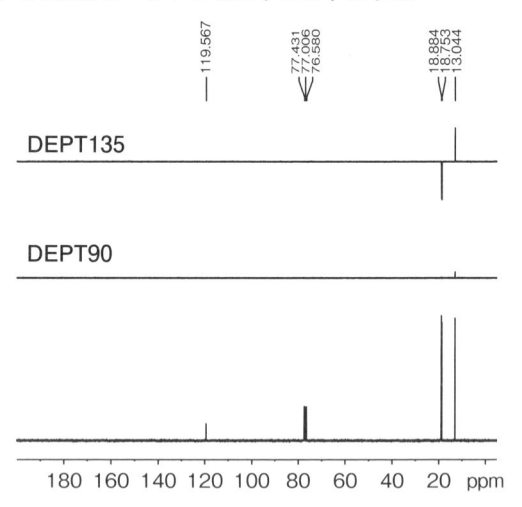

3・10　-CN の炭素は 120 ppm 付近に観測されるから，炭素 (**A**)～(**C**) はアルキル基である（HSQC においてプロトンと相関があることからもわかる）．¹H シグナルの分裂の数と積分から，$n+1$ 則を用いて下記のように帰属できる．

(**a**) 三重線（t），3 H → C̲H₃CH₂-
(**b**) 六重線，2 H → CH₃C̲H₂CH₂-
(**c**) 三重線（t），2 H → -CH₂C̲H₂CN

※　帰属は斜体下線付き

HSQCでは直接結合しているプロトンと炭素に相関があるから，炭素の帰属は以下のようになる．

(**A**) $\underline{C}H_3CH_2-$, (**B**) $CH_3\underline{C}H_2CH_2-$, (**C**) $-CH_2\underline{C}H_2CN$

3・11 直鎖アルカンがある場合は，COSY スペクトルから $^3J_{HH}$ をたどっていけば，末端から末端までつながるはずである．通常は，対角線上にある対角ピークを除く交差ピークが ^3J 相関になるが，^2J や ^4J が見えることもある*．この問題ではあらかじめ ^4J が示されているので，それを除いて考えればよい．

はじめは末端プロトンの見極めに迷うかもしれないが，直鎖アルカンの構造では<u>交差ピークが一つしかないところが末端である</u>．すなわち，(**d**) および (**e**)，(**f**) がオレフィンとハロアルカン側のいずれかの末端になる（^4J を無視している）．後は，対角ピーク→交差ピーク→対角ピーク→…のように順にたどって線を引けばよい．ただし，対角線に対して対称なので，対角線で折り返す際に，同じ相関の交差ピークを通らないように注意しよう．

(**e**)–(**g**) は化学シフトから明らかにオレフィンプロトンであるから，(**e**)，(**f**) がオレフィン側末端（$CH_2=$）であり，(**d**) がハロアルカン側末端（$-CH_2Br$）である．線をたどっていくと，(**d**)→(**b**)→(**a**)→(**c**)→(**g**)→(**e**)，(**f**) となる．したがって，帰属は以下のようになる．

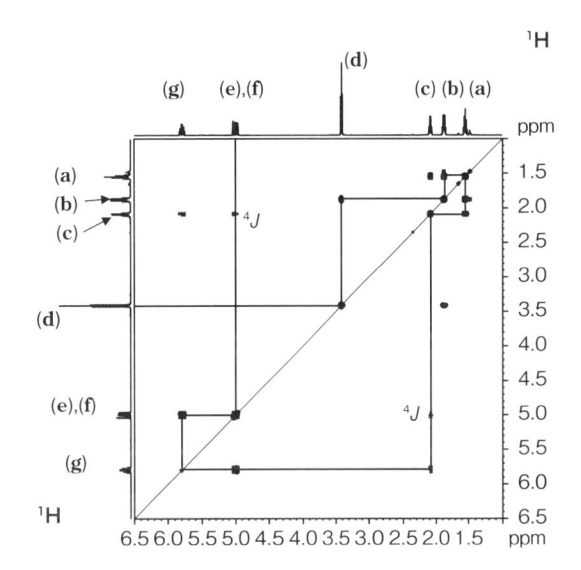

$$\underset{e,f}{H_2C}=\underset{g}{\underset{H}{C}}-\underset{c}{\underset{H_2}{C}}-\underset{a}{\underset{H_2}{C}}-\underset{b}{\underset{H_2}{C}}-\underset{d}{\underset{H_2}{C}}-Br$$

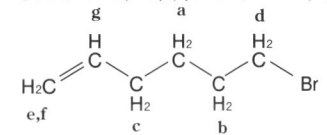

このように，化学シフトやスピン結合による解析が難しい試料でも，COSY を利用すると簡単に帰属ができることがある．

---

* ^2J は非等価なメチレンプロトンがあると観測されることがある．^4J は二重結合や芳香族においてよく観測される．詳しくは次章に示した．

演習問題の解答

演習問題 1

まず，不飽和度を計算する（4 章の p.67 の注参照）．

$$不飽和度 = 4 - \frac{10}{2} + 1 = 0$$

不飽和度が 0 であるから，不飽和結合や環構造はないことがわかる．

【IR】

3339 cm^{-1} の幅広いピークは，OH の伸縮振動による吸収であり，分子式よりこの分子に含まれる酸素原子が一つであるから，化合物がアルコール類であることがわかる．また，アルコール類の C–O 伸縮振動は 1000～1200 cm^{-1} 付近に観測されるが，アルコールの型によって吸収範囲がある程度決まっている^{*1}．1042 cm^{-1} のピークは，飽和第一級アルコールの領域にあると考えられる．

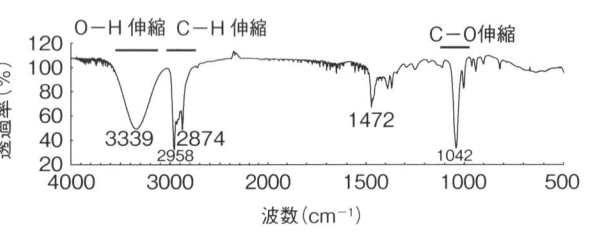

【MS】

EI/MS では，m/z 74 に分子イオンピークが観測されている．m/z 31 および m/z 43 は，α-開裂によって生じるフラグメントイオンであり，それぞれ [CH$_2$OH]$^+$ および [i-C$_3$H$_7$]$^+$ である（イオン化エネルギーは，·CH$_2$OH が 7.56 eV, i-C$_3$H$_7$ が 7.37 eV）^{*2}．

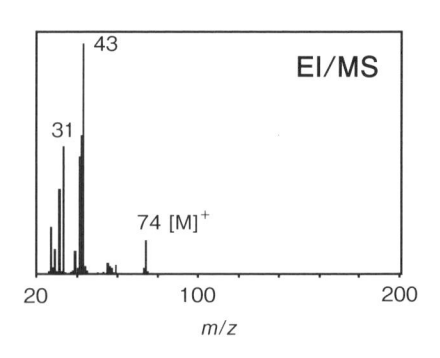

【NMR】

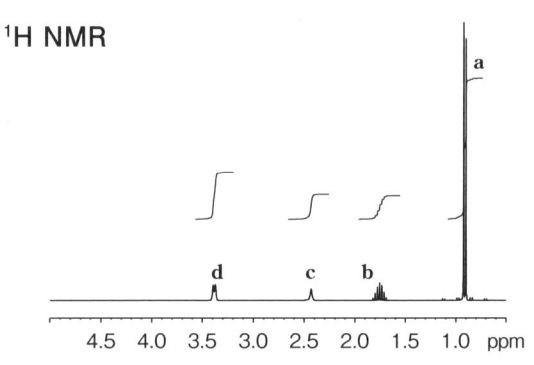

^{1}H NMR

	δ (ppm)	多重度	J (Hz)
a	0.91	d	6.7
b	1.76	m	
c	2.43	s(br)	
d	3.38	d(br)	6.3

^{13}C NMR

	δ (ppm)
A	18.78 (CH$_3$)
B	30.70 (CH)
C	68.50 (CH$_2$)

$*1$ 飽和アルコールでは，波数の大きさが，第三級＞第二級＞第一級となる．
$*2$ 開裂した断片がどちらもイオンとして観測されていることは，スティーブンソン則（p.10 参照）からも妥当である．

炭素数は4であるが，^{13}C NMR のシグナルでは三つしか観測されていない．したがって，二つの炭素（一組）が化学シフト等価になっている．^{1}H NMR では積分比が6Hのシグナル (**a**) があり，明らかに二つのメチル基である．また，^{13}C NMR は化学シフトから帰属することができる．酸素原子のような電気陰性度の高い原子に結合した炭素は強く非遮蔽化されているので，極端にδが大きくなる（I効果）．したがって，炭素（**C**）(68.5 ppm) には，酸素原子が結合していることがわかる．一方，^{13}C DEPT 測定から，メチル基が（**A**），メチレン基が（**C**），メチン基が（**B**）となる．

つぎに，^{1}H NMR から部分構造のつながりを解析する．先に述べたように，プロトン (**a**) は二つのメチル基である．(**a**) は2本になっているが，つぎに示す2通りのパターンのいずれかである．一つは ① <u>化学シフト等価なメチルシグナルが，スピン結合によって2本に分裂している場合</u>であり，もう一つは ② <u>スピン結合のないメチルシグナルが，化学シフト非等価になっている場合</u>である．もし，(**a**) がスピン結合しているならば，必ずスピン結合する相手があり，その相手シグナルも分裂するはずである．特に，一次のスピン結合をしていれば，両者のシグナルは全く同じ幅で分裂する．問題で示した各種 ^{1}H NMR では，いずれも (**a**) および (**b**) が同じ幅で分裂しており，互いにスピン結合していることがわかる．したがって，プロトン (**a**) は，化学シフト等価なメチルシグナルが，スピン結合（$J = 6.7$ Hz）で2本（二重線）に分裂していることになる（図参照）．また，二重線であるから，スピン結合するプロトン数は一つであり，隣接する炭素上のプロトンが一つと考えられる（$n+1$ 則）．

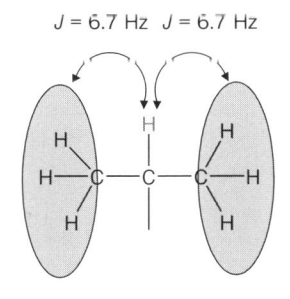

$J = 6.7$ Hz $J = 6.7$ Hz

ところで，一重線であるプロトン (**c**) は明らかにブロードになっている．これは，OH基のようなプロトン供与性が高く，容易にプロトン交換する官能基によく見られる現象である．CDCl$_3$ は通常の条件下において，不純物として若干の酸が含まれているため，プロトン交換が促進される．プロトン交換に起因した現象であるかを確かめるには，重水を添加した溶液で測定するとよい．重水の添加によって，OH プロトンは迅速に ^{2}H (D) 置換され，^{1}H スペクトルのシグナルが消える．問題で示したスペクトルでは，重水 (D$_2$O) を添加することによって (**c**) のシグナルが消えているので，明らかに OH 基であることがわかる．また，OH のようなブロードなシグナルと互いにスピン結合があるシグナルは，スピン結合が中途半端に残存するために同じようにブロードになることがある．OH プロトンを重水素置換*すると，スピン結合が著しく小さくなるので，スペクトルが単純になる．実際，CDCl$_3$ 溶液のプロトン (**d**) はブロードになっているが，重水を添加することによってシグナルがシャープになっている．

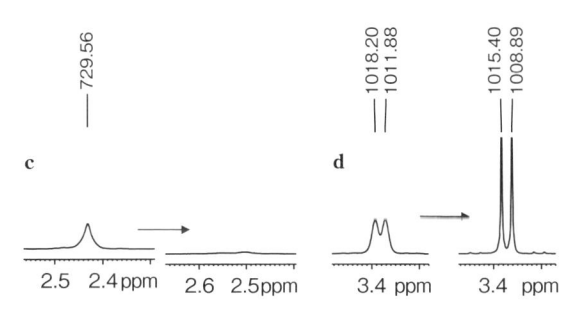

D$_2$O 添加によるシグナルの変化

一方，OH 基のスピン結合を観測したい場合は，DMSO-d_6 溶媒などを使う方法がある．DMSO は OH 基との水素結合により安定な構造をつくりやすく，プロトン交換を抑制する効果がある．実際，問題中に示されている DMSO-d_6 溶液のスペクトルでは，他のスペクトルにない分裂が観測されており，OH 基との J 値が 5.3 Hz と求められる．J 値が一般的なアルキル基よりも小さいのは，水素結合の影響と考えられる．また，水素結合はプ

---

* スピン量子数が1である重水素とのスピン結合は，緩和時間が短い場合に観測されないことがある．

ロトンの化学シフトを高周波数シフトさせる効果もある．OH プロトンが三重線であるから，OH と結合する炭素上のプロトンが二つあり，この化合物は CH_2-OH をもつことがわかる．以上のように，OH プロトンシグナルは溶媒の影響をきわめて受けやすいため，測定に注意が必要である．

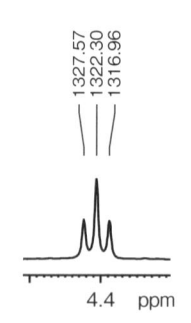

1327.57
1322.30
1316.96

4.4 ppm

DMSO-d_6 溶媒中の OH プロトンシグナル

最後に，プロトン（**b**）は，（**a**）（$J = 6.7$ Hz, 6 H, $-CH_3$），および（**d**）（$J = 6.3$ Hz, 2 H, $-CH_2-OH$）とスピン結合しており，隣接していることがわかる．厳密には J が異なるので $n+1$ 則には従わないが，0.4 Hz 程度の差しかないので見かけ上は九重線で観測される（スペクトルを拡大すると先端部分が丸くなっている）．共鳴周波数の高い装置で測定すれば，理論上は $(6+1) \times (2+1) = 21$ 重線になる．

以上の解析から，プロトンを構造式に当てはめてみると，2-メチルプロパノール（2-methylpropanol）であることがわかる．炭素については DEPT の解析を見れば容易に帰属できる．各帰属は以下のようになる．

^{1}H NMR

	δ (ppm)	多重度	J (Hz)	帰属
a	0.91	d	6.7	3, 4
b	1.76	m*		2
c	2.43	s(br)		1
d	3.38	d(br)	6.3	OH

* 見かけ上は九重線

^{13}C NMR

2-メチルプロパノール

	δ (ppm)	帰属
A	18.78 (CH_3)	3, 4
B	30.70 (CH)	2
C	68.50 (CH_2)	1

演習問題2

まず，不飽和度を計算する．

$$\text{不飽和度} = 4 - \frac{10}{2} + 1 = 0$$

【IR】

3351 cm^{-1}に幅広いOHの伸縮振動が観測されているので，化合物はアルコールであることがわかる．アルコール類のC-O伸縮振動は1100 cm^{-1}にピークがあり，飽和第二級アルコールの領域にある．

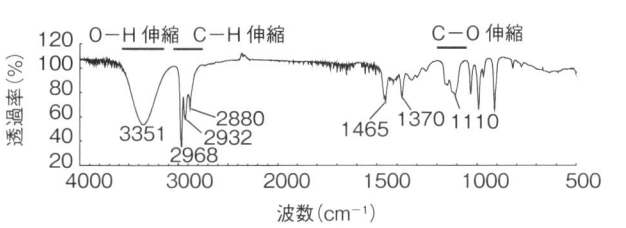

【MS】

この化合物は演習問題1と同じ分子式であるが，EI/MSでは分子イオンピークのm/z 74がほとんど観測されていない．EI/MSはフラグメンテーションが起こりやすいので，ソフトイオン化法を用いて測定するとよい．出題したスペクトルでは，反応ガスにイソブタンを用いたCI/MS（正イオン）を測定しており，分子イオンピークはプロトン付加分子m/z 75 [M+H]$^+$およびm/z 149 [2M+H]$^+$として観測される．また，m/z 131に[M+C$_4$H$_9$]$^+$が観測される*^{1}．

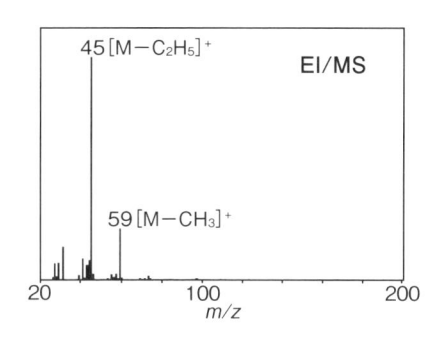

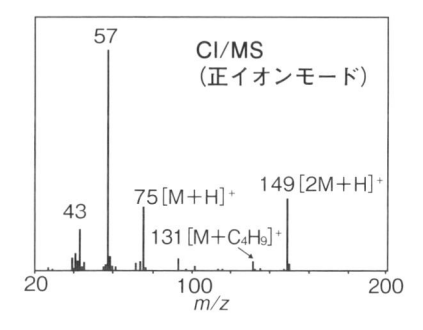

一方，EI/MSではm/z 59 [M-CH$_3$]$^+$およびm/z 45 [M-C$_2$H$_5$]$^+$にα-開裂によるフラグメントイオンが観測されている*^{2}．演習問題1と比較するとわかるように，フラグメンテーションは，たとえ同じ分子式であっても，構造式や異性体の違いによって異なるパターンを示すことがある．フラグメントパターンについては，おもにEI/MSにおいてデータベース化されており，検索システムを含めてソフトウェアに常備されていることもある．実際，このスペクトルをNISTデータベース*^{3}によって検索すると，2-ブタノールが最上位にヒットする*^{4}．

---

*1 CI/MSは付加分子で観測されることが多いが，このような反応ガス由来のカチオン付加分子で観測されることがある．
*2 イオン化エネルギーは，・CH$_3$が9.84 eV，・C$_2$H$_5$が8.12 eV，・CH(OH)CH$_3$が6.70 eVである(©NIST)．図のようなα-開裂では，イオン化エネルギー差が1.42 eVあり，CH(OH)CH$_3$側に電荷が残りやすい．したがって，m/z 45が最も強いピークとなったのは，スティーブンソン則において妥当な結果である．もう一つ重要なアルコールの反応経路としては，水素転位を伴うH$_2$O脱離があげられる．しかし，鎖長の短いアルコールにおいては起こりにくく，観測されていない．
*3 米国国立標準技術研究所(National Institute of Standards and Technology, NIST)．2008年現在では，20万件弱の化合物についてデータベース登録されている．
*4 データベース検索は，未知試料の同定に有力な方法の一つである．しかしながら，検索を行うためには，対象の化合物がデータベースに登録されている必要があり，過信してはならない．未知化合物を同定するには，IRやNMRを併用する必要がある．

【NMR】

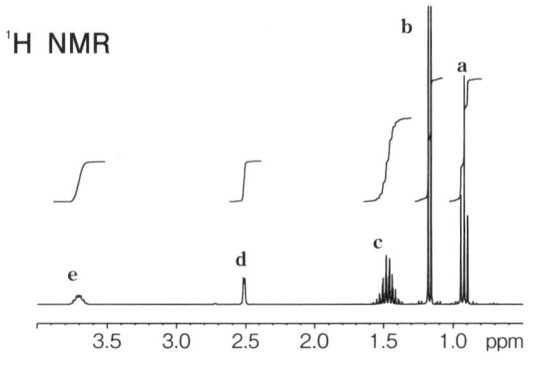

¹H NMR

	δ (ppm)	多重度
a	0.92	t
b	1.17	d
c	1.31〜1.58	m
d	2.51	d(br)
e	3.64〜3.77	m

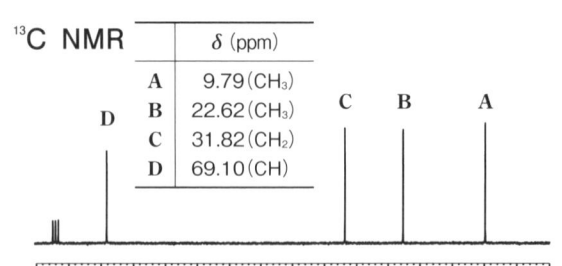

¹³C NMR

	δ (ppm)	
A	9.79	(CH_3)
B	22.62	(CH_3)
C	31.82	(CH_2)
D	69.10	(CH)

¹³C NMR に等価な炭素はない．炭素(D) (δ 69.1)は，化学シフトから OH と結合した炭素である．(A)〜(C) については，DEPT からそれぞれメチル基 (A) および (B)，メチレン基 (C) であることがわかる．一方，¹H NMR では積分比と化学シフトから (a) および (b) がメチル基，(c) がメチレン基であることがわかる．(d) は D_2O を添加するとシグナルが消えるので，OH 基であることがわかる．また，(e) はメチン基である．

プロトン (a) および (b) はメチル基であるが，(a) は三重線，(b) は二重線に分裂している．$n+1$ 則から隣接するプロトン数は，それぞれ 2 および 1 となる．したがって，(b) はメチンが結合しており，(a) はメチレンが結合している．これらをつなぎ合わせると，2-ブタノール (2-butanol) の構造であることがわかる．プロトン (d) は OH であり，CH とのスピン結合により $J_{HH}=3$ Hz 程度で分裂している．化学シフトと積分から，帰属は (c) が [3]，(e) が [2] となる．よって，帰属は下記の通りである．

	¹H NMR			¹³C NMR	
	δ (ppm)	帰属		δ (ppm)	帰属
a	0.92	4	A	9.79 (CH_3)	4
b	1.17	1	B	22.62 (CH_2)	1
c	1.31〜1.58	3	C	31.82 (CH_2)	3
d	2.51	OH	D	69.10 (CH)	2
e	3.64〜3.77	2			

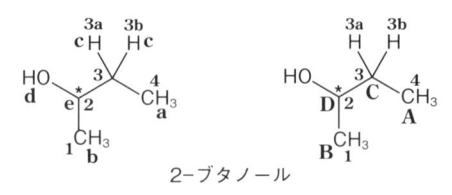

2-ブタノール

ところで，プロトン (c) および (e) はきわめて複雑な分裂を示しており，スピン結合を求めることも不可能になっている．(c) が複雑な分裂を示したのは，メチン炭素がキラリティーをもつことによってメチレンプロトンが非等価になることに起因する．二つのメチレンプロトンは，どのような対称操作を行っても入れ替えることができない．したがって，結合軸の速い回転*があったとしても，やはり非等価である．そのため，これらのメチレンプロトンは一つのシグナルを与えるように思われる

2-ブタノール (R体) の配座．2-ブタノールは対称軸がなく，図のような配座交換でもメチレンの H^a と H^b を入れ替えることはできない (S体でも同様)．

が，[3a] と [3b] には若干の化学シフト差があるため，高次のスピン結合によって分裂が複雑になる．このように，キラル中心付近の ¹H NMR は，しばしば複雑になることがあるので注意が必要である．

(e) はメチンプロトンが隣のメチル基，メチレン基とのスピン結合で分裂する以外に，OH 基のプロトンによってもブロードに分裂するため，解析が困難になっている．

---

* メチル基プロトンが等価になっているのは，結合軸の速い回転によって，NMR の時間領域において三つのプロトンの区別がつかなくなっているからである．

演習問題 3

まず，不飽和度を求める．

$$\text{不飽和度} = 6 - \frac{12}{2} + 1 = 1$$

【IR】

1739 cm^{-1} には C=O 伸縮振動と見られる強い吸収があり，カルボニル基がある．カルボニル基は不飽和度 1 を与える基であるので，他に多重結合や環構造はない．アルデヒドやカルボン酸の吸収がないことから，ケトンまたはエステルである．また，一般的な飽和脂肪族ケトンにおいて C=O 伸縮が 1715 cm^{-1} 程度の波数になるのに対し，このピークは 20 cm^{-1} ほど高波数側にある．一方，1186 cm^{-1} に強く観測されているピークは，C-C(=O)-O 逆対称伸縮振動に由来すると考えられる．したがって，この化合物は脂肪族エステルであることが強く示唆される．なお，エステルでは C-C(=O)-O 逆対称伸縮のほかに，エーテル結合側の O-C-C 逆対称伸縮も観測される．また，各々の対称伸縮も観測されるが，弱い吸収となり重要ではない．

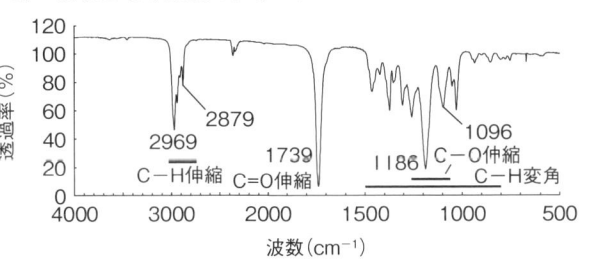

【MS】

分子イオンピークの m/z 116 が観測されている．また，m/z 71 [M−45]$^+$ のフラグメントイオンが最大となっており，IR のデータを考え合わせると，典型的なエチルエステルの α-開裂である [M−OC$_2$H$_5$]$^+$ が考えられる．また，優勢ではないが m/z 73 [M−C$_3$H$_7$]$^+$ も α-開裂によるフラグメントイオンである．m/z 71 [M−OC$_2$H$_5$]$^+$ は，さらに CO を脱離してカルボカチオン m/z 43

[C$_3$H$_7$]$^+$ になる*[1]．一方，ブタン酸のエステルやエチルエステルでは，オキシカルボニル基の左右どちらでもマクラファティー転位（γ 水素の転位）を伴う β 結合の開裂 [M−C$_2$H$_4$]$^+$ (m/z 88) が見られる*[2]．

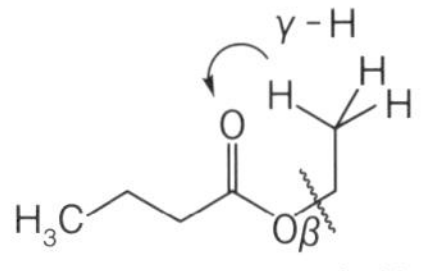

マクラファティー転位

ブタン酸より長いカルボン酸のエステルやエチル基より長いアルコールのエステルでは，マクラファティー転位による [M−RCH=CH$_2$]$^+$ のイオンが観測されることが多い．

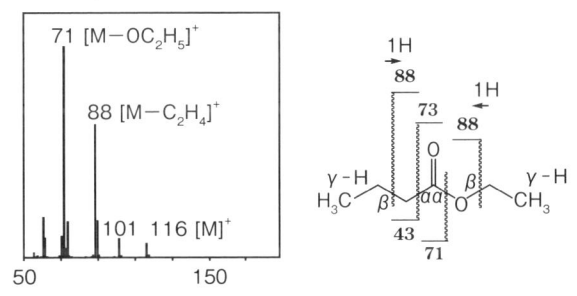

補足：エステル結合のマクラファティー転位

プロパン酸プロピルではアシル基側に γ 水素がないため，プロピルエステル側だけがマクラファティー転位を起こす．しかしながら，プロピルエステルでは水素 2 個が転位する特殊なマクラファティー転位*[3] を起こす．水素 2 個が転位する場合は，"通常"の 1 個の場合と競争的な過程となり，構造によって異なった強度比になる．

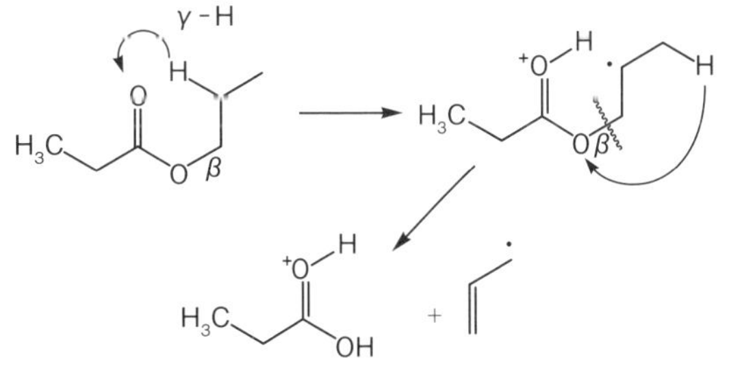

---

*[1] 直鎖アルカンのエステルやケトンでは，カルボカチオンが不安定なため，アシリウムイオンのほうに正電荷が残りやすい．

*[2] エチルエステルとアシル基のうち，どちらの転位が優勢になるかはわからない．フラグメントが全く同じ組成であるため，解析には同位体標識などが必要である．ただし，参考としてあげた 2 種類の化合物を比較するとわかるように，一般的にはエステル結合が開裂するほうがカルボン酸の共鳴安定化によって有利なイオンとなる．

*[3] 2 段階目の水素転位は必ずしも γ 水素から転位するとは限らず，フラグメンテーションによって生成した中性分子から転位することがある（イオンと中性分子がコンプレックスをつくる中間体（イオンニュートラルコンプレックス）の形成によると考えられている）．

一方，ブタン酸プロピルではアシル基側でもマクラファティー転位を起こし，2個の水素の転位も競争的に起こる．

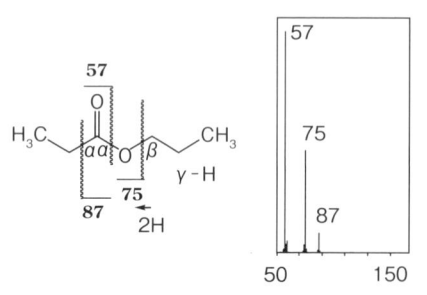

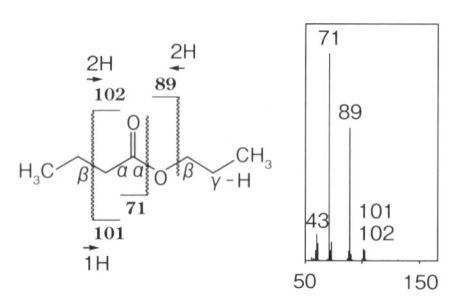

【NMR】

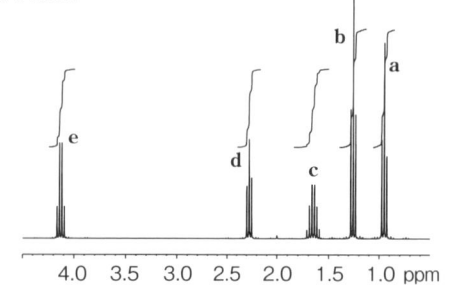

¹H NMR

	δ (ppm)	多重度	J (Hz)	積分
a	0.95	t	7.4	3
b	1.26	t	7.1	3
c	1.66	m	7.4	2
d	2.28	t	7.4	2
e	4.13	q	7.1	2

¹H NMR から水素数は 12 であり，分子式からわかるように，すべての水素が観測されている．¹³C NMR から炭素数は 6 であり，¹H が 5 種類，¹³C が 6 種類のシグナルを確認できる．

¹³C NMR では (F) (δ 173.5) のシグナルが第四級炭素であり，化学シフトからエステルのカルボニル基と推定される．(A), (B) はメチル基であり，(C), (D), (E)

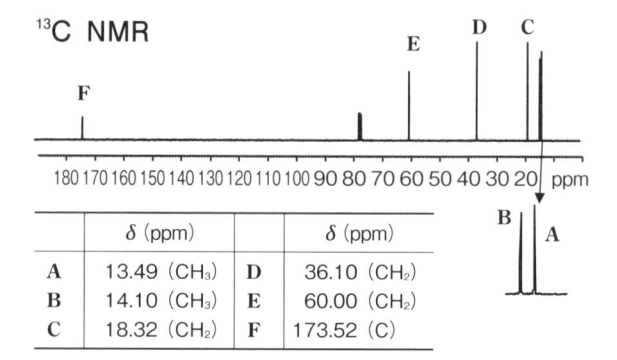

¹³C NMR

	δ (ppm)		δ (ppm)
A	13.49 (CH₃)	D	36.10 (CH₂)
B	14.10 (CH₃)	E	60.00 (CH₂)
C	18.32 (CH₂)	F	173.52 (C)

はメチレン基である．¹H NMR からも同じ構造情報が得られ，(a), (b) はメチル基，(c), (d), (e) はメチレン基である．

IR, MS よりエチルエステルであることが示唆されているが，ここでは一歩戻ってエステルであるところから解析を始める．

¹H NMR で (e) の四重線のメチレンは化学シフト値からエーテル酸素原子（カルボニル酸素でないほうの酸素原子）に隣接するメチレン基に帰属できる．$n+1$ 則から隣に 3 個の等価なプロトンがあり，片方の隣は酸素原子であるので，反対側にはメチル基があることがわかり，エチルエステルであることがわかる．どのメチル基とスピン結合しているかは，スピン結合定数を詳細に見ればわかる．(e) のスピン結合定数は 7.1 Hz であり，(a) は 7.4 Hz, (b) は 7.1 Hz であるから，(e) の相手は (b) である．実際，酸素原子の誘起的な電子求引効果でメチル基がやや左にシフトしている．

残りの三つのプロトン群は，エステルのカルボニル側の鎖に属することになる．一番左の三重線のメチレンはカルボニル基に隣接し，一番右は末端のメチル基である．δ 1.66 のメチレンは，上記二つの基の間のメチレン基のものであり，五つのプロトンが隣接炭素上にあることから，6 本に分裂していることで矛盾しない．

以上から，この化合物はブタン酸エチル (ethyl butanoate) であると決定できる．

さらに，二次元 NMR を用いた解析を行うと，以下のようになる．

HSQC の相関から，各水素ならびに炭素のラベル付けは容易に行うことができる．^{13}C NMR ではエーテル酸素に結合した炭素の δ が大きくなることから，酸素原子に結合しているのは（**E**）（δ 60.0）である．

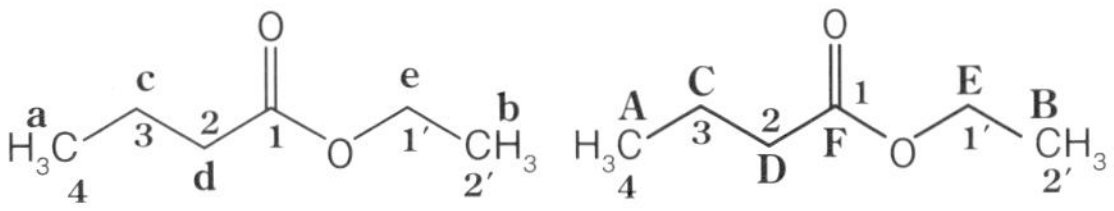

	^{1}H NMR			^{13}C NMR	
	δ (ppm)	帰属		δ (ppm)	帰属
a	0.95	4	A	13.49 (CH$_3$)	4
b	1.26	2′	B	14.10 (CH$_3$)	2′
c	1.66	3	C	18.32 (CH$_2$)	3
d	2.28	2	D	36.10 (CH$_2$)	2
e	4.13	1′	E	60.00 (CH$_2$)	1′
			F	173.52 (C=O)	1

^{1}H−^{13}C HSQC

^{1}H−^{1}H COSY

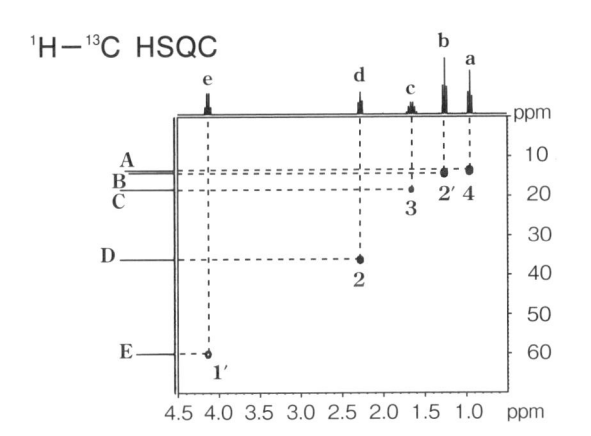

始点を決めたら，COSY ならびに HMBC から結合のつながりを解析する．**COSY** では（**b**）-（**e**）および（**a**）-（**c**）-（**d**）の ^{1}H 相関が確認でき，それぞれエチル基とプロピル基であることがわかる*^{1}．化学シフトとスピン結合から，エーテル酸素原子側がエチル基，カルボニル側が *n*-プロピル基となる．

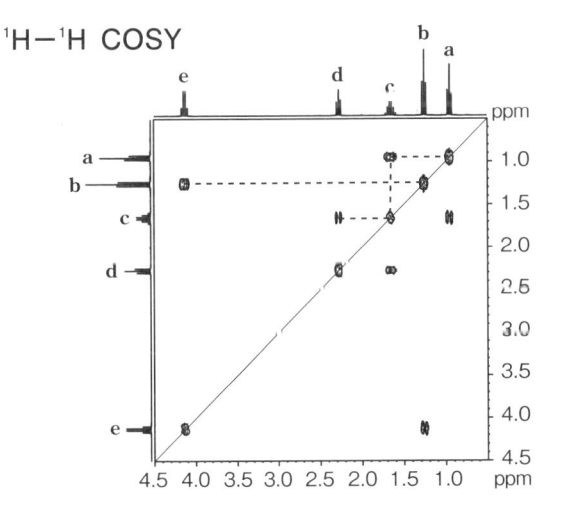

HSQC によってプロトンの帰属を炭素に適用すると，以下の表のようになる．

^{1}H−^{13}C HMBC

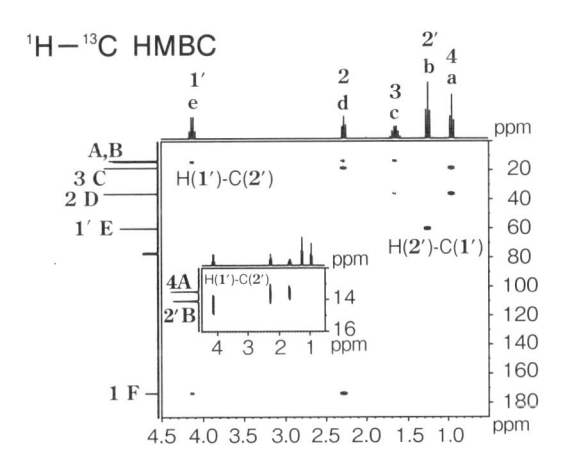

一方，HMBC ではエチルエステルの［**1′**］-［**2′**］の相関がプロトンと炭素で互いに観測されており，同様にアシル基［**2-3-4**］の相関が観測されている（下表参照）．

$^nJ_{CH}$ 相関の帰属（表の数字は *n*）

		^{1}H					
			1′	2	3	2′	4
			e	d	c	b	a
^{13}C	4	A		3	2		1
	2′	B	2			1	
	3	C		2	1		2
	2	D		1	2		3
	1′	E	1		2		
	1	F	3	2			

第四級炭素 / HSQC / HMBC
太字：強い相関
細字：弱い相関

よって，COSY の結果とは矛盾しない．また，カルボニル炭素はプロトンとの相関が［**1′**］と［**2**］について両方観測されており，エステル結合を介して結合がつながっていることがわかる*^{2}．以上のことから，**HMBC** より第四級炭素を含めた結合のつながりを解析することができた．

*1 COSY はスピン結合定数から帰属した場合と比べ，視覚的かつ簡便に解析できる点が有利である．
*2 カルボニル炭素との相関は $^3J_{CH}$ の（**c**）-（**F**）が観測されておらず，*J* が小さいと考えられる．

演習問題 4

1) 演習問題 3 の p.146 に EI/MS の解答がある．また CI/MS は，以下のようになる．m/z 57 は反応ガス由来であり，フラグメントイオンではない．m/z 131 は，$[C_7H_{14}O_2 + H]^+$ である．m/z 261 はやや難しいが，二量体にプロトンが付加した $[2\,C_7H_{14}O_2 + H]^+$ である．ソフトイオン化法では多量体で観測されることも珍しくないので，常に可能性を考慮しておく必要がある．

2) 演習問題 3 の p.145 に類似の化合物の IR について解答がある．各ピークは数 cm^{-1} ほど異なっているが，帰属は同じであり，脂肪族エステルであることがわかる．

3) IR，MS の解析から，エステルであることがわかる．以下に，^1H，^{13}C のシグナルの帰属を示す．

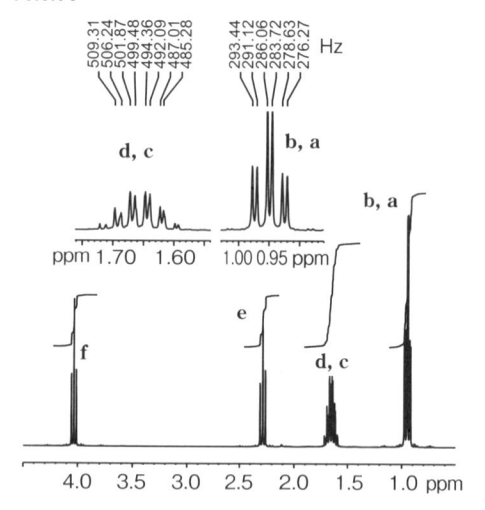

【NMR】
^1H NMR

	δ (ppm)	多重度	J (Hz)	積分比
a	0.94	t	7.4	3
b	0.95	t	7.4	3
c	1.65	m(6)		2
d	1.66	m(6)		2
e	2.29	t	7.4	2
f	4.03	t	6.7	2

^{13}C NMR

	δ (ppm)		δ (ppm)
A	10.17 (CH$_3$)	E	36.05 (CH$_2$)
B	13.44 (CH$_3$)	F	65.57 (CH$_2$)
C	18.31 (CH$_2$)	G	173.51 (C)
D	21.86 (CH$_2$)		

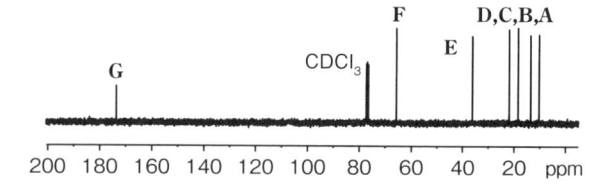

^{13}C NMR では 7 本のシグナルが観測されているが，^1H NMR では 4 種類しかない．1 ppm 付近の ^1H NMR を拡大してみると，6 本に分裂したシグナルのように見える．実は，これらのシグナルは二つの異なるメチル基が重なって観測されている*．すなわち，J が 7.4 Hz の三重線が二つ重なっていることになり，J 値が同じであるから一次元スペクトルでは解析できない．また，化学シフト差も 0.01 ppm ほどしかなく，高分解能の二次元測定でなければシグナルを分離することもできない．このようなシグナルを分離するには，^1H 側が高分解能である ^1H 観測の H−C 相関 (HMQC/HSQC，HMBC) を測定するとよい．幸いにして，^{13}C NMR がすべて異なる化学シフトで観測されているので，300 MHz の装置でも十分に相関信号を読み取り，帰属を行うことができる．

^1H—^{13}C HSQC

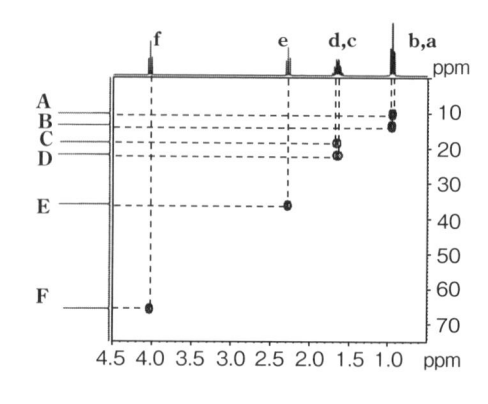

---

* これら二つのシグナル間は，J がほとんど 0 なので一次のスピン系となり，$n+1$ 則に従う．演習問題 2 のスペクトルで見られたような複雑な分裂は示さない．

CH₃：(a)-(A), (b)-(B)
CH₂：(c)-(D), (d)-(C), (e)-(E), (f)-(F)
第四級炭素：(G)

$$H\underset{m}{(\ )}\overset{O}{\underset{\|}{C}}-O\underset{n}{(\ )}H \quad m+n=6$$

HMBCでは，(e)-(B, C, G) および (f)-(A, D, G) の相関がある．また，拡大すると (a~d) の相関も確認できる．各相関は(a)-(D, F)，(b)-(C, E)，(c)-(A, F)，(d)-(B, E, G) となる．これらを整理すると，炭素の(A)-(D)-(F)，および (B)-(C)-(E)-(G) のつながりが見える．

¹H―¹³C HMBC

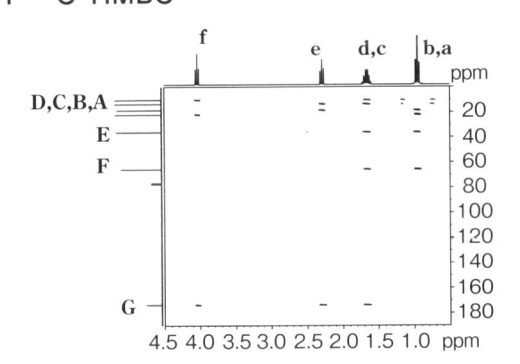

また，このような異なるスピン系のシグナルが重なっている場合は，**TOCSY**が強力な手法となる．問題の例では，オキシカルボニル基で隔てられた二つのスピンネットワーク((a)-(c)-(f) および (b)-(d)-(e))が存在し，同じスピン系のプロトンだけ相関信号が現れる．

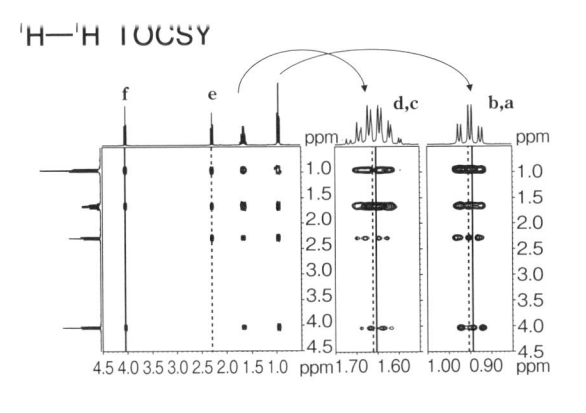

¹H―¹H TOCSY

図の破線がカルボニル基側のネットワークであり，実線が酸素原子側である．TOCSY は分解能も高いので，COSY では解析できないスペクトルの相関も読むことができる．しかしながら，この問題では化学シフトがわずかに 0.01 ppm しか違わないため，区別するのは困難である．

補足：HSQC-TOCSY

さらにスマートな解析手法として，**HSQC-TOCSY**法がある（下図参照）．この手法では，TOCSY 相関を HSQC 相関によって炭素側に展開することができる．すなわち，スピンネットワークに入っている炭素すべてに相関が現れる（炭素から点線を引いたグループに属する相関は同じ¹H 相関があり，引いていないグループと異なるネットワークになっていることが一目でわかる）．TOCSY 法はシグナルが重なり合うようなスペクトル* において，きわめて有用な解析方法である．

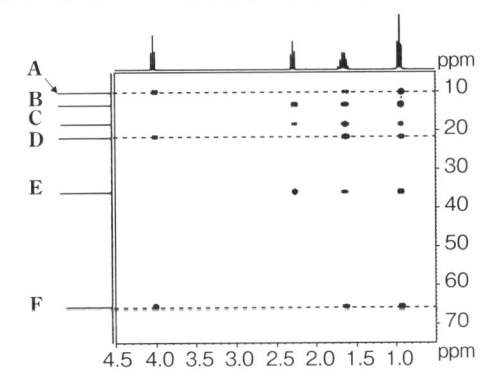

以上の情報から，帰属は下記のようになる．

	¹H NMR			¹³C NMR	
	δ (ppm)	帰属		δ (ppm)	帰属
a	0.94	3'	A	10.17 (CH₃)	3'
b	0.95	4	B	13.44 (CH₃)	4
c	1.65	2'	C	18.31 (CH₂)	3
d	1.66	3	D	21.86 (CH₂)	2'
e	2.29	2	E	36.05 (CH₂)	2
f	4.03	1'	F	65.57 (CH₂)	1'
			G	173.51 (C)	1

---
* 多糖類のような類似の構造が複数存在する場合によく見られる．

演習問題5

【IR】

KBr法では2500〜3500 cm^{-1}付近に幅広いピークが観測されており，水素結合性OHの吸収であると考えられる．また，C＝O伸縮振動は1648 cm^{-1}付近に観測されており，かなり低波数側に観測されている．一般に，C＝O伸縮振動は水素結合と共鳴によって低波数側にシフトするが，このピークはシフトが大きいため，どちらも影響していることが示唆される．

OH伸縮振動

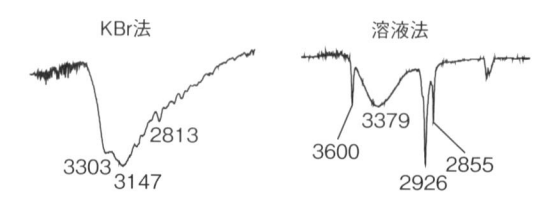

KBr法 / 溶液法
3303, 2813, 3147 / 3600, 3379, 2926, 2855

溶液法では，KBr法と劇的に異なったスペクトルが観測されている．3600 cm^{-1}に鋭いピークがあるが，これは"フリー"のOH伸縮振動である．すなわち，無極性溶媒を用いて希薄な溶液にすることによって，水素結合がない分子が存在していることを示している．また，3379 cm^{-1}に見られる幅広いピークは，水素結合を形成している"フリー"でないピークと考えられる．溶液にすることによって，固体結晶で見られていた水素結合が切れているので，分子内水素結合を形成しない構造であることがわかる．一方，C＝O伸縮振動では1732 cm^{-1}付近と1684 cm^{-1}付近に観測されており，それぞれフリーなC＝Oと水素結合性のC＝Oである．すなわち，C＝OとOHが分子間で水素結合を形成していることがわかる．

ここで^{1}H NMRを見ると，化学シフトから芳香環をもつことがわかる．また，δ 2.6付近のシグナルは積分比が3 Hであることから，メチル基があることもわかる．メチル基の存在は，MSのm/z 121 [M−CH$_3$]$^+$からも確認できる．以上の結果をもとにIRを見返すと，1605 cm^{-1}には芳香族の環伸縮振動が観測されており，KBr法でもほぼ同じ波数に観測されている．また，2926 cm^{-1}と2855 cm^{-1}はメチル基のC−H伸縮振動であり，波数が大きいほうが逆対称伸縮振動，小さいほうが対称伸縮振動である．したがって，この化合物は＞C＝O，−OH，−CH$_3$，芳香環をもつことがわかり，芳香環はC$_6$H$_4$であるから二置換ベンゼンであることがわかる．

【MS】

フラグメントイオンはm/z 121 [M−CH$_3$]$^+$とともに，m/z 93が観測されており，これはIRから示唆された置換基のうち，CH$_3$とCOが脱離した質量数に相当する．^{1}H NMRにおけるδ 2.6のメチルシグナルの化学シフトを考え合わせると，アセチル基の存在が予想される．この時点で，下図の構造が予想される．

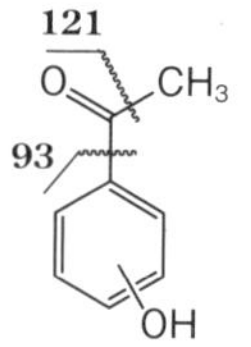

フェノール類は，2段階のα-開裂によってCOが脱離する．下記に，一般的なフェノールのCO脱離機構を示した．なお，この化合物ではアセチル基の脱離後にCO脱離するので，すでに水素が一つ欠けている．したがって，最後の水素脱離は伴わずに共鳴安定化した5員環を形成し，m/z 65となる．

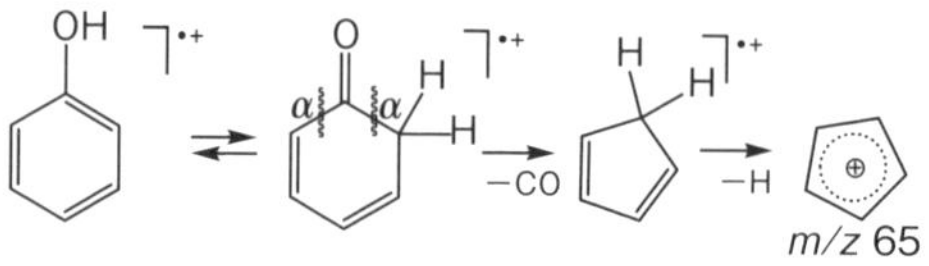

一般的なフェノールのフラグメンテーション

【NMR】

^{1}H NMR

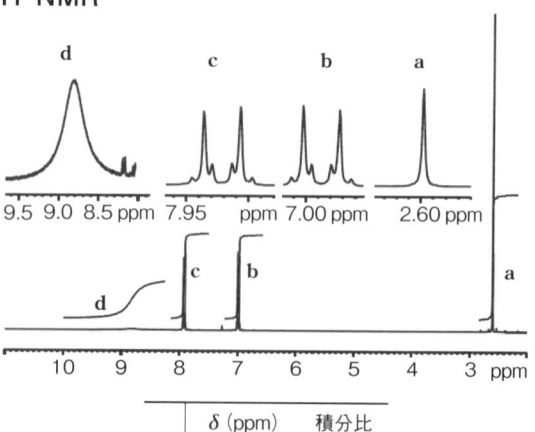

	δ (ppm)	積分比
a	2.60	3
b	6.99	2
c	7.92	2
d	8.80	1

¹³C NMR

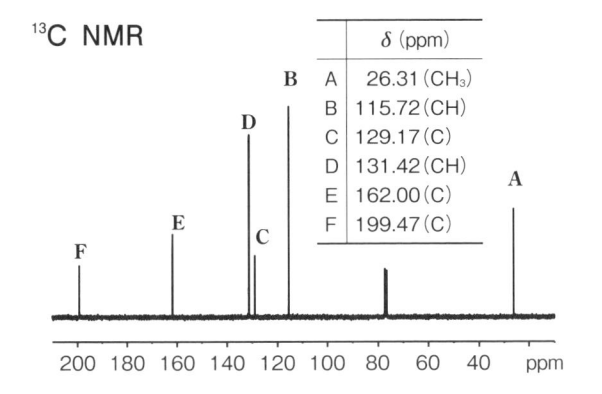

	δ (ppm)
A	26.31 (CH₃)
B	115.72 (CH)
C	129.17 (C)
D	131.42 (CH)
E	162.00 (C)
F	199.47 (C)

炭素数 8 に対してシグナルが 6 種類しかないので，化学シフト等価な ¹³C が存在する．等価になっているのは明らかに芳香族の二組の炭素であり，アセチル基と OH 基がパラ位に結合したベンゼン，すなわち 4-ヒドロキシアセトフェノン (4-hydroxy acetophenone) と見当がつく．以下は，さらに詳細な構造の検討である．

一次元スペクトル，ならびに HSQC から下記のように分類できる．

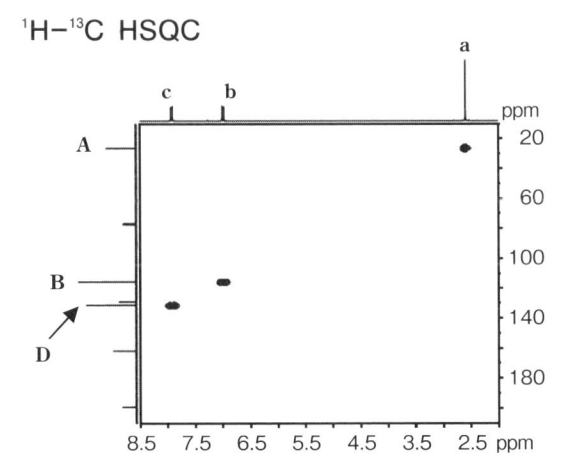

¹H–¹³C HSQC

Ar–OH プロトン：(d)
メチル基：(a) – (A)
芳香族 C–H：(b) – (B)，(c) – (D)
芳香族第四級炭素：(C)，(E)
カルボニル基炭素：(F)

HMBC では (a) – (F) の相関があり，メチル基とカルボニル基が近接しているからアセチル基が存在することがわかる．

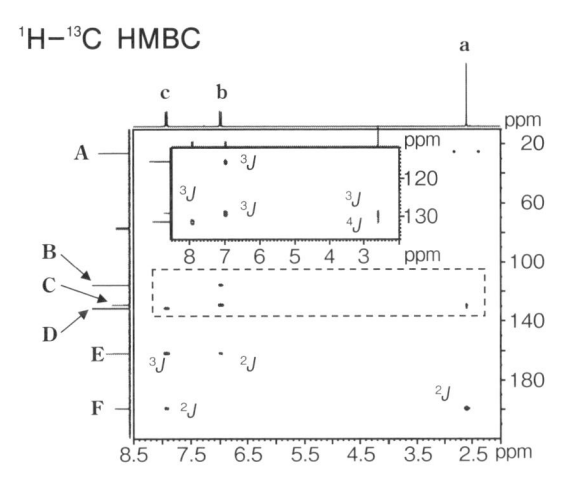

¹H–¹³C HMBC

HSQC では芳香族の (b) – (B)，および (c) – (D) に $^1J_{CH}$ 相関があるが，HMBC でも遠隔スピン結合が観測されている．これは化学シフト等価な ¹³C が重なっているためであり，パラ置換芳香族の特徴である（演習問題 8 参照）．

化学シフトから第四級炭素 (E) は OH と結合した炭素であり，(C) はカルボニルに結合した炭素である．

HMBC では (b) – (C) と (c) – (E) の遠隔スピン結合定数が大きいから，(b) はカルボニル基とメタ配置 (c) は OH 基とメタ配置となる．(b) のほうが低周波数側であることからも OH の置換基効果と矛盾しない．

以上のことから，下記のような構造および帰属となる．

	¹H NMR			¹³C NMR	
	δ (ppm)	帰属		δ (ppm)	帰属
a	2.60	2	A	26.31 (CH₃)	2
b	6.99	3′, 5′	B	115.72 (CH)	3′, 5′
c	7.92	2′, 6′	C	129.17 (C)	1′
d	8.80	OH	D	131.42 (CH)	2′, 6′
			E	162.00 (C)	4′
			F	199.47 (C)	1

演習問題6

【IR】

KBr法および**溶液法**ともに，スペクトルに変化はあまりない．どちらも 3050 cm^{-1} 付近に幅広い吸収帯があり，強い水素結合を形成した OH 伸縮振動と考えられる．この吸収は大幅な低波数シフトに加えて，希釈溶液にしても同様に観測されることから，分子内水素結合に由来するものと考えられる（演習問題5を参照）．C=O 伸縮振動は 1645 cm^{-1} に観測されており，かなり低波数であることから，水素結合や共役系の存在が考えられる．

OH 伸縮振動

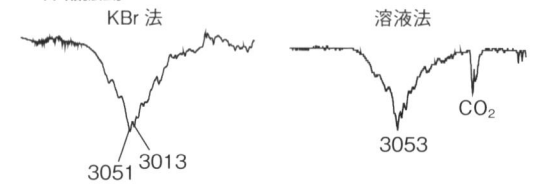

KBr法 3051, 3013
溶液法 3053, CO$_2$

【MS】

m/z 136 に分子イオンピークが観測されている．また，フラグメントイオンは m/z 121, 93, 65 が観測されており，演習問題5とほぼ同様のスペクトルとなっている．したがって，アセチル基およびヒドロキシ基の存在が示唆され，演習問題5の化合物の位置異性体と考えられる．また，**IR** の結果を考慮すると，アセチル基とヒドロキシ基が隣接して置換している，==2-ヒドロキシアセトフェノン==（2-hydroxy acetophenone）であると結論できる．

なお，下図のようなフラグメンテーションは起こらないので，置換基の配置による効果（オルト効果）によるスペクトルの違いは現れない（演習問題8に例がある）．

【NMR】

すでに IR と MS で構造の見当がついているので，以下 NMR によってさらにこれを検証する．

^{1}H NMR

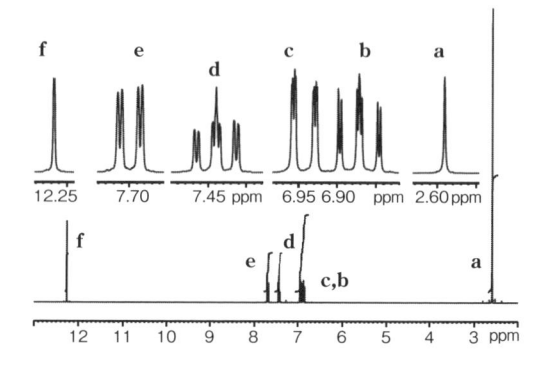

	δ (ppm)	多重度	J (Hz)	積分比
a	2.59	s		3
b	6.87	ddd	1.2, 7.2, 8.0	1
c	6.94	ddd	0.4, 1.2, 8.4	1
d	7.44	dddd	0.4, 1.7, 7.2, 8.4	1
e	7.70	m(ddd)	0.4, 1.6, 8.0	1
f	12.27	d	0.4	1

^{13}C NMR

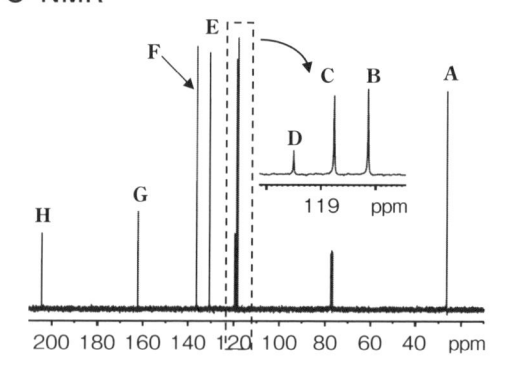

	δ (ppm)		δ (ppm)
A	26.40 (CH$_3$)	E	130.58 (CH)
B	118.14 (CH)	F	136.26 (CH)
C	118.76 (CH)	G	162.15 (C)
D	119.50 (C)	H	204.41 (C)

^{1}H NMR より，メチル基が一つ，酸性のプロトンが一つ，芳香族プロトンが四つあることがわかる．芳香族プロトンはすべて 7〜8 Hz の $^3J_{HH}$ をもっているので，四つのプロトンが順に並んでいることがわかる．すなわち，二つの置換基は隣接して存在していることから，==2-ヒドロキシアセトフェノン==であることが裏付けられる．さらに詳細に検討する．

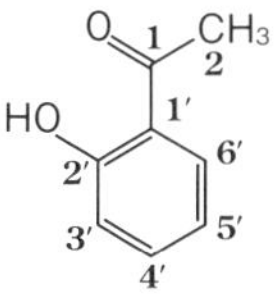

一次元スペクトル，ならびに **HSQC** から下記のように分類できる．

$^1H-^{13}C$ HSQC

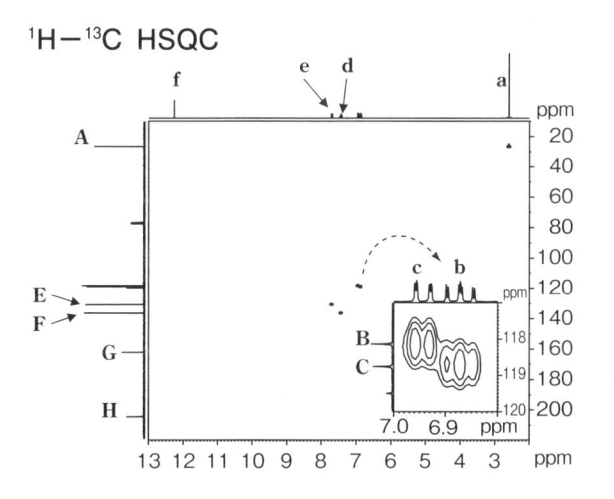

Ar–OH プロトン：(**f**)

メチル基：(**a**)–(**A**)

芳香族 C–H：(**b**)–(**C**)，(**c**)–(**B**)，(**d**)–(**F**)，
　　　　　(**e**)–(**E**)

芳香族第四級炭素：(**D**)，(**G**)

カルボニル基炭素：(**H**)

HMBC では (**a**)–(**H**) の相関があり，メチル基とカルボニル基が近接しているからアセチル基が存在することがわかる．

また，**COSY** では (**e**)–(**b**)–(**d**)–(**c**) の相関がある．^1H **NMR** で確認すると，J 値はそれぞれ 7.2，8.0，8.4 Hz であり，すべて $^3J_{HH}$（オルト型）である．e–b–d–c とプロトンが隣接しているので，OH 基とアセチル基はオルトの配置となる．

一方，^{13}C **NMR** から構造を予測すると以下のようになる．第四級炭素 (**G**)（δ 162.15）は化学シフトから OH 基が結合した炭素である．OH 基は炭素の化学シフトに顕著な置換基効果があり，オルトまたはパラの配置にある炭素は δ が小さくなり，メタでは大きくなる．したがって，(**B**)（δ 118.14），(**C**)（δ 118.76），(**D**)（δ 119.50）は，OH 基とオルトまたはパラの関係にあり，(**E**)（δ 130.58），(**F**)（δ 136.26）は OH 基とメタの配置となる．

$^1H-^1H$ COSY

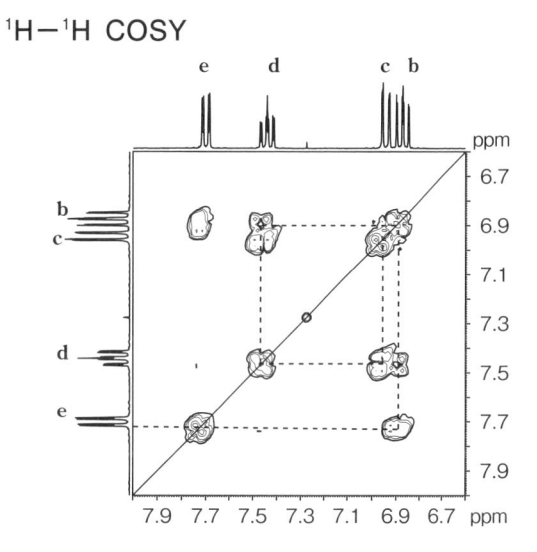

さらに，(**B**) および (**D**) では OH プロトンと **HMBC** 相関（$^3J_{CH}$）があり，OH 基に隣接している（構造 (1)）．一方，(**D**)（δ 119.50）はメチルプロトンと **HMBC** 相関があるから，カルボニル基が結合した炭素である．(**E**) ではメチル基と HMBC 相関（$^4J_{CH}$）があることから，アセチル基と隣接していることがわかる（構造 (2)）．

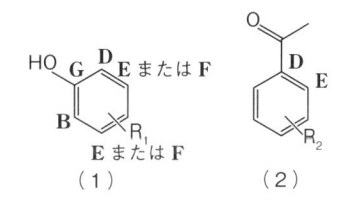

$^1H-^{13}C$ HMBC

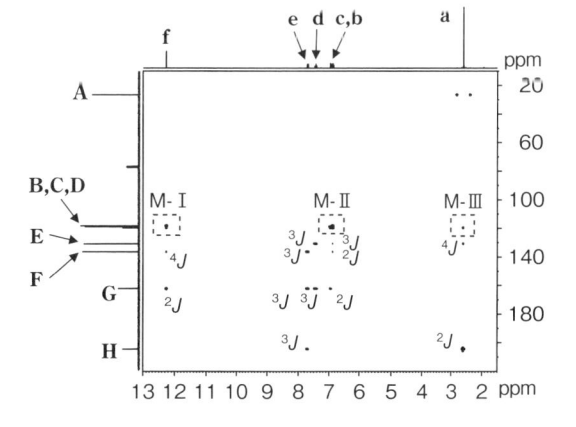

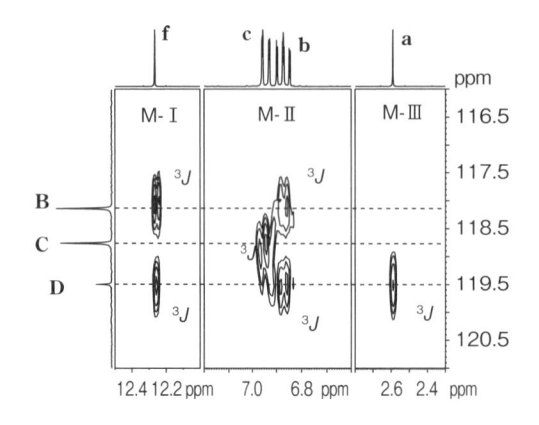

以上をまとめると，下記のような帰属となる．

	^{1}H NMR			^{13}C NMR	
	δ (ppm)	帰属		δ (ppm)	帰属
a	2.59	CH$_3$	A	26.40	CH$_3$
b	6.87	5'	B	118.14	3'
c	6.94	3'	C	118.76	5'
d	7.44	4'	D	119.50	1'
e	7.70	6'	E	130.58	6'
f	12.27	Ph-OH	F	136.26	4'
			G	162.15	2'
			H	204.41	CO

演習問題7

【IR】

2500～3200 cm^{-1}付近の広い範囲にカルボン酸 O–H の吸収と思われる幅広いピークが観測されている．このことは，後述の ^{1}H NMR からも裏付けられる．一般に，液体（または高濃度溶液）や固体状態のカルボン酸は，二量体として存在するため，このような複雑で幅広い吸収をもつ．また，3113 cm^{-1}の鋭いピークが観測されているが，これは芳香族のC–H伸縮振動に帰属される．一方，二量体 C=O 伸縮振動も 1721 cm^{-1}に観測されている．1760 cm^{-1}付近に若干肩があるのは，単量体のC=O伸縮振動と見られる．

【MS】

IR より –COOH の存在が確認されたので，分子式の残りはC$_5$H$_4$Nである．芳香環であることが示唆されているので，ピリジン環をもつ化合物であると見当がつけられる．信号強度は小さいが，分子イオンの m/z 123 が観測されている．ピリジン環では，一般にN原子の存在による α-開裂に伴う HCN 脱離機構がある[*1]．しかしながら，M–27 が観測されていないので，この構造ではカルボキシ基のα-開裂による[M–OH]$^+$(m/z 106)，[M–COOH]$^+$(m/z 78)などのフラグメンテーションが優勢となっている．主ピークの m/z 79 は，[M–COOH]$^+$よりも 1H だけ多いので，何らかの水素転位が起こったと推察される[*2]．

【NMR】

^{1}H NMR

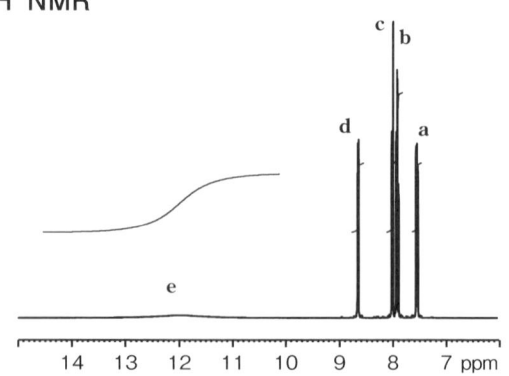

[*1] この化合物では，最初からHCNの脱離が起こるわけではなく，カルボキシ基の脱離とHCNの脱離によって m/z 51, 52 になっている．

[*2] メタ位やパラ位にカルボキシ基が入ると m/z 79 はほとんど観測されない．カルボン酸プロトンのN原子への転位と考えられるが，解析するためには同位体ラベルによる詳細な解析が必要である．

	δ (ppm)	多重度	J (Hz)
a	7.56	ddd	1.3, 4.7, 7.5
b	7.93	ddd	1.7, 7.5, 7.8
c	8.02	ddd	0.9, 1.3, 7.8
d	8.67	ddd	0.9, 1.7, 4.7
e	12.0	s(br)	

下線付きの J は推定

^{13}C NMR

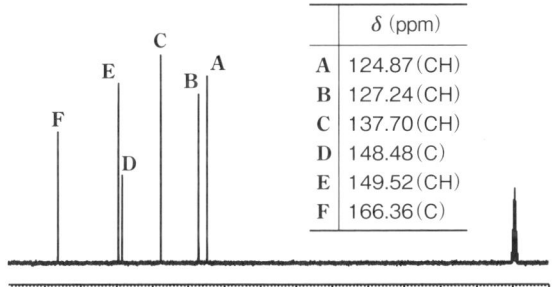

	δ (ppm)
A	124.87 (CH)
B	127.24 (CH)
C	137.70 (CH)
D	148.48 (C)
E	149.52 (CH)
F	166.36 (C)

^{1}H–^{13}C HSQC スペクトル

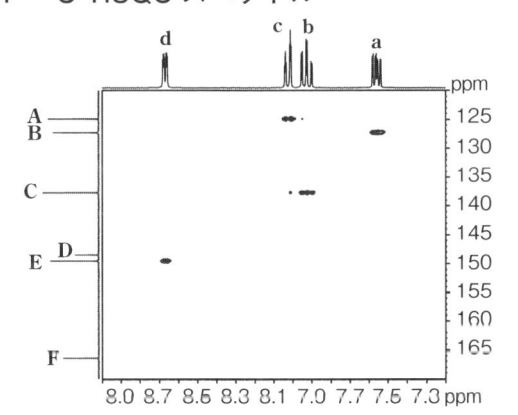

IR および MS からカルボキシ基の存在が確認されるので，^{13}C NMR の (F) (δ 166.36) は C=O である．また，残り 5 本のシグナルがすべて 120 ppm 以上であるから，芳香族のピリジン環であることがわかる．ピリジン環 4 位にカルボキシ基が結合していないことは，^{1}H NMR で四つのプロトンが非等価になっていることから明らかである．また，すべてのプロトンが 4.7 Hz，7.5 Hz，7.8 Hz と大きめのスピン結合を示しているので，これらはオルト位のスピン結合 ($^3J_{HH}$) と考えられ，カルボキシ基は 2 位の炭素と接続していると予想される．

さらに詳しい帰属は以下のようになる．

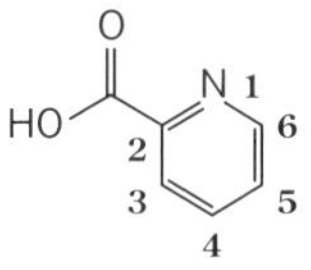

一次元スペクトル，ならびに HSQC から下記のように分類できる．

芳香族 C–H：(a)–(B)，(b)–(C)，(c)–(A)，(d)–(E)
芳香族第四級炭素：(D)
COOH (DMSO 中) プロトン：(e)
CO 炭素：(F)

(D) および (E) は，ベンゼンの化学シフトよりも δ が 20 ppm ほど大きくなっているから，N 原子の隣の炭素であることがわかる．したがって，第四級炭素の (D) にカルボキシ基が結合しているはずだから，2-ピコリン酸 (2-picolinic acid) であることがわかる．命名法から，(D) は 2 位であり，(E) は 6 位となる．

また，COSY と J 値から，(c)–(b)–(a)–(d) の ^{1}H 相関が確認できる．(b)–(d) の ^4J (1.7 Hz) も弱く観測されている．

^{1}H–^{1}H COSY スペクトル

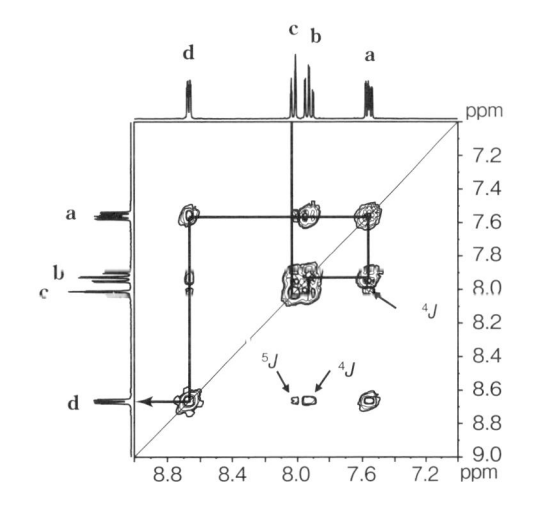

ヘテロ原子を含む 6 員環芳香族では，ヘテロ原子に隣接する芳香族プロトンの J が著しく変化する．以下①〜③の具体例は，次ページの帰属表と HMBC にラベルがあるので，比較して見ていただきたい．

① ヘテロ原子に隣接しているプロトンとその隣のプロトン（この場合，6 位と 5 位に相当する 4.7 Hz）との $^3J_{HH}$ が小さくなる．

② ヘテロ原子に隣接しているプロトンとその隣の炭素（この場合，6位のプロトンと5位の炭素に $^2J_{CH}$ が観測されている）との J_{CH} が大きくなる（8 Hz 程度）．

③ ヘテロ原子に隣接している炭素とその隣のプロトン（この場合，5位のプロトンと6位の炭素に $^2J_{CH}$ が観測されている）との J_{CH} がやや大きくなる（3 Hz 程度）．

したがって，(**a**)–(**d**) の J_{HH} は 4.7 Hz となっており，(**d**) が窒素原子の隣の6位，(**a**) が5位であることがわかる．(**c**)–(**b**)（7.8 Hz），ならびに (**b**)–(**a**)（7.5 Hz）は，ともに $^3J_{HH}$ である．したがって，(**a**) からたどっていくと，(**b**) が4位，(**c**) が3位となる．以上のことから，下記のように帰属できた．

最後に，**HMBC** にて帰属の確認を行うこととする．6員環芳香族では原則として ^3J が大きく観測されるが，ここで特徴的なのは，(**a**)–(**E**) および (**d**)–(**B**) の $^2J_{CH}$ 相関である．前述のように，ヘテロ原子の隣のプロトンや炭素は，$^2J_{CH}$ が大きくなるからである．

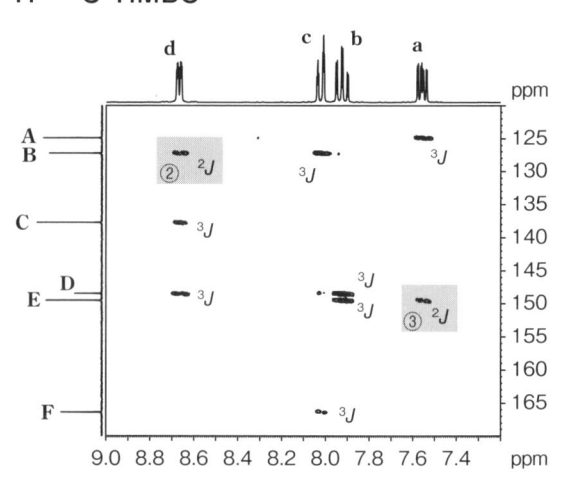

$^1H–^{13}C$ HMBC

^{1}H NMR			^{13}C NMR		
	δ (ppm)	帰属		δ (ppm)	帰属
a	7.56	5	A	124.87 (CH)	3
b	7.93	4	B	127.24 (CH)	5
c	8.02	3	C	137.70 (CH)	4
d	8.67	6	D	148.48 (C)	2
e	12.0	COOH	E	149.52 (CH)	6
		(DMSO 中)	F	166.36 (C)	CO

^{1}H 間の J_{HH}		
	帰属	J (Hz)
a–b	5–4 (^3J)	7.5
a–c	5–3 (^4J)	1.3
a–d	**5–6 (^3J)**	**4.7 ①**
b–c	4–3 (^3J)	7.8
b–d	4–6 (^4J)	1.7
c–d	3–6 (^5J)	0.9

構造：2位にCOOH、1位にN をもつピリジン環
HO–C(=O)–2 (D) N 1
3 (c,A) – 6 (d,E)
4 (b,C) – 5 (a,B)

演習問題 8

サンプル(1): p-アニスアルデヒド
サンプル(2): o-アニスアルデヒド
サンプル(3): m-アニスアルデヒド

【IR】

隣合った置換基が互いに水素結合する場合は，伸縮振動が低波数シフトすることがある．アリールアルデヒドの C=O 伸縮振動は 1710〜1685 cm^{-1} に観測されるが，サンプル(2) のみ 1669 cm^{-1} にやや低波数シフトしたピークがある．立体的に混み合っているカルボニル基の伸縮振動は低波数シフトする傾向があることから，サンプル(2) はオルト配置であると考えられる．

IR を詳細に解析すると，指紋領域には芳香族の面外変角振動が観測される．これらの振動はアルカンよりも強い（やや幅広い）吸収であり，置換基の配置によって特定の波数領域に吸収をもつため，構造解析に用いることができる．サンプル(1) は 700 cm^{-1} 付近に強い吸収がなく，834 cm^{-1}, 1025 cm^{-1}, 1161 cm^{-1} 付近に吸収があるため，パラ置換芳香族と考えられる．サンプル(2) は 900 cm^{-1} 付近に強い吸収がなく，759 cm^{-1}, 1023 cm^{-1} 付近に吸収が観測されていることから，オルト置換である．また，サンプル(3) は 789 cm^{-1}, 861〜901 cm^{-1}, 1040 cm^{-1} 付近にメタ置換に由来する強い吸収が観測されている．このように，芳香族の変角振動は指紋領域の C-H 変角振動が解析の妨げになっているものの，ある程度は置換芳香族の構造を予測することが可能である．

アルデヒドの C-H 伸縮は，2800〜2700 cm^{-1} 程度に 2 個の吸収帯（やや幅広い）が現れる．この領域は脂肪族アルカンの吸収帯と重なるが，やや強い吸収のため比較的判別しやすい．実際，他の演習問題の IR スペクトルと並べてみると，アルデヒドの吸収は一目で見分けられるはずである．なお，3000 cm^{-1} 以上に C-H 伸縮振動があることから，不飽和結合の存在が確認できる．これらの吸収は弱いため，置換芳香族の解析にはほとんど用いられない．

【MS】

芳香族では，オルト二置換型において水素転位や構造の異性化を伴う特別な脱離機構（オルト効果）を示すことがある．サンプル(2) では，明らかに他と異なるスペクトルが得られており，何らかのオルト効果が現れていると考えられる．特に，H$_2$O や H + H$_2$O 脱離などの特徴的なピークは，アニソールやベンズアルデヒドにおいて見られない開裂機構のため，オルト効果を伴わなければ観測されない[*1]．したがって，分子イオンピークが著しく小さくなり，フラグメントが多数観測されているサンプル(2) がオルトである．メタおよびパラでは，水素転位は起こらないので，スペクトルもほとんど変わらない[*2]．

すべての構造で共通するフラグメントは，おそらくホルミル基から水素脱離した m/z 135 の $[M-1]^+$，ホルミル基の脱離した m/z 107 の $[M-29]^+$，さらにメチル基の脱離した m/z 92，および C$_6$H$_5^+$ である m/z 77 である．

【NMR】
置換基の比較による解析

異なる置換基をもつ 2 置換ベンゼンにおいて，1,4-置換体（パラ置換体）はスペクトルが非常に単純化されるのですぐにわかる．サンプル(1) のように，等価な二組のシグナルが観測され，互いに $^3J_{HH}$ のスピン結合がある[*3]．1,3-置換体（メタ置換体）は，$^3J_{HH}$ をもたない半ば孤立したプロトンが一つと，$^3J_{HH}$ をもつ隣接した 3 個のプロトンがあるため，サンプル(3) に見られるように孤立プロトンの分裂幅が狭く，見かけ上シグナルの高さが高くなる．1,2-置換体（オルト置換体）では $^3J_{HH}$ をもつ隣接した 4 個のプロトンがあり，サンプル(2) のようにそれぞれのプロトンが複雑に分裂したシグナルを与える．したがって，三つの化合物のスペクトルを比較することができれば，比較的容易にそれぞれの構造を決めることができる．

[*1] これまでの一般的な理論だけでは，この機構を解析することは難しい．MS フラグメントの解析は説明が困難な例が多数存在するから，すべてを理解することは不可能である．

[*2] 厳密にいうと，メタとパラでもスペクトルパターンに違いがある．たとえば，p-アニスアルデヒドでは，m/z 136 よりもフラグメントイオンの 135 が強くなる．これは，アルデヒドプロトンの脱離によって生成した正電荷が，メトキシ基との共鳴安定化によって有利に存在できるためと考えられる．このようなスペクトルパターンのわずかな違いは，（十分に調整された装置であれば）データベースなどを用いたスペクトルの比較によって，同定に用いることができる．

[*3] 実際には，化学シフト等価な二つのプロトンが磁気的非等価であるため，よく見ると複雑なスピン結合をしている．

一般的な芳香族のNMRスペクトル解析

芳香族においては，化学シフトの置換基効果が詳細に調べられており，ある程度の予測が可能である．**HSQC**を併用すれば，水素と炭素の帰属と照らし合わせることもできる．^{13}C **NMR** では，構造の内側にある分だけ ^1H **NMR** よりも溶媒や水素結合の影響を受けにくいので，化学シフトによる予測がしやすい．

芳香族の $^1H-^1H$ スピン結合は，sp^2 混成軌道によって結合の s 性が高いので遠隔スピン結合も観測されやすくなり，しばしば複雑な分裂になる．さらに，プロトン間の化学シフトが近くなると $n+1$ 則に従わなくなるので，シグナルはいっそう複雑な分裂を示す (p. 39 参照)．また，**HMBC** では，第四級炭素の帰属ができる．特に，芳香族ではトランス形の $^3J_{CH}$ が大きい[*1]ため，主要な相関信号になる．それに対して，$^2J_{CH}$（2位のプロトンと1,3位の炭素）はやや小さくなる[*2]ことが多く，パラ配置の $^4J_{CH}$（2位のプロトンと5位の炭素）はほとんど観測されない[*3]．また，置換基がある場合は，芳香環に結合する炭素との $^3J_{CH}$（2位のプロトンと C^a など）だけでなく，$^4J_{CH}$（2位のプロトンと C^b など）がやや大きくなることもある．

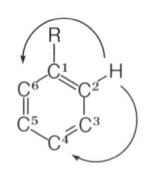

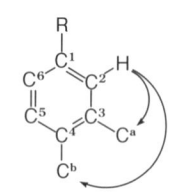

そのほか，スピン結合は置換基効果による s 性の影響だけでなく，結合距離や角度の影響も著しく受ける．ここまでに示した事例は，芳香族プロトンに構造的なひずみがない場合であり，ヘテロ環や立体的にかさ高い置換基をもつ芳香族では，J も大きく変化する．なお，これらの変化ついては置換基に応じて影響の程度が異なるため，実例をもとにした経験的な理解で十分である．

補足：二置換芳香族のNMRスペクトル

2種類の異なる置換基がパラ配置となる芳香族では，2, 6位と3, 5位のプロトンの化学シフトが等価になり，二つのシグナルが観測される．しかしながら，すべての芳香族プロトンは磁気的に非等価で **AA'XX'** パターンとなる．サンプル(1)の ^1H **NMR** は2種類の芳香族シグナルが左右対称に観測されており，典型的なパラ置換型である．なお，パラ置換化合物では，HSQCやHMBCにおいても特徴的な信号が観測される．すなわち，図のプロトン(**A**) の相関を例にすると，**HSQC** ではプロトン(**A**) と炭素(**A**) の $^1J_{CH}$ が観測されるが，**HMBC** でもプロトン(**A**) と炭素(**A'**) の $^3J_{CH}$ が観測される．そのため，どちらのスペクトルにも同じ周波数の相関が観測される状態になる．

2種類の異なる置換基がオルトまたはメタ配置の場合は，プロトンおよび炭素のシグナルがすべて化学シフト的にも磁気的にも非等価となる．このとき，4種類の ^1H シグナルが互いに十分に離れていれば（$\Delta\nu/J_{HH}$ の大きさが十分に大きいならば），三つの J_{HH} をもつため ddd となる．しかしながら，一つでも互いに近接した ^1H シグナルがあると複雑な分裂となる．実際は大半の化合物が後者であるが，見かけ上は dd や ddd に見える事例も多い．芳香族プロトンの $^3J_{HH}$（オルト）は，$^4J_{HH}$（メタ）および $^5J_{HH}$（パラ）よりもはるかに大きいので，解析の手がかりにするとよい．サンプル(2) では，四つすべてのシグナルが 7〜8 Hz 程度のスピン結合定数をもつからオルト配置である．一方，メタ配置であるサンプル(3)では，7.35〜7.45 ppm に複雑に分裂したシグナルが観測されている．これは，三つの芳香族プロトンが互いに近接しているため，一次のスピン結合とならないためである．^1H **NMR** では化学シフトすら読み取れないが，**HSQC** 法によって炭素へ展開すると化学シフトを読むことができる．これらのスペクトルの解析を行うには，第四級炭素の帰属が可能な **HMBC** で行うとよい．スペクトルの詳細な帰属は，演習問題 5〜7, 9, 10… の芳香族に関連する問題を参照して，各自で演習として行ってみるとよいだろう．

[*1] ベンゼン環の $^3J_{CH}$ は 7〜12 Hz 程度になることが多い．ただし，構造によって著しく小さくなることもある．
[*2] ベンゼン環の $^2J_{CH}$ は 3〜5 Hz 程度になることが多い．
[*3] ベンゼン環の $^4J_{CH}$ は 1 Hz 以下になることが多い．

演習問題 9

ハロゲンは1価の結合基なので，不飽和度の計算上は水素と等価であり，この化合物の不飽和度は4となる．^{1}H NMR と ^{13}C NMR から芳香族化合物であることが強く示唆される．

【IR】

C–H 伸縮振動は，不飽和炭化水素基（3052 cm^{-1}）と飽和炭化水素基（2923 cm^{-1}）が両方観測されている．1581～1439 cm^{-1} には，C=C 環伸縮振動（芳香族）がある．また，800～900 cm^{-1} に比較的強い芳香族の変角振動が見える．分子式と不飽和度から炭化水素系の三置換芳香族となるが，1,3,5-置換では 811 cm^{-1} の強い吸収は観測されないので，1,2,4-置換または1,2,3-置換と考えられる．なお，1500 cm^{-1} 以下の領域は C–H 変角振動に由来する多数のピークも観測されているので，すべてのピークの帰属まで行う必要はない．

【MS】

Cl の同位体パターンについては練習問題 1・2 を参照されたい．同位体パターンから，フラグメントイオンの m/z 217 は Cl を含まないことがわかる．芳香族ハロゲン化物*はそのままハロゲンが脱離することがある．m/z 125 [M−I]$^+$ および m/z 217 [M−Cl]$^+$ が観測されている．

【NMR】

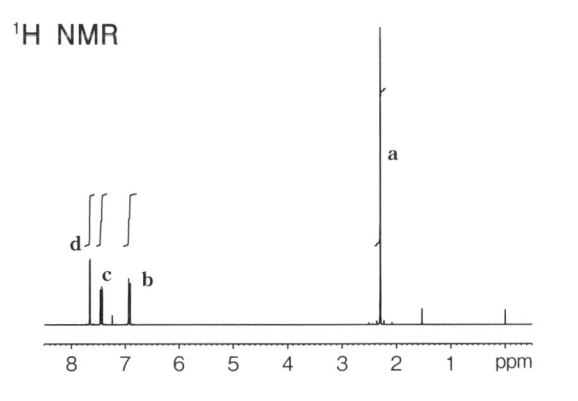

^{1}H NMR

	δ (ppm)	多重度	J (Hz)
a	2.30	s	
b	6.92	m	
c	7.44	dd	1.8, 8.0
d	7.65	d	1.8

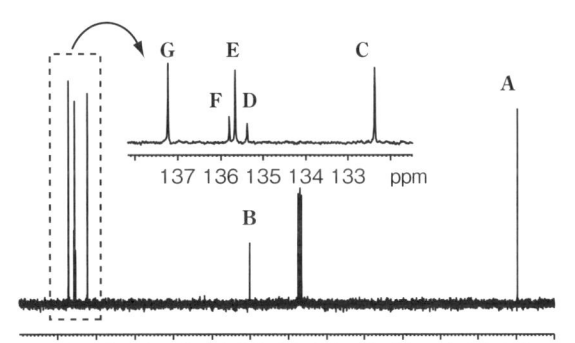

^{13}C NMR

	δ (ppm)		δ (ppm)
A	19.74 (CH$_3$)	E	135.66 (CH)
B	90.21 (C)	F	135.80 (C)
C	132.36 (CH)	G	137.22 (CH)
D	135.38 (C)		

^{1}H NMR から3個の芳香環プロトンは，隣接して$^3J_{\text{HH}}$をもつ2個のプロトンと，隣接していない1個のプロトンであることがわかる．分子式から置換しているのはメチル，塩素，ヨウ素とわかる．置換パターンは1,2,4-置換とわかる．しかし，それ以上の情報は得られない．そこで，NMR によってさらに詳しく調べることとする．

HSQC より，以下の帰属ができる．
 メチル基：(a)–(A)
 芳香族：(b)–(C)，(c)–(E)，(d)–(G)
 芳香族（第四級）炭素：(B)，(D)，(F)

ハロゲンの置換基効果は，その電気陰性度と重原子効果によってシフト量が大幅に異なる．特に，ヨウ素は重原子効果が大きいので，大幅に δ が小さくなる．したがって，第四級炭素 (B) はヨウ素と結合している．

---

* アルキルハロゲン化物では分子イオンピークが見えないことが多く，ハロゲンの違いによってパターンも異なる．

^1H—^{13}C HSQC

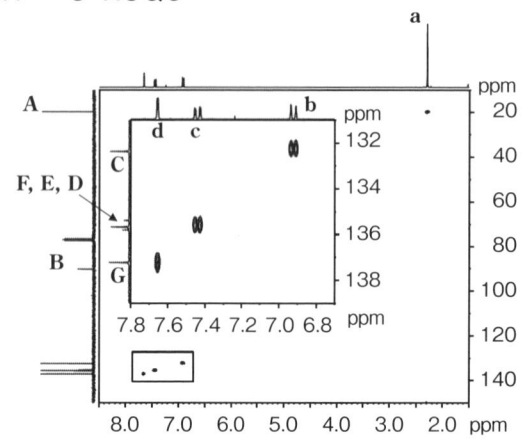

^1H—^{13}C HMBC

また，**COSY** で強い相関がある (**b**)–(**c**) ($J_{HH} = 8$ Hz) がオルト配置であり，弱い相関の (**c**)–(**d**) ($J_{HH} = 1.8$ Hz) がメタ配置となる．(**b**)–(**d**) の J_{HH} は小さいため，パラであると考えられる．また，プロトン (**b**) では複雑な分裂を示しているが，これはメチル基との遠隔スピン結合のためであり，(**b**) はメチル基と隣合っている．したがって，下図のような構造となる．

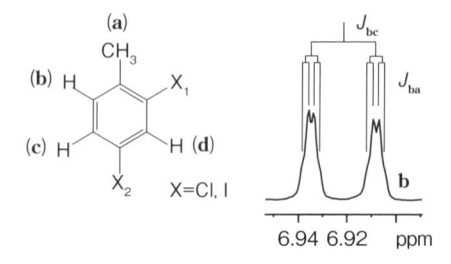

HMBC ではプロトン (**c**) と三つの第四級炭素に対しての相関を見ると，(**c**)–(**D**) だけ相関がない．よって，第四級炭素 (**D**) は (**c**) とパラ位の X_1 に結合していると考えられる．前述のように，(**B**) は I と結合しているから，X_2 が I となり，X_1 が Cl である．したがって，2-クロロ-4-ヨードトルエン (2-chloro-4-iodotoluene) であることがわかる．以上の帰属は，化学シフトの置換基効果から考察しても矛盾しない．

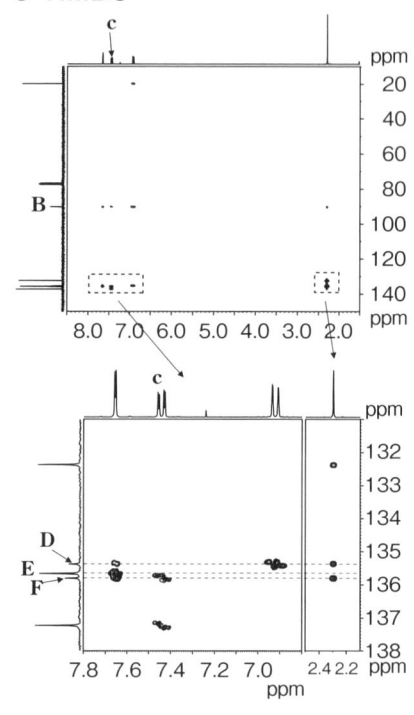

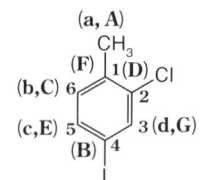

	^1H NMR			^{13}C NMR	
	δ (ppm)	帰属		δ (ppm)	帰属
a	2.30	CH_3	A	19.74	CH_3
b	6.92	6	B	90.21	4
c	7.44	5	C	132.36	6
d	7.65	3	D	135.38	2
			E	135.66	5
			F	135.80	1
			G	137.22	3

演習問題 10

【IR】

3500 cm^{-1} 付近に OH 伸縮の強く幅広い吸収がある．すそが低波数側に広がっているのは，分子間水素結合した OH の吸収が存在するためである．なお，この問題のスペクトルでは液膜法で測定しているが，別の手法を用いればスペクトルも異なる．

一方，C–H 伸縮振動はすべて 3000 cm^{-1} 以上となっており，不飽和結合の C–H 伸縮のみが観測されている．1585～1472 cm^{-1} には C=C 環伸縮振動（芳香族）がある．また，800～900 cm^{-1} に比較的強い芳香族の変角振動が見える．したがって，芳香族化合物であることがわかる．そのほか，低波数側の 683 cm^{-1} 以下にある吸収帯は，IR だけで帰属できないが，構造が判明した後に Br によるものであることがわかる．

【MS】

m/z 250，252，254 は，それぞれ m/z が 2 ずつ離れて 1：2：1 の強度比で観測されており，Br を二つ含むことがわかる（練習問題 1・2 参照）．

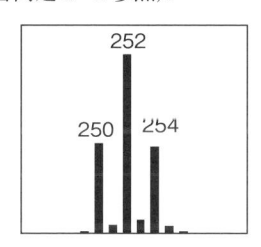

【NMR】

^{1}H NMR

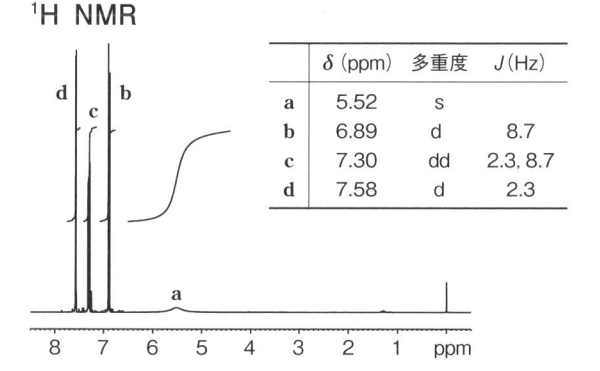

	δ (ppm)	多重度	J (Hz)
a	5.52	s	
b	6.89	d	8.7
c	7.30	dd	2.3, 8.7
d	7.58	d	2.3

^{13}C NMR

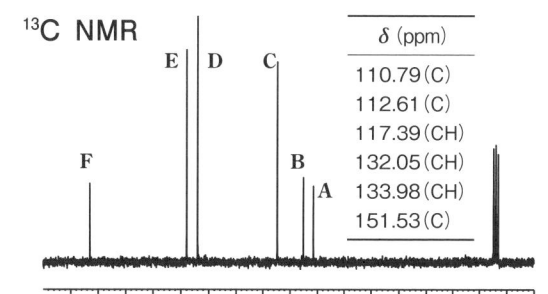

δ (ppm)
110.79 (C)
112.61 (C)
117.39 (CH)
132.05 (CH)
133.98 (CH)
151.53 (C)

MS より Br が二つ，IR より OH があることがわかっている．^{13}C NMR より炭素が少なくとも 6 個あることがわかり，これらを総合すると C$_6$HOBr$_2$ で，その整数質量は 247 となる．整数質量 250 との差は 3 であり，^{1}H NMR から OH の H も含めて 4 H あることがわかるから，この化合物の分子式は C$_6$H$_4$OBr$_2$ であり*，不飽和度は 4 である．

6 個の炭素原子に，三つの芳香族プロトン，OH 基と二つの Br 原子があることから，ベンゼン環に OH 基と Br 二つが置換していることがわかる．この化合物はジブロモフェノール（dibromophenol）である．

さらに詳細な構造決定を行う．^{1}H，^{13}C，HSQC スペクトルより以下のことがわかる．

O–H プロトン：(**a**)
芳香族 C–H：(**b**)–(**C**)，(**c**)–(**D**)，(**d**)–(**E**)
芳香族第四級炭素：(**A**)，(**B**)，(**F**)

^{1}H NMR で δ 5.5 より右側にシグナルがないことから，脂肪族アルカンは存在していない．また，δ 5.5 のシグナルは，その形状から IR で存在が示唆された OH のプロトンに帰属されるが，δ がやや大きいのでフェノール性 OH であることがわかる．^{1}H NMR では J_{HH} を計算すると，(**b**)–(**c**) が 8.7 Hz，(**c**)–(**d**) が 2.3 Hz であり，(**b**)–(**d**) はきわめて小さい．J_{HH} が大きいほうから順にオルト，メタ，パラのスピン結合に相当する．一方 ^{13}C NMR では，置換基効果から第四級炭素 (**F**)（δ 151.53）が OH に結合しており，(**A**) および (**B**) が Br に結合していることがわかる．また，第四級炭素の HMBC 相関を見ると，(**c**)–(**A**) だけ相関がない．これがパラの相関であるとすると，次図の 2 種類の構造が書ける．

---

* 炭素および水素の正確な分析は，元素分析を用いたほうがよい．

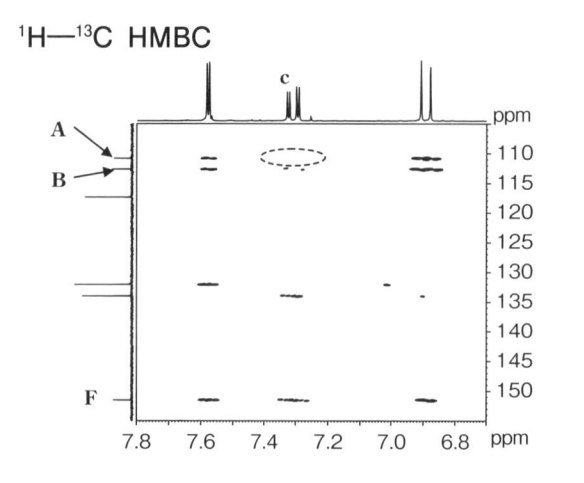

二次元スペクトルから他に得られる情報はないので，化学シフトの置換基効果から考察する必要がある．OH基とオルトまたはパラ位にある炭素は，δが小さくなる置換基効果を受け，メタ位は逆に大きくなる（p.153参照）．したがってOH基とは，（A），（B），（C）がオルトまたはパラとなり，（D），（E）がメタとなる．構造(2)では（A）がOH基のメタ位になっているので，以上の考察と矛盾しないのは構造(1)となる．

演習問題 5〜9を比較するとわかるように，芳香族のNMRスペクトルの帰属は，置換基が増えると帰属しにくい第四級炭素が増えてスピン結合の情報が著しく少なくなるので，帰属が困難になることがある．したがって，スピン結合，化学シフトなどを多面的に利用して解析することは重要である．

演習問題 11

1）分子式またはイオン式を求めるには，精密質量の測定と計算が必要である．計算機を使わずに精密質量を求めるには，まず分子式の絞込みをするのがよい．たとえば整数質量で考えた場合，ヘテロ原子として酸素原子を0〜1個だけ含むm/z 108のイオンには，$[C_7H_8O]^+$，$[C_8H_{12}]^+$，$[C_9]^+$がある[*1]．不飽和度が極端に増加するようなフラグメンテーション[*2]は起こらないから，$[C_9]^+$は明らかに除外してよい．前者二つを精密質量で計算する[*3]と，$[C_7H_8O]^+$がm/z 108.0575，$[C_8H_{12}]^+$がm/z 108.0939となる．測定結果はm/z 108.0935となっており，$[C_8H_{12}]^+$が最も近いことがわかる．質量確度（計算値からのずれ）は，以下のようになる．

$$[C_8H_{12}]^+ : \frac{108.0935 - 108.0939}{108.0939} = -4 \text{ ppm}$$

$$[C_7H_8O]^+ : \frac{108.0935 - 108.0575}{108.0575} = 333 \text{ ppm}$$

十分な性能をもつ装置によって正確な測定を行えば，質量確度は経験的に±5 ppm以下になるとされており，m/z 108は$[C_8H_{12}]^+$であることがわかる．

同様に計算すると，m/z 95.0862は$[C_7H_{11}]^+$（95.0861），m/z 81.0701は$[C_6H_9]^+$（81.0705）である．よって，いずれのフラグメントイオンも酸素原子が含まれていないことがわかり，カルボニル基の優先的な脱離を示唆している．

では，なぜこのような開裂が起こったのであろうか．カルボニル基があるので，α-開裂によるフラグメンテー

[*1] m/z 108となる分子式は，制限（含まれる原子や，オクテット則を満たす分子構造など）がなければ，多数の組合わせが存在する．したがって解析を行う場合は，明らかにあり得ない分子式を除外するために，条件を与えて検索することが多い．この問題では，あらかじめ分子式が与えられているので，それを条件とした．
[*2] H_2分子の脱離のほとんどは，限られた条件でしか起こらない．
[*3] 小数点以下4桁以下を求めるならば，イオンとなって失われた電子の質量も無視できなくなるため，考慮に入れる必要がある．

ションが優先的に起こるのは明らかである．一般的なα-開裂では，カルボニル基側のイオン化エネルギーが小さく，電荷が残りやすい性質がある．しかし，ここではシクロペンタン環イオンが安定に生成するので，C_1側のα-結合が開裂し，C_1に正電荷が残る．環状化合物では1回の開裂で断片化されないので，2回の段階的な開裂を経て，$[M-COCH_2]^+$（m/z 110）イオンとなる．また，機構については不明であるが，m/z 108, 109はそれぞれH_2分子あるいは水素原子の脱離によって生成したと考えられる．一方，m/z 110からメチル基が脱離するとm/z 95となる．その他のピークは，環状構造の複雑なフラグメンテーションを伴うため，開裂機構はきわめて難解である．

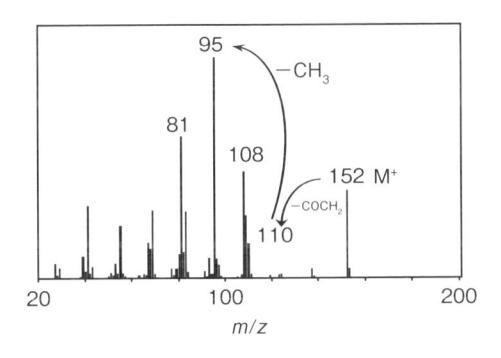

2）環状ケトンのカルボニル基は立体的なひずみが大きいほど，高波数シフトする傾向がある．特に6員環より小さい環では波数が大きくなる．カンファーの場合，ビシクロ環構造であり5員環ケトンであるため，カルボニル基の吸収は高波数に観測される．

3）3470 cm^{-1}のピークは1745 cm^{-1}のほぼ2倍になっているので，倍音であることが考えられる．しかしながら，C=O伸縮の倍音振動にしてはピーク強度があまりにも強すぎるため，別の要因を考える必要がある．この振動領域では，KBrや試料中に存在する水のOH伸縮振動と重なることが多い．スペクトルをよく見ると3470 cm^{-1}の尖っている倍音振動に対して，やや低波数側にブロードなピークが広がっており，これはKBrが含む水のOH伸縮に由来するものと考えられる．ヌジョール法で測定した結果では，ブロードなピークが消えて倍音振動だけが残っており，水由来であることがわかる．

4）の解答は以下のようになる．

【NMR】

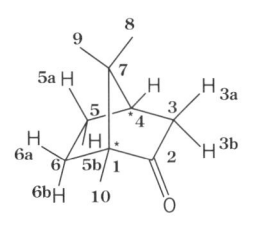

¹H NMR

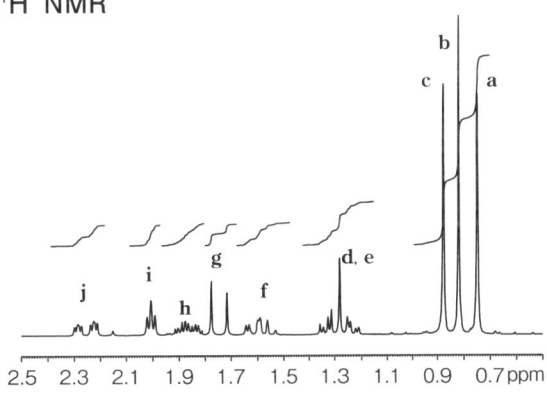

	δ (ppm)		δ (ppm)
a	0.75	f	1.59
b	0.82	g	1.75
c	0.88	h	1.87
d	1.27	i	2.01
e	1.32	j	2.26

¹³C NMR

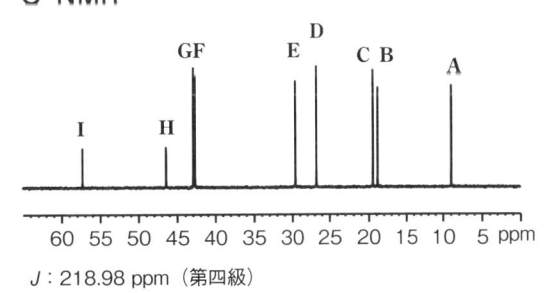

J: 218.98 ppm（第四級）

$^1H-^{13}C$ HSQC

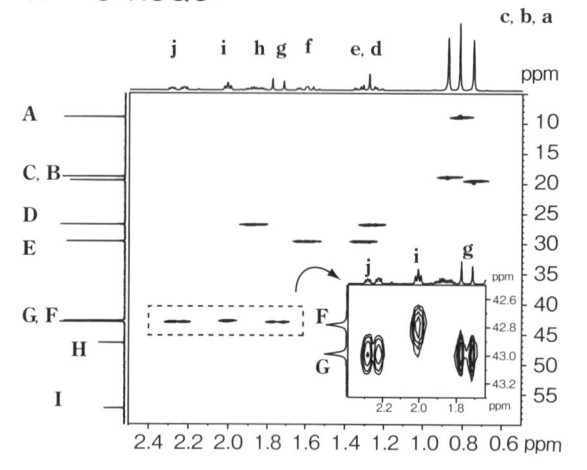

最初に化学シフト，**DEPT**，**HSQC** から分類を行う．重なっているシグナルの化学シフト δ は，HSQC から求めたほうが簡便である[*1]．

|8, 9, 10|（メチル）：(**a**)–(**C**)，(**b**)–(**A**)，(**c**)–(**B**)

|3, 5, 6|（メチレン）：(**d**), (**h**)–(**D**)，(**e**), (**f**)–(**E**)，(**g**), (**j**)–(**G**)

|4|（メチン）：(**i**)–(**F**)

|1, 7|（第四級）：(**H**)，(**I**)

|2|（第四級）：(**J**)【**J** は明らかにカルボニル基の **2**】

D-カンファーは環状構造のためにメチレンプロトンが非等価になり，同一の炭素に付いているプロトンの $^2J_{HH}$（ジェミナルカップリング）が観測される．そのため，^1H NMR は複雑になり，COSY での解析も難しい．一方，**HMBC** はすべての炭素が分離できているので，比較的解析しやすい．

① メチル基プロトンの HMBC 相関による帰属

図 M-I（次ページ参照）ではメチル基どうしの相関として，(**a**)–(**B**) および (**c**)–(**C**) の相関が観測されている．したがって，両者は近接していると考えられ，**8** または **9** であることがわかる[*2]．残りのメチル基であるプロトン (**b**) は，**10** となる．つぎに示すニューマン投影図を見るとわかる通り **10** は **8** または **9** とゴーシュ配座

の関係にあるので，スピン結合 ($^4J_{CH}$) が観測されなかったことは妥当な結果である．

|10|（メチル）：(**b**)–(**A**)

$C_1 \rightarrow C_7$ の方向から見たニューマン投影図

二つのメチル基 **8**，**9** は炭素の化学シフトにほとんど差がないが，プロトン (**a**) のほうが遮蔽されていて，δ が小さくなっている．この現象は，カルボニル基の局所磁場による遮蔽効果と考えられる．カルボニル基は >C=O 結合のつくる平面の上下円錐方向に遮蔽空間があり，この空間に存在している原子核の δ が小さくなる[*3]．

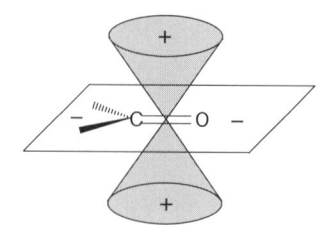

したがって，プロトン (**a**) はカルボニル基の遮蔽空間にある **8** と推察される[*4]．後述の **NOESY** 測定では，明らかに **8** と **3** のプロトンに相関があり，帰属が確かであることがわかる．

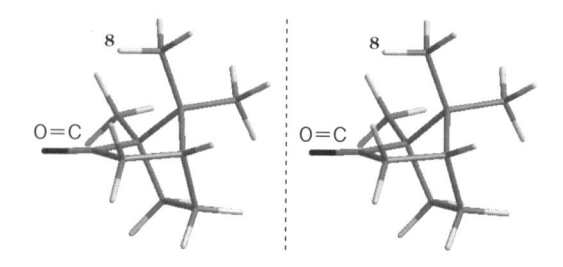

|8|（メチル）：(**a**)–(**C**)，|9|（メチル）：(**c**)–(**B**)

[*1] たとえば，プロトン (**d**)，(**e**) は重なっているように見えるが，HSQC を見ると明らかに異なる炭素に結合していることがわかる．積分値が 2H であることを見て同じ炭素に結合したメチレンであると帰属すると，とんでもない間違いになる．

[*2] メチン基の **4** である (**F**) は，**8** および **9** と相関がある（図 M-I）．一方，第四級炭素の **1** または **7** である (**H**) と (**I**) は，三つのメチル基すべてと相関があり，ここでは区別できない．

[*3] 細かく述べると，メチルプロトンの一つだけ強い遮蔽を受けている．メチルプロトンは結合の回転によって平均化されたシグナルになるので，結果的に δ が小さくなる．

[*4] 破線部分に名刺などを立てておいて，鼻を名刺にくっ付けて両目で絵を見るとよい．慣れたら名刺がなくても立体的に見えるようになる．

一方，メチレン炭素（E）は，10だけと相関があるため，6であると考えられる．

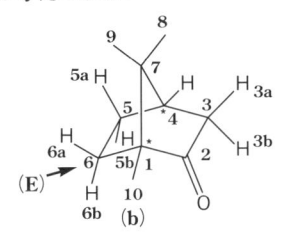

|6|（メチレン）：(e), (f)–(E)
|3, 5|（メチレン）：(d), (h)–(D), (g), (j)–(G)

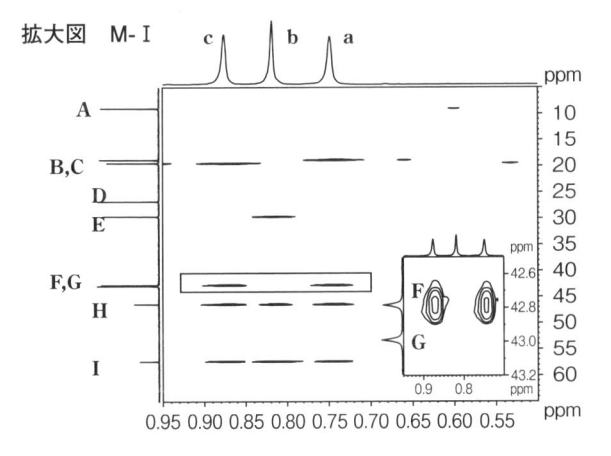

拡大図 M-I

② 第四級炭素の帰属

メチン基4のプロトン（i）は，炭素（E），（I）とHMBC相関がある（次ページの図 M-II）．スピン結合定数はトランス配座となる$^3J_{CH}$が大きいため，（I）が第四級炭素の1であると考えられる*．よって，第四級炭素の（H）は7となるが，$^2J_{CH}$が小さいため相関がない．

|1|（第四級）：(I), |7|（第四級）：(H)

③ メチレンの帰属

一般にHMBCの解析では$^3J_{CH}$を用いるのがよい．しかし，3または5は架橋構造に対して（1，4，7を通る面で）対称的な位置関係にあり，どちらも同じ相関が観測されてしまうため区別ができない．一方，H(3)–C(6)やH(5)–C(2)の$^4J_{CH}$は，W字型の結合になっていないので，H(3)–C(2)やH(5)–C(6)の$^2J_{CH}$よりもはるかに小さくなる．

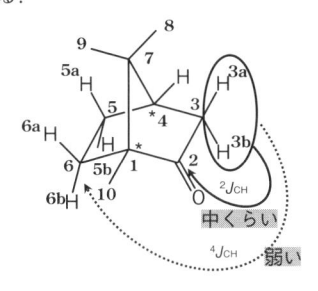

同様の観点から，^3J以外の相関シグナルが主に$^2J_{CH}$であるとすると，以下のようになる．

・プロトン（d）は炭素（E）と相関があり，6と隣接．
・炭素（D）はプロトン（e）および（f）と相関があり，6と隣接．
・全体図を見ると，プロトン（g）は炭素（J）との相関があり，カルボニル炭素2と隣接．

|3|（メチレン）：(g), (j)–(G),
|5|（メチレン）：(d), (h)–(D)

^{13}Cの帰属

	δ (ppm)	帰属		δ (ppm)	帰属
A	8.97	10	F	42.78	4
B	18.87	9	G	42.99	3
C	19.48	8	H	46.46	7
D	26.79	5	I	57.34	1
E	29.64	6	J	218.98	2

以上のことから，すべての炭素が帰属できた．ここまでの帰属を並べると以下となる．

|1|（第四級）：(I), |2|（第四級）：(J)
|3|（メチレン）：(g), (j)–(G), |4|（メチン）：(i)–(F)
|5|（メチレン）：(d), (h)–(D)
|6|（メチレン）：(e), (f)–(E)
|7|（第四級）：(H), |8|（メチル）：(a)–(C)
|9|（メチル）：(c)–(B), |10|（メチル）：(b)–(A)

---

* 構造としては完全なトランス形ではなく，架橋構造によってややひずんでいる．全体図では，カルボニル基の炭素（J）とも$^3J_{CH}$の相関があることがわかる．

$^1H-^{13}C$ HMBC

拡大図 M-II

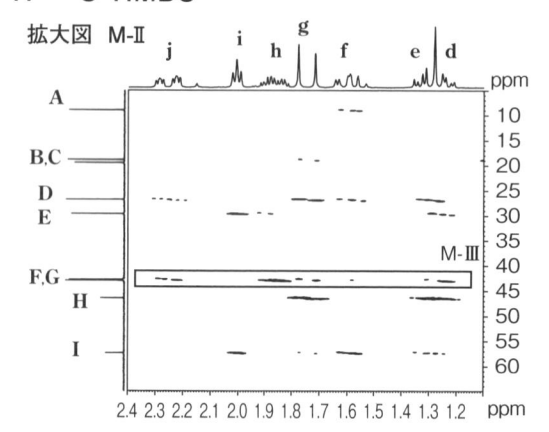

続いて，プロトンの解析を行う．カンファーは，環構造によってメチレンプロトンが化学シフト非等価である．また，架橋構造によって配座の交換も不可能なため，結合角に依存するスピン結合定数の考察も比較的容易である．また，ジェミナルカップリング ($^2J_{HH}$) も観測される．ジェミナルカップリングは，COSY において (**g**)-(**j**)，(**h**)-(**d**)，(**f**)-(**e**)（それぞれ **3**, **5**, **6**）が観測されているが，いずれも解析に不要なため除外して考えるとよい[*1]．それ以外の COSY 相関は (**j**)-(**i**)，(**h**)-(**f**) があり，前者が **3-4** の $^3J_{HH}$ の相関，後者が **5-6** の $^3J_{HH}$ 相関である．プロトン **4** は **3a** と **3b** のどちらともゴーシュ形の配座であるが，構造のひずみによってわずかに二面角が 60° から異なっている[*2]．すなわち，(**g**) が非常にシンプルな二重線になっているのは，プロトン **4** と 90° に近い二面角になっており，**4** との $^3J_{HH}$ がきわめて小さいためである．一方，プロトン **5-6** に相当する (**f**) と (**h**) は，舟形配座のために **5a-6a** および **5b-6b** の二面角が 0° に近い角度になっているので $^3J_{HH}$ が大きい．

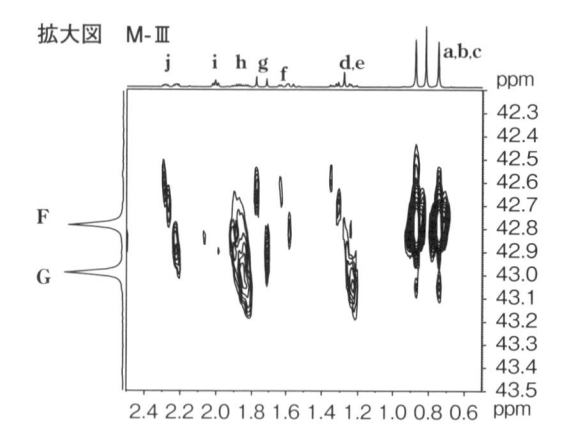

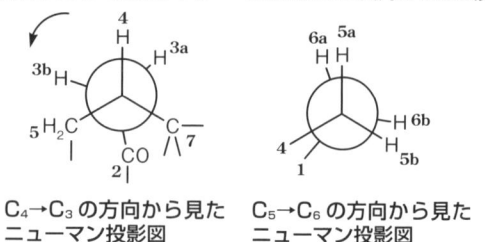

拡大図 M-III

立体障害による二面角のずれ　　安定配座の二面角はほぼ0度

$C_4 \to C_3$ の方向から見た　　$C_5 \to C_6$ の方向から見た
ニューマン投影図　　　　　　　ニューマン投影図

HMBC 帰属表

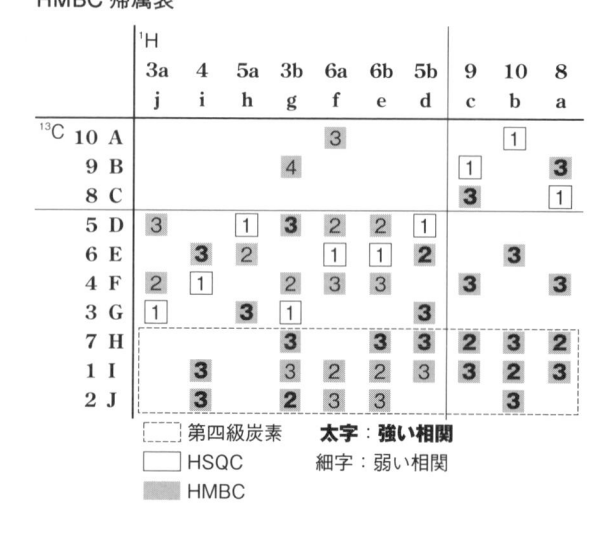

	^1H	3a	4	5a	3b	6a	6b	5b	9	10	8
		j	i	h	g	f	e	d	c	b	a
^{13}C 10	A					3				1	
9	B				4				1		3
8	C								3		1
5	D	3		1	3	2	2	1			
6	E		3	2		1	1	**2**		3	
4	F	**2**	1		2	3		**3**			**3**
3	G	1		1		3					
7	H			3		3	3		2	3	**2**
1	I	**3**		**3**	2	**3**	2	3	**3**		**3**
2	J			**3**		2	**3**				

囲み（点線）: 第四級炭素　　太字: 強い相関
□: HSQC　　細字: 弱い相関
■: HMBC

$^1H-^1H$ COSY

相関: 5a-5b, 6a-6b, 3a-4, 5a-6a, 3a-3b

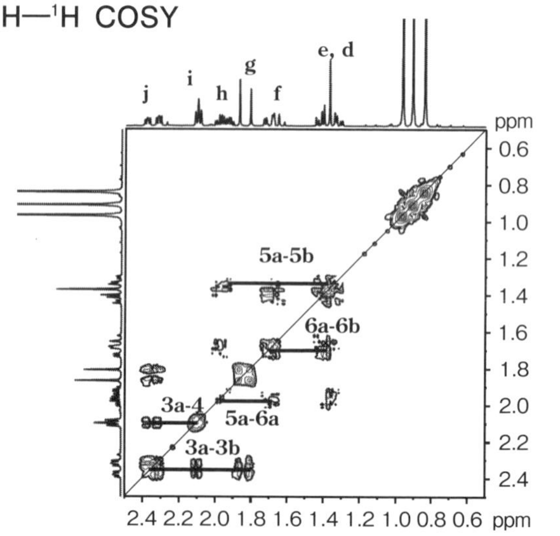

[*1] HSQC スペクトルでは，化学シフト非等価なメチレンプロトンは同じ炭素に相関がある．そのため，COSY と比較すると容易にメチレンの ^2J を区別できる．

[*2] プロトン (**4**) は，**3a** 側に二面角が傾いている．

このように立体構造の解析では，$^1H-^1H$ のスピン結合定数や化学シフトから考察することができる．しかしながら，実際に行ってみると容易ではない．そこで，**NOESY** によって解析を行うこととする．核オーバーハウザー効果（NOE）では，原子核間の空間的な距離情報を得ることができる．したがって，立体構造の解析ではきわめて有力な手法である．NOE 測定で注意しなければならない点は，スピン結合があるシグナル同士の相関を見るのが困難なことである．一方，カンファーのような，配座交換が起こりにくく立体的に混み合っているものは，NOE が強く観測されるので比較的扱いやすい．逆に，配座交換が容易に起こってしまうアルキル基などや，スピン結合が遠くまで観測されるオレフィンなどは特に扱いにくい（演習問題 15 参照）．

スピン結合を区別する方法としては，COSY と NOESY を両方測定するとよく，NOESY だけに観測されるシグナルが NOE 相関となる．

・プロトン **8** である（**a**）は，（**i**）および（**j**）と相関がある．（それぞれプロトン **4** と **3a**）
・プロトン **9** である（**c**）は，（**i**），（**h**），（**f**）と相関がある．（それぞれプロトン **4**，**5a**，**6a**）

$C_7 \to C_4$ の方向から見たニューマン投影図

$C_7 \to C_1$ の方向から見たニューマン投影図

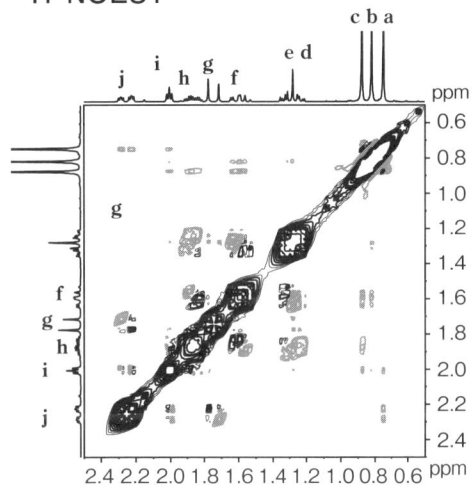

$^1H-^1H$ NOESY

以上をまとめると，表のようになる．^1H NMR が複雑な環状化合物は一次元スペクトルだけでの解析が難しいが，**NOESY** などの二次元を有効に活用し，一つ一つ地道に解析することでシグナルを帰属することができる．

	^1H の帰属			^{13}C の帰属	
	δ (ppm)	帰属		δ (ppm)	帰属
a	0.75	8	A	8.97	10
b	0.82	10	B	18.87	9
c	0.88	9	C	19.48	8
d	1.27	5b	D	26.79	5
e	1.32	6b	E	29.64	6
f	1.59	6a	F	42.78	4
g	1.75	3b	G	42.99	3
h	1.87	5a	H	46.46	7
i	2.01	4	I	57.34	1
j	2.26	3a	J	218.98	2

168　演習問題の解答

演習問題 12

【IR】

1700～1600 cm^{-1}にカルボニル基とアルケンの伸縮振動が多数観測されている.特に,1676 cm^{-1}と1698 cm^{-1}に二つの強いピークがある.α-イオノンはカルボニル基と二重結合 **7-8** が共役する構造をしている(帰属はNMRの項参照).一般的なα,β-不飽和ケトンの極限構造では,s-シス構造とs-トランス構造が存在し,α単結合(**8-9** 間の結合に相当する)に数 kcal mol^{-1}程度の回転障壁がある.したがって,室温で液体状態のIRスペクトルでは,どちらのピークも観測される.一般に共役したC=O 伸縮振動は低波数側にシフトし,s-トランス構造はs-シス構造よりもさらに 20 cm^{-1} ほど低波数になる*.すなわち,1676 cm^{-1} が s-トランス構造の C=O 伸縮であり,1698 cm^{-1} が s-シス構造である.

s-シス　1698 cm^{-1}　　　s-トランス　1676 cm^{-1}

α-イオノンの C=C 伸縮振動は 1620 cm^{-1} 付近に観測されているが,共役アルケンとシクロアルケンのいずれかである.シクロアルケンは,環の大きさによるひずみによって波数が顕著に異なる.シクロヘキセンでは非環式シス異性体の吸収(1650～1600 cm^{-1})とほぼ同様になるが,C=O 伸縮振動や末端二重結合に比べると強度は弱い.一方,カルボニル基と共役したアルケンは,C=O 伸縮に匹敵するほど強く観測される.したがって,1620 cm^{-1} 付近の吸収は共役アルケンに由来すると考えられる.3000 cm^{-1} 前後には,飽和と不飽和の C-H 伸縮振動が観測されている.

【MS】

m/z 192 の分子イオンピークが観測されている.m/z 177 はカルボニル基の α-開裂による [M－CH$_3$]$^+$ である.また,シクロヘキセンの構造をもつため,逆ディールス-アルダー反応による開裂反応を起こし,m/z 136(図参照)が観測される.m/z 93,121,136 の構造は二重結合によって共鳴安定化されているので,非常に強いピークになる.

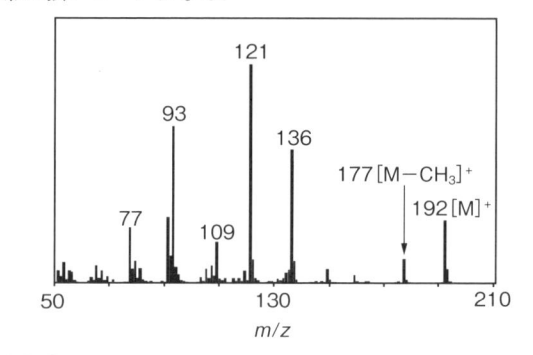

参考:異性体による影響

β-イオノン

β-イオノンでは,α-イオノンのような逆ディールス-アルダー反応による開裂は起こりにくい.これはアリル位のメチル基が容易に脱離し,[M－CH$_3$]$^+$ として安定に存在するためである.

【NMR】

NMRでは信号の取込み時間が 0.5 秒程度から数秒程度かかるため,速い異性化による交換は平均化されて見える.したがって,**IR** で示したような s-シス,s-トランスの異性化などは平均化されて区別できない.

NMRを解析する際にはシクロヘキセンの配座に注意

---

*　同じような共役アルケンをもつ 5-メチル-3-ヘキセン-2-オンでは,1699,1676,1640(肩),1627 cm^{-1}(液膜法)に吸収があり,α-イオノンとよく似ている.出典:産業技術総合研究所(AIST),有機化合物のスペクトルデータベース(SDBS)

する必要がある．α-イオノンではシクロヘキセンであるため，炭素 [3]〜[6] がほぼ同一平面上にあり，最安定配座が飽和 6 員環に一般的ないす形とはならない．メチレンプロトン [3] の二つの C-H 結合は π 平面に対してどちらも約 60° になるため，化学シフト差がほとんどない．しかし，[6] が不斉炭素であるから非等価なプロトンであり，スピン結合による分裂が複雑になる．

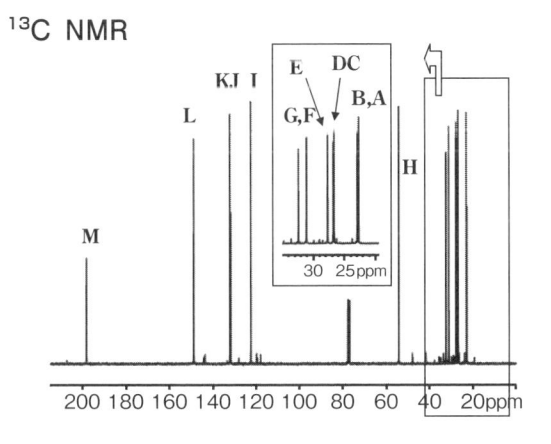

	δ (ppm)		δ (ppm)
A	22.69 (CH$_3$)	H	54.17 (CH)
B	22.92 (CH$_2$)	I	122.56 (CH)
C	26.69 (CH$_3$)	J	131.78 (C)
D	26.84 (CH$_3$)	K	132.23 (CH)
E	27.73 (CH$_3$)	L	148.88 (CH)
F	31.09 (CH$_2$)	M	198.21 (C)
G	32.39 (C)		

^{1}H NMR

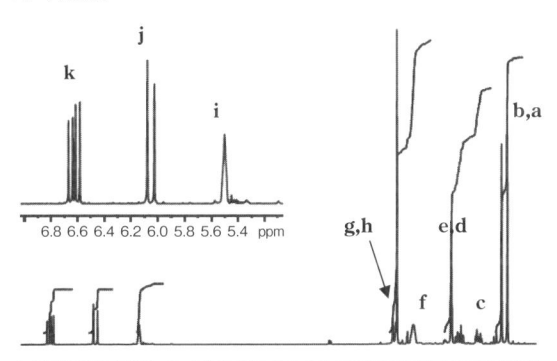

	δ (ppm)	積分比		δ (ppm)	積分比
a	0.85	3	g	2.25	3
b	0.95	3	h	2.28	1
c	1.22	1	i	5.50	1
d	1.48	1	j	6.00	1
e	1.57	3	k	6.60	1
f	2.05	2			

^{13}C NMR

各種スペクトルから，下記のように分類できる．

[10, 11, 12, 13] (メチル基)：(a)-(E), (b)-(C), (e)-(A), (g)-(D)

[2, 3] (メチレン基)：(c), (d)-(F), (f)-(B). ここで (f) は 2 H

[6] (メチン基，アルカン)：(h)-(H)

[4, 7, 8] (メチン基，オレフィン)：(i)-(I), (j)-(K), (k)-(L)

[1] (第四級炭素，アルカン)：(G)

[5] (第四級炭素，オレフィン)：(J)

[9] (第四級炭素，カルボニル基)：(M)

まず，[4, 5, 7, 8] の帰属を行う．

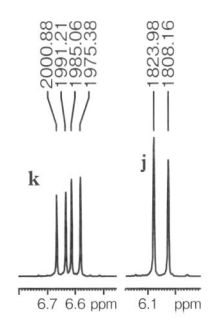

幸いにして，(j) および (k) は E 型の $^3J_{HH}$ (15.8 Hz) が容易に確認でき，[7] または [8] であることがわかる．同様に，プロトン (k) は，(i) だけでなく低周波領域のプロトン (k) と COSY 相関があり，$^3J_{HH}$ は 9.7 Hz である*．よって，プロトン (h) は [7] となるので，(j) は [8] であることがわかる．残りのプロトン (i) が [4] である．また，[7] との COSY 相関から，(h) は [6] であることが確かめられる．第四級炭素の (J) は [5] であることがわかっている．

[4]：(i)-(I), [5]：(J), [7]：(k)-(L), [8]：(j)-(K)

---

* $^3J_{HH}$ が大きいので，プロトン [6] と [7] はトランス形になっている．これは，プロトン [6] と [8] に J_{HH} がないことからも裏付けられる．何気ない点ではあるが，立体構造を考えるうえで有力な情報となる．

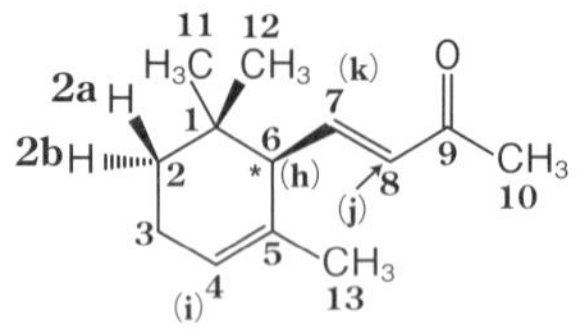

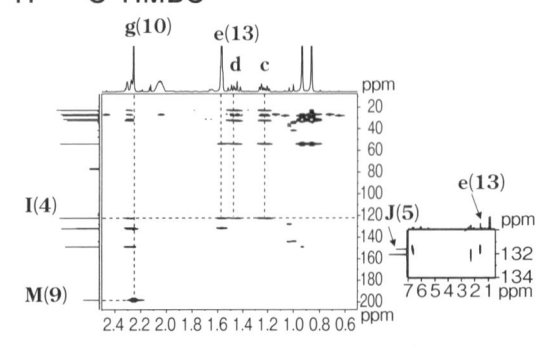

つづいて，最も複雑なメチレン基について帰属してみよう．COSY では [4] である (i) からたどると，(i)-(f)-(d)-(c) の強い相関があるから，(f) が [3a, 3b]，(c) および (d) が [2a, 2b] である．[2] は化学シフトから，(c) がアキシアル型，(d) がエクアトリアル型に類似の構造をしていると考えられる[*1]．一方，先に述べた解説のように，プロトン (f) では化学シフトにほとんど差がなく，重なっている．詳細な解析は NOE 測定から行う．

[2]：(c), (d)-(F)
[3]：(f)-(B). ここで (f) は 2 H

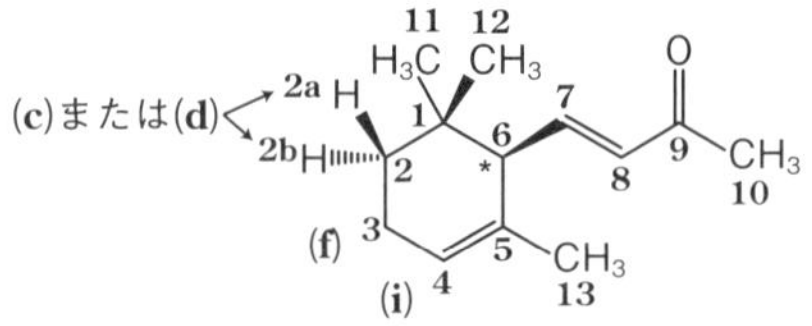

^{1}H-^{13}C HSQC

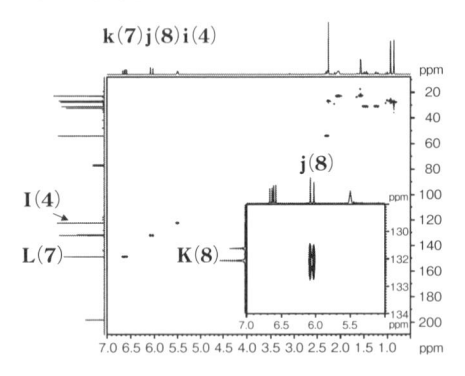

つぎに，メチル基の帰属をしてみよう．HMBC では炭素 (I) に対して，メチルプロトン (e) およびメチレンプロトン (c), (d) の相関がある．また，炭素 (J) とプロトン (e) の相関もある．したがって，メチルプロトン (e) は，[4, 5] と相関があるから，[13] が考えられる．一方，炭素 (M) に対して，プロトン (g) との相関がある．(g) は [9] と強い相関があるので，[10] 以外にない．

[13]：(e)-(A)，[10]：(g)-(D)
[11, 12]（メチル基）：(a)-(E)，(b)-(C)

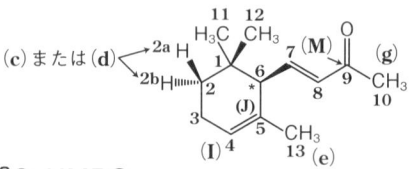

^{1}H-^{1}H COSY

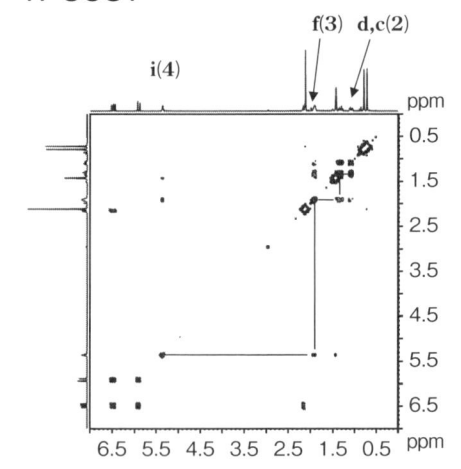

炭素 (G) は第四級であり，HMBC からも [1] であることに矛盾がない．

以上で平面構造の帰属がすべて完了するので，最後に NOE 測定から立体構造の帰属を行う[*2]．特に，メチレンプロトン (d)[2, 擬エクアトリアル] および (k)[7] の NOE 相関は，重要なポイントである．

^{1}H-^{13}C HMBC

[*1] シクロヘキセン骨格なので，厳密にはアキシアル-エクアトリアル型という表現は適切でない．本書では擬アキシアル (quasi-axial) という表現を使用した．なお，エクアトリアルプロトンは，シクロヘキセン骨格のσ結合によって非遮蔽化され，0～0.7 ppm 程度左にシフトする．芳香環よりもシフトは小さいが，環の外周に沿って非遮蔽化されるのは同じである（図3・4参照）．

[*2] 立体構造解析は，分子模型や Chem 3D® などを用いて考えるとよい．複数の安定配座に対して速い相互変換が起こる場合は，平均化されたスペクトルとして現れる．そのため，考えられる配座をすべて考慮しておかないと解析を間違うことがあり，特に注意が必要である．なお，遅い相互変換が起こる場合は，シグナルが複数に分かれるためさらに複雑になるが，出題したスペクトルにそのような現象はない．

立体構造を考えると，[7] と NOE 相関が観測される構造*1 は，(d) が紙面に対して上向き（すなわち 2a）でなければならない．すなわち，化学シフトから擬エクアトリアルと考えていた帰属が不十分であったことがわかる*2．プロトン (d) が擬アキシアルになるにもかかわらず，δ が大きくなったのは，[2] が二重結合 (7-8) に近接することによる非遮蔽効果を考慮すれば解釈できる*3．一方，配座の速い相互変換が起こっている可能性も否定できず，アキシアルとエクアトリアルが共存していることも考えられる．これら二つの問題点を考慮したうえで帰属を裏付ける結果としては，プロトン (c) と (k) の NOE 相関が観測されていないことがあげられる．プロトン [2b] はアキシアルでもエクアトリアルでもプロトン [7] と NOE が小さいはずであり，(c) が [2b]，(d) が [2a] となり，[2a] は [7] と空間的に近い構造になっている*4．

[2a]：(d)，[2b]：(c)

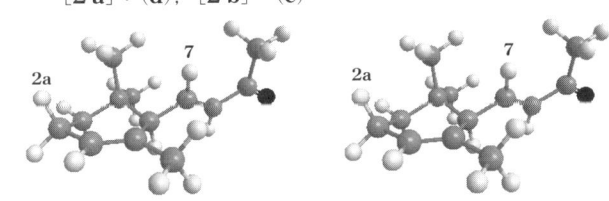

i) [2a] が擬エクアトリアルとなる配座の一例（不利）

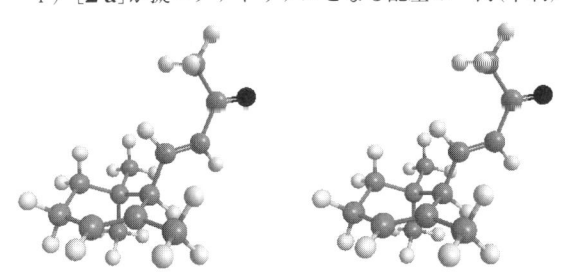

ii) [2a] が擬アキシアルとなる配座の一例（有利）

プロトン (k) [7] はメチルプロトン (a) と NOE 相関があり，(b) はない．したがって，(a) が [12]，(b) が [11] となる．メチル基 [12] の δ が小さいのは，二重結合 (7-8) の遮蔽のためである*5（演習問題 15 の解答を参照）．

[11]：(b)-(C)，[12]：(a)-(E)

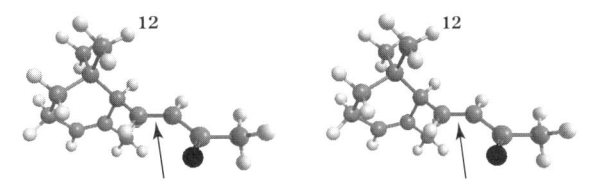

iii) ii) を上から見た図．紙面から手前に出ているのがメチル基 [12] であり，メチル基プロトンの一部が二重結合（矢印で示した結合）の遮蔽領域にある．

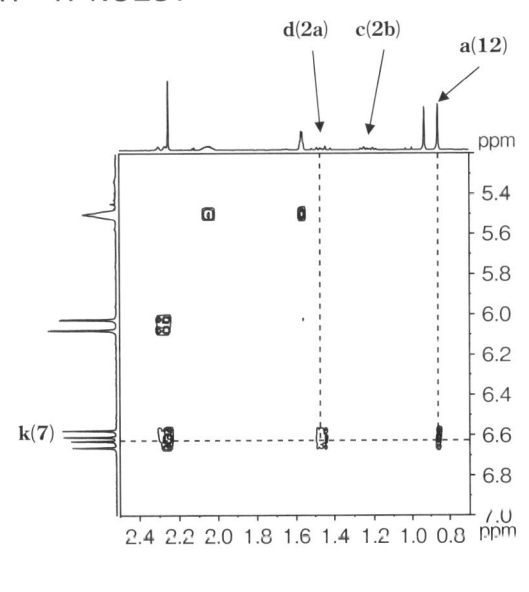

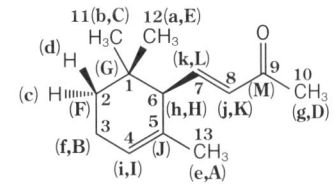

^{1}H-^{1}H NOESY

---

*1 プロトン 6 と 7 がトランス形になることから，プロトン 7 はシクロヘキセン環に近い位置にある．
*2 エクアトリアルでは NOE が観測されにくい．
*3 二重結合 (7-8) の π 平面に近い位置にあると推察される．その他，シクロヘキセン環の二重結合の影響も受けるので，化学シフトの予測はかなり複雑になっている．
*4 ただし，[2a]-[7] 相関ピークの等高線が少なく強度が弱いので，両方の構造が交換していると考えるのが妥当である．すなわち，NOE の結果は，構造(ii) が存在することを示すが，構造(i) が存在しないことを示しているわけではない．
*5 プロトン [2a] とは違って，[12] は二重結合平面の上方に位置していることになる．

$^nJ_{CH}$ の帰属（表中の数字は n）

	^{1}H										
		7	8	4	6	10	3	13	2a	2b	11	12
		k	j	i	h	g	f	e	d	c	b	a
^{13}C	13 A							1				
	3 B					1			2	2		4
	11 C										1	3
	10 D		3		1							
	12 E										3	1
	2 F								1	1	3	3
	1 G				2				2	2	2	2
	6 H	2	3		1							
	4 I			1			3		3			
	5 J	3				2						
	8 K		1		3							
	7 L	1			2							
	9 M	3				2						

☐ 第四級炭素　**太字：強い相関**　細字：弱い相関

^{1}H NMR

	δ (ppm)	帰属		δ (ppm)	帰属
a	0.85	12	g	2.25	10
b	0.95	11	h	2.28	6
c	1.22	2 b	i	5.50	4
d	1.48	2 a	j	6.00	8
e	1.57	13	k	6.60	7
f	2.05	3			

^{13}C NMR

	δ (ppm)	帰属		δ (ppm)	帰属
A	22.69 (CH$_3$)	13	H	54.17 (CH)	6
B	22.92 (CH$_2$)	3	I	122.56 (CH)	4
C	26.69 (CH$_3$)	11	J	131.78 (C)	5
D	26.84 (CH$_3$)	10	K	132.23 (CH)	8
E	27.73 (CH$_3$)	12	L	148.88 (CH)	7
F	31.09 (CH$_2$)	2	M	198.21 (C)	9
G	32.39 (C)	1			

演習問題 13

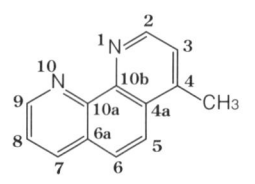

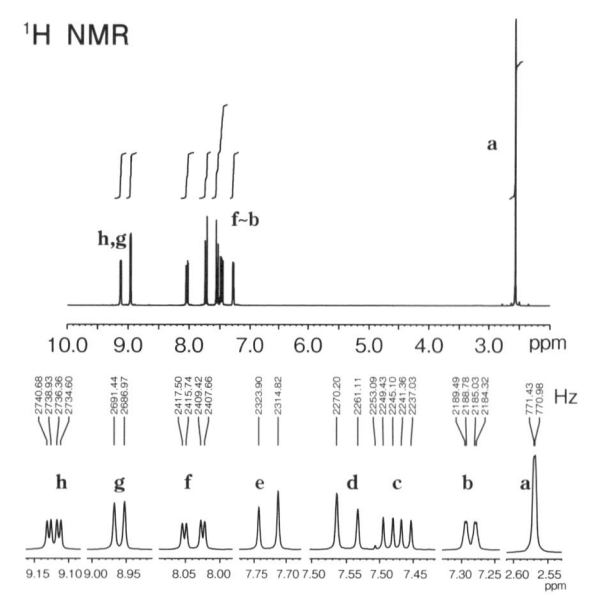

	δ (ppm)	多重度	J (Hz)
a	2.57	d(br)	0.4
b	7.29	m(dd)	?, 4.5
c	7.47	dd	4.3, 8.1
d	7.55	d	9.1
e	7.73	d	9.1
f	8.04	dd	1.8, 8.1
g	8.96	d	4.5
h	9.12	dd	1.8, 4.3

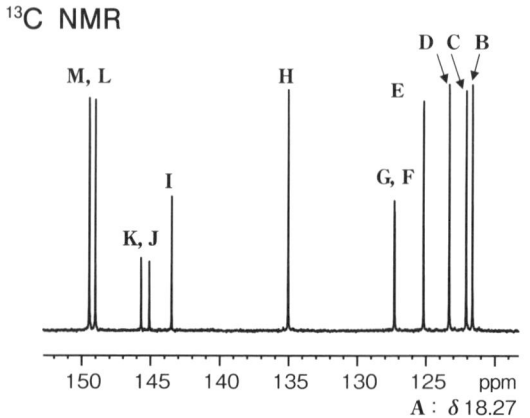

A：δ 18.27

	δ (ppm)		δ (ppm)
A	18.27(CH_3)	H	135.05(CH)
B	121.63(CH)	I	143.48(C)
C	122.09(CH)	J	145.07(C)
D	123.33(CH)	K	145.66(C)
E	125.18(CH)	L	149.00(CH)
F	127.32(C)	M	149.43(CH)
G	127.34(C)		

最初に，化学シフトおよび HSQC から分類を行う．

[メチル]：(a)-(A)

[3, 5, 6, 7, 8]：(b)-(D), (c)-(C), (d)-(E), (e)-(B), (f)-(H)

[4, 4a, 6a, 10a, 10b](第四級)：(F), (G), (I), (J), (K)

[2, 9](N の隣)：(g)-(L), (h)-(M)

炭素（F），（G）は近接していて区別できないので，まとめて（F*）と表記する．

$^1H-^{13}C$ HSQC

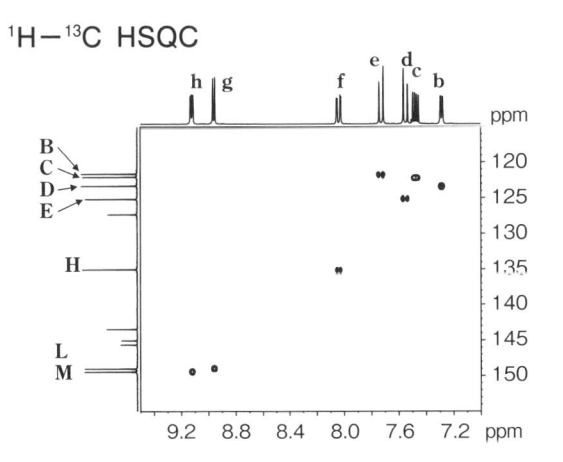

芳香族プロトンについては化学シフトからより細かく分類できるが，ここでは前知識がないとして帰属を行った．なお，1,10-フェナントロリンの化学シフト (ppm) は以下の通りである．

[2, 9]：H 9.2；C 150.1，[3, 8]：H 7.6；C 130.1，
[4, 7]：H 8.2；C 135.8，[5, 6]：H 7.7；C 126.3

COSY では，(b)-(g), (c)-(f), (c)-(h), (d)-(e), (f)-(h) のスピン結合があることがわかる．縮合多環式芳香族では同一の環に属するプロトン同士の J のほうが大きくなるから，[2-3], [5-6], [7-8-9] のつながりによる相関と考えられる．この問題ではシグナルの重なりがないので，容易に J が求められる．このうち，(f)-(h) の J_{HH} は 1.8 Hz と小さいので，$^4J_{HH}$ であることがわかる．また，(f)-(c)-(h) の相関は $^3J_{HH}$ でつながっているから，順序は不明であるが [7-8-9] の組であることがわかる．

$^1H-^1H$ COSY（芳香族プロトン）

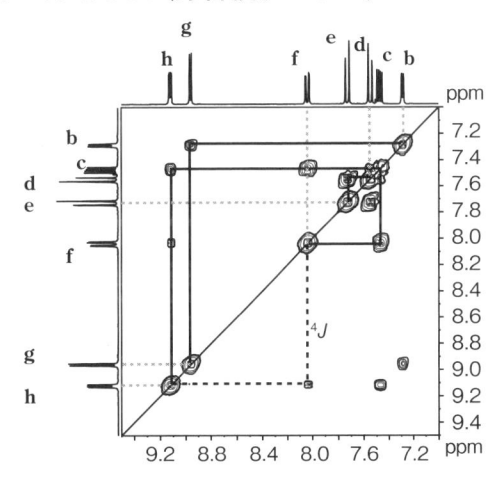

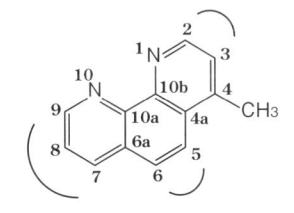

つぎに，COSY でグループ分けした芳香族プロトンの帰属を行う．

HMBC から，(a)-(D, F*, I) の相関があるが，メチン炭素は (D) だけである．よって，メチン炭素 (D) はメチル基と $^3J_{CH}$ をもつ [3] であると考えられる．

[3]：(b)-(D)

また，(b)-(L) の相関から，メチン炭素 (L) は [3] と隣接している [2] が有力であり，COSY の (b)-(g) のプロトン相関からも確認できる．

[2]：(g)-(L)

ここでプロトン (g) が [2] と決まったので，N 原子の隣にあるプロトン (h) は [9] となる．

[9]：(h)-(M)

(f)-(c)-(h) の COSY 相関から，(f) は [7]，(c) は [8] である．ここで J を見ると，(c)-(h) は互いに 4.3 Hz で分裂しており，ヘテロ原子に隣接した芳香族プロトンとの $^3J_{HH}$ であることが確かめられる．

[7]：(f)-(H)，[8]：(c)-(C)

¹H–¹³C HMBC

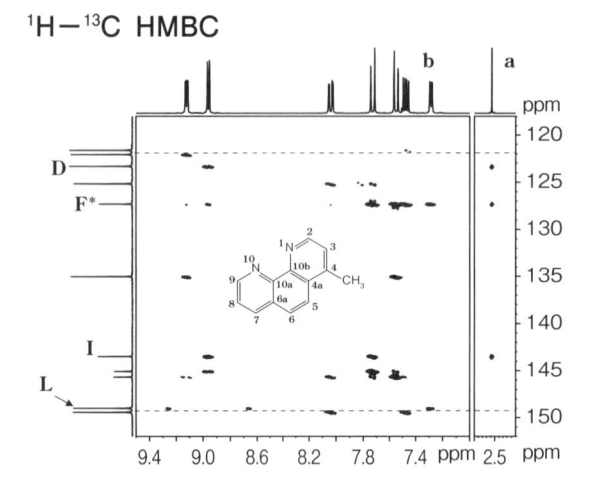

炭素（**K**）はプロトン（**d, f, h**）と HMBC 相関があり，（**f**）の［7］および（**c**）の［9］との $^3J_{CH}$ 相関から［10 a］と考えられる（下図）．

［10 a］：（**K**）

これまでのところで帰属されていないプロトンは（**d**），（**e**）であり，［5］または［6］である．（**d**）は，［10 a］とのジグザグ型の $^3J_{CH}$ 相関から［6］となる．また，（**d**）と $^3J_{HH}$ スピン結合をもつ（**e**）は［5］である．

［5］：（**e**）–（**B**），［6］：（**d**）–（**E**）

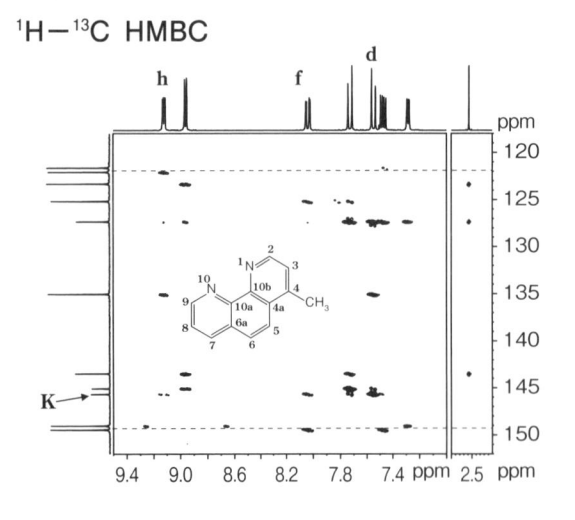

¹H–¹³C HMBC

ところで，［7］の炭素（**H**）は 135 ppm に現れているが，フェナントロリン環の対称の位置にある［4］では，メチル基が直接結合した置換基効果*¹ によって δ が大きくなるはずである．したがって，［4］は（**I**）または（**J**）のどちらかとなる．（**I**）はメチル基（**a**）と HMBC 相関があるので，［4］であると考えられる．

［4］：（**I**）

また，化学シフトから（**K**）と 0.6 ppm しか差がない（**J**）は［10 b］と考えられる．

［10 b］：（**J**）

［4 a］ならびに［6 a］の化学シフト差は 0.02 ppm であり，一般的な HMBC 測定では帰属が困難である*²．

［4 a, 6 a］：（**F***）*³

HMBC の相関

		¹H	9 h	2 g	7 f	5 e	6 d	8 c	3 b	CH₃ a
¹³C	CH₃	A							**3**	1
	5	B					1	※		
	8	C	**2**					1		
	3	D		**2**					1	**3**
	6	E			**3**	**2**		1		
	4a/6a	F*	?	?	?	?	?	?	?	?
	7	H	**3**		1		**3**			
	4	I		**3**		**3**			**3**	**2**
	10 b	J		**3**		**3**	**3**		**3**	
	10 a	K	**3**		**3**		**2**		**3**	
	2	L		1					**2**	
	9	M	1		**3**			**2**		

▭ 第四級炭素　**太字：強い相関**
□ HSQC　細字：弱い相関
▓ HMBC

※ HMBC 相関があるように見えるが，これは $^1J_{CH}$ の消え残りである．

---

*¹ 一般的に sp 炭素以外の sp²，sp³ 炭素が結合すると，δ が大きくなる傾向がある．
*² 一般的な HMBC 測定では炭素側に J が観測される特徴があり，0.02 ppm の差を議論するのは困難である．炭素の分解能を上げるには，特殊な HMBC 測定を用いるか，または HETCOR（¹H–¹³C COSY）を用いる．いずれにしても，高い分解能を得るために相当な測定時間と，高い磁場強度の装置が必要である．
*³ 6 員環芳香族におけるメチル基の置換基効果から考えると，オルト位の炭素は δ が大きくなるので，**F** が **6 a**，**G** が **4 a** であると推定できる．

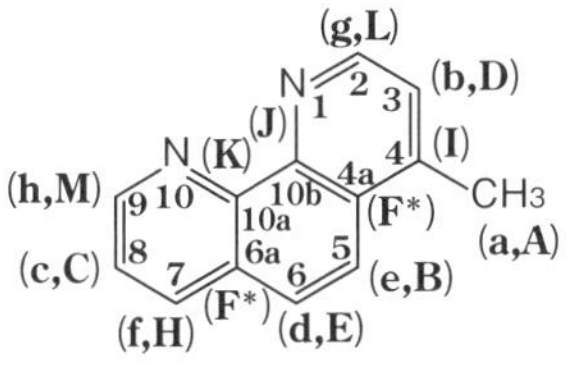

¹H NMR

	δ (ppm)	多重度	J (Hz)	帰属
a	2.57	d(br)	0.4	CH₃
b	7.29	m*	?, 4.5	3
c	7.47	dd	4.3, 8.1	8
d	7.55	d	9.1	6
e	7.73	d	9.1	5
f	8.04	dd	1.8, 8.1	7
g	8.96	d	4.5	2
h	9.12	dd	1.8, 4.3	9

* dに見えるがよく見ると先端が割れている．実際はメチル基との遠隔スピン結合によってdq（ダブルカルテット）になっている．

¹³C NMR

	δ (ppm)	帰属		δ (ppm)	帰属
A	18.27 (CH₃)	CH₃	H	135.05 (CH)	7
B	121.63 (CH)	5	I	143.48 (C)	4
C	122.09 (CH)	8	J	145.07 (C)	10b
D	123.33 (CH)	3	K	145.66 (C)	10a
E	125.18 (CH)	6	L	149.00 (CH)	2
F	127.32 (C)	4a/6a	M	149.43 (CH)	9
G	127.34 (C)	4a/6a			

縮合多環式芳香族は第四級炭素が多いため，NMRスペクトルの帰属が難解な部類の化合物であり，しばしば帰属をあきらめてしまう場合もある．しかしながら，¹³C化学シフトとHMBCによる考察を行えば，決して帰属できないものではない．

演習問題 14

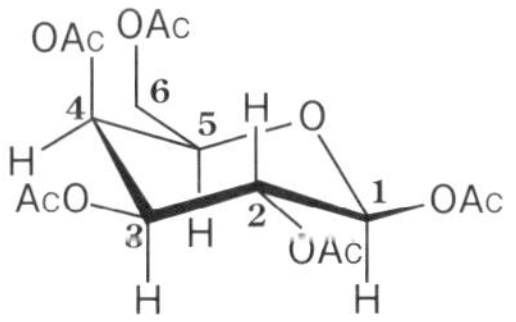

β-D-ガラクトース ペンタアセタート

	δ (ppm)	多重度		δ (ppm)	多重度	J (Hz)
a	2.00	s	g	4.15	m	
b	2.05	s	h	5.12	dd	10.4, 3.4
c	2.05	s	i	5.32	dd	10.4, 8.3
d	2.12	s	j	5.43	d(br)	3.2
e	2.17	s	k	5.73	d	8.3
f	4.13	m				

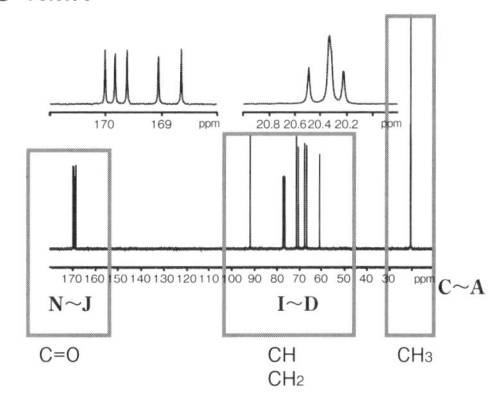

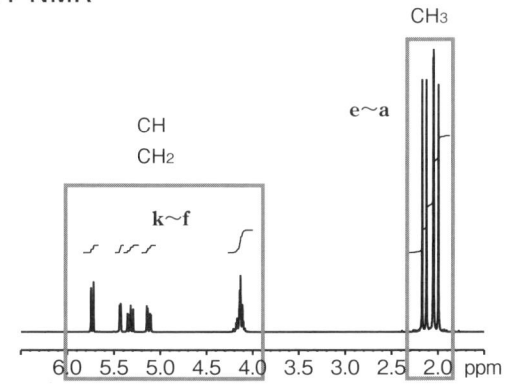

	δ (ppm)		δ (ppm)
A	20.45 (CH₃)	H	71.62 (CH)
B	20.54〜20.57 (CH₃)	I	92.08 (CH)
C	20.73 (CH₃)	J	168.90 (C)
D	60.96 (CH₂)	K	169.30 (C)
E	66.74 (CH)	L	169.88 (C)
F	67.76 (CH)	M	170.04 (C)
G	70.75 (CH)	N	170.26 (C)

β-D-ガラクトースの構造は4位のメチンプロトンだけがエクアトリアルになっていて，他のメチンプロトンがアキシアルになっている．β-D-グルコースではすべてのメチンプロトンがアキシアルであったが（3章参照），β-D-ガラクトースは4位だけ水素とヒドロキシ基が入れ替わった構造をしている．よく似た構造の異性体であっても，NMRスペクトルを測定すると，スピン結合や化学シフトは大きく異なっている．

分子式は$C_{16}H_{22}O_{11}$であるが，^{13}C NMRではシグナルが14本しかない．すべての炭素は非等価であるから，偶然に化学シフトが重なったと考えられる．シグナルの数が足りないのは五つあるはずのメチル炭素であり，スペクトルではシグナルが三つ重なって見えている．このような重なったシグナルを解析するには，HSQCを用いればよい．図では分離能が不十分[*1]で判別しにくいが，炭素(**B**)と3種類のプロトンが重なっていることがわかる．

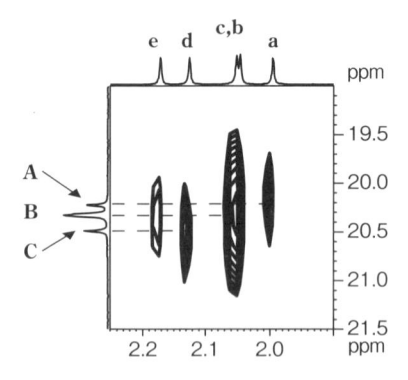

一方，メチンおよびメチレンプロトンでは，積分比から(**g**, **f**)に三つのプロトンが重なっていることがわかる．これらについても，図のようにHSQCで分離することができる．以上，^1H NMR，^{13}C NMR，DEPT，

HSQCから，各シグナルは下記のように分類できる．

[CH₃]: (**a**) – (**A**), (**b**, **c**, **e**) – (**B**), (**d**) – (**C**)
[CH₂]: (**f**) – (**D**)
[CH]: (**g**) – (**H**), (**h**) – (**G**), (**i**) – (**F**), (**j**) – (**E**), (**k**) – (**I**)
[C=O]: (**J**), (**K**), (**L**), (**M**), (**N**)

^1H–^{13}C HSQC

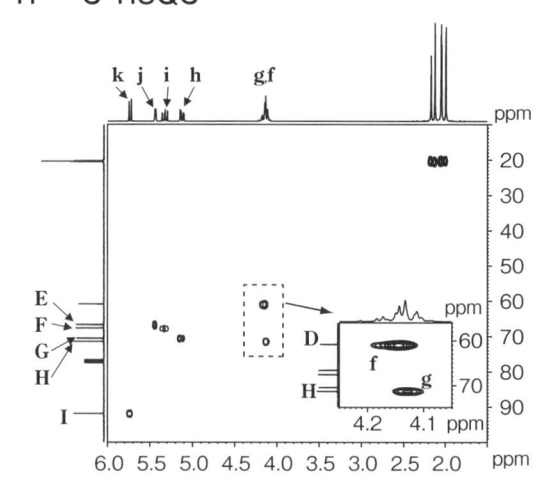

メチン炭素では1位だけ酸素原子が2個結合しており，δが大きくなる．よって，1位炭素は一つだけ離れて観測されている(**I**)(δ 92.08)である．また，HSQCから1位プロトンは最も左側の(**k**)(δ 5.73)である．

隣合うプロトンがアキシアル-アキシアルの関係になっているときは，二面角が180度に近くなり，非常に大きな$^3J_{HH}$をもつ．したがって，COSYでは強いシグナルとして観測される．1位プロトンを基点としてCOSY相関をつなげていけば，他のメチン基も帰属できる．すなわち，2位プロトン:(**i**)(δ 5.32)，3位プロトン:(**h**)(δ 5.12)，4位プロトン:(**j**)(δ 5.43)となる．したがって，(**f**)と(**g**)の3Hは5位，6位のプロトンである．ところが，5位プロトンは4位と相関が途切れている．これはプロトンがアキシアル-エクアトリアルの関係になっていて，結合の二面角が60度に近くなって，$^3J_{HH}$が小さくなっているためである[*2]．なお，6位のメチレンプロトンは隣の5位にキラリティーがあることから，スピン結合が複雑になっている（演習問題2参照）．HSQC

[*1] 問題では不明瞭なスペクトルになっているが，共鳴周波数が300 MHzであっても分解能を上げて測定すれば，**A**〜**C**の炭素は明確に分離することができる．ただし，**B**の炭素を分離するには，高い共鳴周波数が必要である．

[*2] 一般的に，このような$^3J_{HH}$は0〜5 Hzとなる．実際に，3-4位の$^3J_{HH}$は3.4 Hzとなっている．一方，遠隔スピン結合では一つ離れた$^4J_{ax-ax}$や$^4J_{ax-eq}$プロトンではほとんどゼロになるのに対して，$^4J_{eq-eq}$プロトンのJはやや大きく観測される（W形スピン結合）．

から¹H 化学シフトを読み取ることができ，5 位が（**f**）（δ 4.13），6 位が（**g**）（δ 4.15）である*.

¹H–¹H COSY

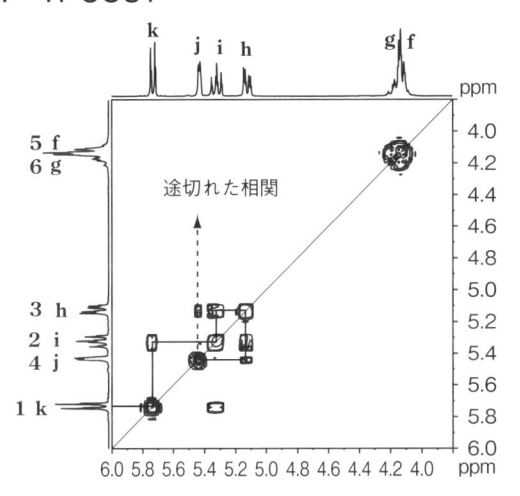

¹H–¹³C HMBC（M-I）

¹H NMR

	δ (ppm)	多重度	J (Hz)	積分比	帰属
f	4.13	m		1	5
g	4.15	m		2	6
h	5.12	dd	10.4, 3.4	1	3
i	5.32	dd	10.4, 8.3	1	2
j	5.43	d(br)	3.2	1	4
k	5.73	d	8.3	1	1

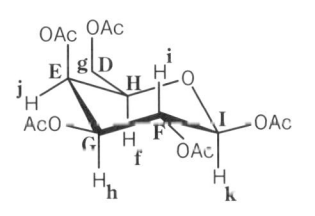

¹³C NMR

	δ (ppm)	帰属
D	60.96	6
E	66.74	4
F	67.76	2
G	70.75	3
H	71.62	5
I	92.08	1

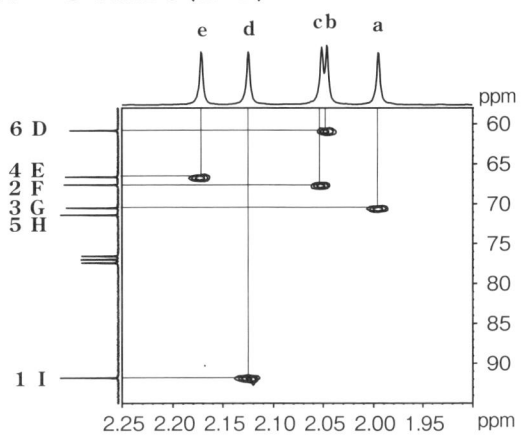

メチル¹³C の帰属は冒頭で述べたように **HSQC** から行うことができ，（**A**）（δ 20.45）の **3-Me** と，（**C**）（δ 20.73）の **1-Me** 以外のシグナルは（**B**）（δ 20.54～20.57）で重なっている．

最後に，メチルプロトンとカルボニル炭素の²J_{CH} が観測されるので，同様に帰属を行う（下図 M-II 参照）．

これで，¹H NMR と ¹³C NMR の帰属がすべてできた．HMBC では 4 枚の拡大図を示したが，すべてに矛盾がないことを各自で確かめていただきたい．

¹H–¹³C HMBC（M-II）

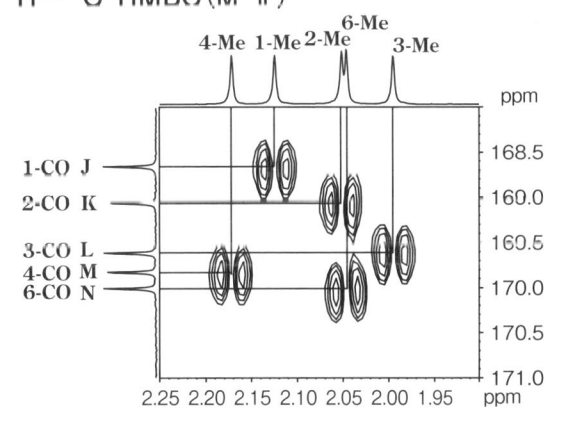

つぎに，アセチル基のメチル基の帰属をする．下記に **HMBC** の拡大図を示した．1～6 位炭素は，結合しているアセチル基のメチル基との⁴J_{CH} が観測される．右側から 3 位に結合するアセチル基のメチルであり，続いて 6 位，2 位，1 位および 4 位となる．

一方，1 位，3 位，5 位の立体配座については，**NOESY** により決定することが可能である．図では 1,3-ジアキシアルの関係から NOE 相関がきわめて明瞭に観測されている．

---

* 6 位のプロトンの化学シフトは，化学シフト差がほとんどないので分離できていない．グルコースでは大きな化学シフト差があるが，ガラクトースではきわめて小さくなる．

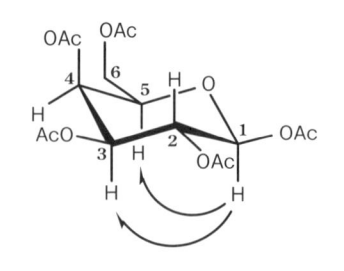

帰属をまとめると，下記のようになる．帰属ができないのは，^{13}C 化学シフトで区別できない **B**(**2-Me**, **4-Me**, **6-Me**) の三つである．

^1H NMR

	δ (ppm)	多重度	帰属		δ (ppm)	多重度	J (Hz)	帰属
a	2.00	s	3-Me	g	4.15	m		6
b	2.05	s	6-Me	h	5.12	dd	10.4, 3.4	3
c	2.05	s	2-Me	i	5.32	dd	10.4, 8.3	2
d	2.12	s	1-Me	j	5.43	d(br)	3.2	4
e	2.17	s	4-Me	k	5.73	d	8.3	1
f	4.13	m	5					

^{13}C NMR

	δ (ppm)	帰属		δ (ppm)	帰属
A	20.45 (CH₃)	3-Me	H	71.62 (CH)	5
B	20.54〜20.57 (CH₃)	2-Me	I	92.08 (CH)	1
		4-Me	J	168.90 (C)	1-CO
		6-Me	K	169.30 (C)	2-CO
C	20.73 (CH₃)	1-Me	L	169.88 (C)	3-CO
D	60.96 (CH₂)	6	M	170.04 (C)	4-CO
E	66.74 (CH)	4	N	170.26 (C)	6-CO
F	67.76 (CH)	2			
G	70.75 (CH)	3			

演習問題 15

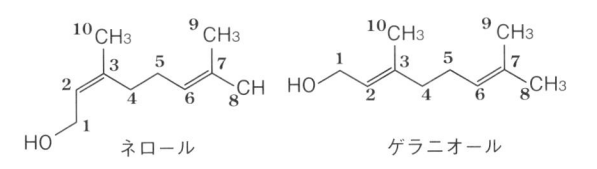

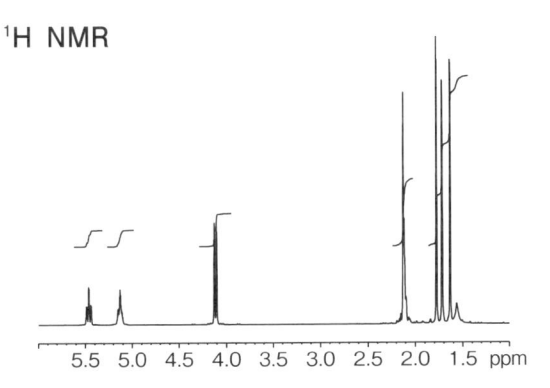

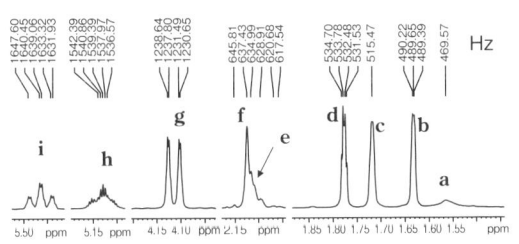

ネロール / ゲラニオール

¹H NMR

	δ (ppm)	積分		δ (ppm)	積分
a	1.56	1	f	2.12	2
b	1.63	3	g	4.11	2
c	1.72	3	h	5.13	1
d	1.78	3	i	5.16	1
e	2.11	2			

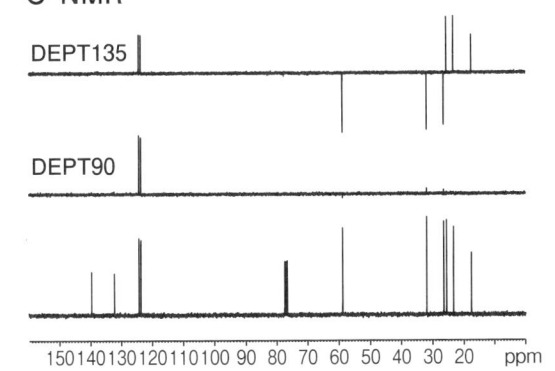

¹³C NMR

	δ (ppm)		δ (ppm)
A	17.55	F	58.85
B	23.32	G	123.77
C	25.56	H	124.42
D	26.47	I	132.29
E	31.90	J	139.70

ネロールとゲラニオールは構造異性体であるから，NMR スペクトルも異なっている．しかしながら共通する部分も多いため，同定には可能な限りスペクトルの帰属を行うとよい．特に異性体の解析は手抜きすると間違った結論に行き着く可能性が高く，帰属を先に行うのは遠回りのように見えて最短になることが多い．

化学シフトおよび HSQC により，一部のシグナルは下記のように分類できる．

OH：(a)
[**1**] (–CH$_2$OH)：(g)–(F)
[**4**], [**5**] (–CH$_2$–)：(e)–(D), (f)–(E)
[**2**], [**6**] (–CH=)：(h)–(G), (i)–(H)
[**8**], [**9**], [**10**] (CH$_3$–)：(b)–(A), (c)–(C), (d)–(B)
[**3**], [**7**] (>C<)：(I), (J)

以上より，OH とそれに隣接するメチレン [**1**] が帰属できた．

COSY では (g)–(i) の強い相関があるが，(g) が左端のメチレン [**1**] なので，(i) はその隣の [**2**] である．また，メチルプロトン (d) は (g) および (i) と相関があり，メチル基 [**10**] との $^5J_{HH}$ [**10-1**] および $^4J_{HH}$ [**10-2**] であることがわかる．同様に，オレフィンプロトン (h) はメチルプロトン (b) および (c) と相関があり，それぞれ [**6**] との $^4J_{HH}$ [**6-8**], [**6-9**] によるものである．

(–CH=) [**2**]：(i)–(H), [**6**]：(h)–(G)
(CH$_3$–) [**8**], [**9**]：(b)–(A), (c)–(C), [**10**]：(d)–(B)

¹H—¹H COSY

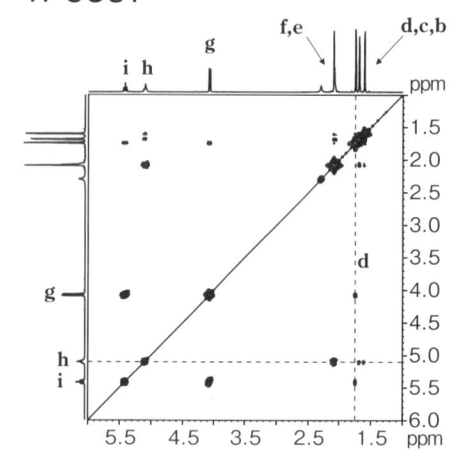

つぎに，第四級炭素（I）または（J）の帰属を行う．HMBC では（I）から見ると，メチルプロトン（b）および（c）と相関がある．よって，（I）は [7] であることがわかる．また，（J）はプロトン（f）および（d）と相関があり，明らかに [3] であることがわかる．

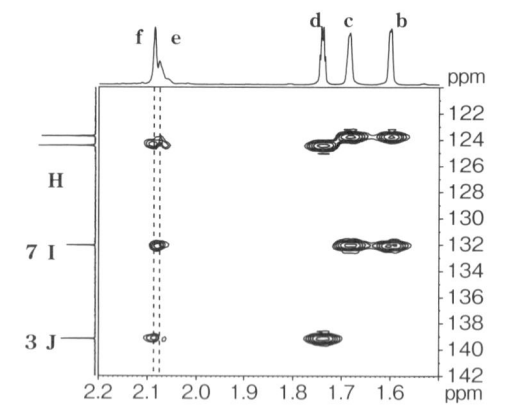

¹H—¹³C HMBC（M-II）

第四級炭素 [3]：（J），第四級炭素 [7]：（I）

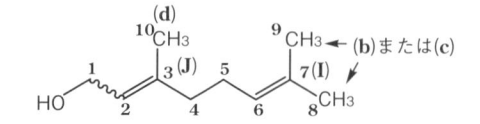

メチレン [4] または [5] は，シグナルが重なっているので COSY では全く区別することができない．しかしながら，HSQC や HMBC ではプロトンの分解能が高いので両者が区別できるようになっている．また，メチレン [4] または [5] は十分に炭素の化学シフトが離れているので，炭素から解析を行ったほうが容易である．

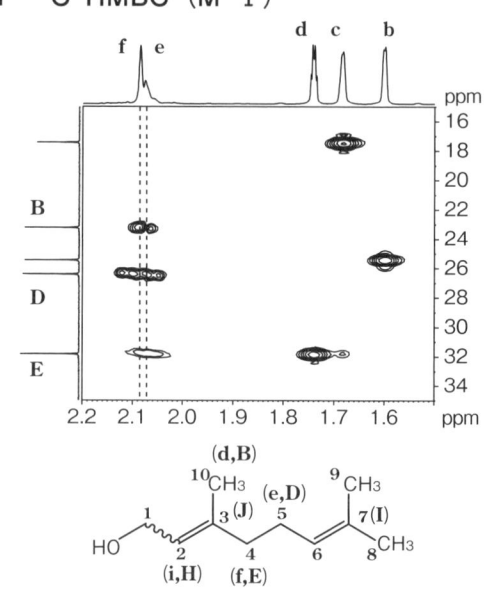

¹H—¹³C HMBC（M-I）

HMBC ではシグナル右側のプロトン（e）は，炭素（E）および（I）と相関がある．したがって，[7] と $^3J_{CH}$ がある [5] であることがわかる．また，左側のプロトン（f）は炭素（B），（D），（H），（J）と相関があり，[10, 5, 2, 3] の近くにある [4] とわかる．

メチレン [4]：（f）-（E），メチレン [5]：（e）-（D）

続いて，オレフィンのシス-トランス異性体によるスペクトルの違いを解析する．立体配置の違いはスピン結合や化学シフト，核オーバーハウザー効果（NOE）に影響を与える．まず，化学シフトについて解説する．σ 結合では，π 結合より弱いながらも結合軸に沿って非遮蔽領域がある．そのため，オレフィンの場合はアルキル基とトランス配置で結合しているプロトンや炭素は，δ が大きくなる（γ 効果）．

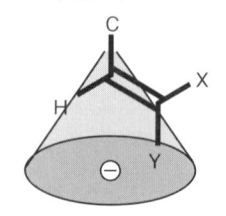

X, Y が同じ置換基の場合
δ (ppm): Y > X

たとえば，[5] - [6] の σ 結合によって，[8] の炭素は [9] よりも左側に観測される．すなわち，[8] が δ 25.56，[9] が δ 17.55 となり，似たような構造でありながら実に 8 ppm もシフトしている．一方，プロトンについては，遮蔽領域から離れるので顕著な違いにはならな

い.

メチル[8]:(c)−(C),メチル[9]:(b)−(A)

同様に,[10]の炭素はδ23.22であり,Z型([10]のメチル基に対して[1]−[2]のσ結合がトランス)のためδが大きくなったと考えられる.したがって,この化合物はネロールであると考えられる[*1].

（構造式：ネロール、各炭素/水素の帰属 10 CH3(d,B), 9 CH3(b,A), 3(J), 5(e,D), 7(I), 2(i,H), 4(f,E), 6(h,G), 8(c,C), 1(g,F), HO(a)）

一方,NOEからも構造を確かめることができる.NOEを観測するための手法はいくつか存在するが,ネロールのようなシグナルが混み合っている低分子量の試料では,phase-sensitive NOESY（位相検波 NOESY）やGOESYを測定することが有効である.下記の点に注意して,解析する必要がある.

- スピン結合が存在すると,信号が分散型の位相（正負に分かれた位相で観測されることがある（NOESYのN-1部分の拡大図参照）.このような相関信号は,COSY相関と重なるところに対応するので,スペクトルを比較すれば容易に区別できる[*2].
- 鎖状構造の場合,環状構造と比べて配座の回転障壁が小さいため一つに構造が定まらないことが多く,すべての配座の可能性を考えておく必要がある.一般的なアルキル基では,ゴーシュ形とトランス形を考え,いずれもNOEが観測されない距離にある核同士はNOEが出ないはずだと考えることができる[*3].

NOEの解析の難しさは,このようなスピン結合の存在と配座の不確実さにあり,「シグナルの帰属」という足場をきっちり固めておかないと思わぬ間違いをすることになる.

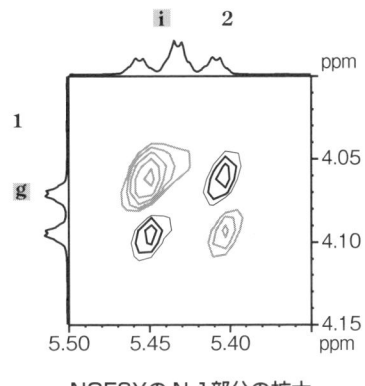

NOESYのN-1部分の拡大

以上の説明を考慮したうえで,解析をまとめると以下のようになる.

- [1]である(f)とNOE([4]とのNOE)がある.ゲラニオールでは,[1]−[2]結合の二面角が変わってもトランス側に位置している[4]とNOEは出ないから,ネロールであることがわかる.
- [6]である(h)は,(c)とNOEがあり,(c)は[8]である.(e)または(f)との相関はスピン結合である.これらは異性体の区別に関係ないが,メチル基の帰属ができる.
- [2]である(i)は,[10]である(d)とNOEがある[*4].

以上のことから,明らかにネロールであることがわかる.

（構造式：ネロール、10 CH3(d), 9 CH3(e), 3, 5(e), 7, 2(i), 4(f), 6(h), 8(c), 1(g), HO）

[*1] ゲラニオールの場合はδ16.13となり,δが小さくなる.また,[4]の炭素はネロールがδ31.90,ゲラニオールがδ39.45となり,[1]と[4]がシスの関係になるネロールのδが小さい.
[*2] たとえば,オレフィンプロトンではシス形とトランス形でプロトン間の距離が大きく異なるので,NOEを使いたいと思うかもしれない.しかし,スピン結合があるのでNOEでは区別が難しい.
[*3] 配座のどちらか一方でNOEが観測される距離にあると,その核間はNOEで観測される強度が小さくなるので,あるともないともいえず解析が難しい.
[*4] (i)と(d)はCOSYからスピン結合があるので,本来はNOEの解析に用いてはいけない.しかし,スピン結合定数が小さいのに対してきわめて強いNOEがあることから,NOEが優先的に見えている.ネロールのプロトン[2]とメチル基[10]はシス形で向かい合っているので,非常に強いNOEが観測される.

NOESY

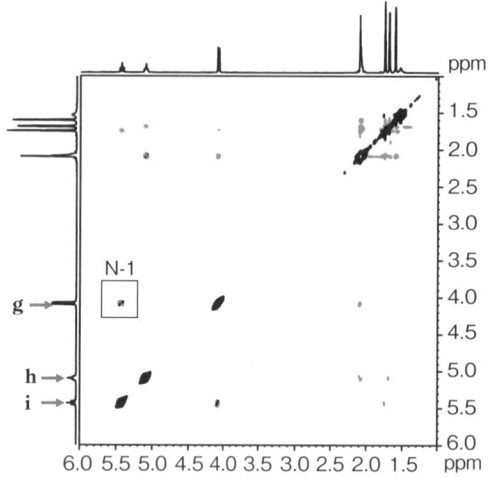

GOESY

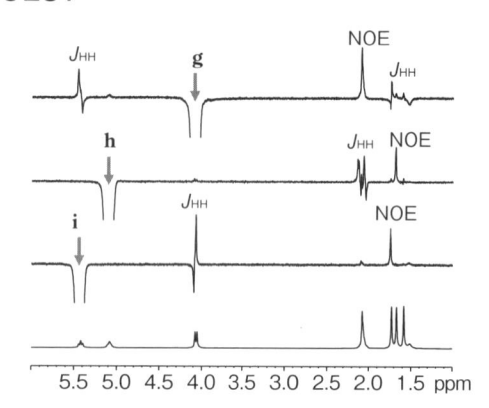

以上, シス-トランス異性体はさまざまな視点から解析が可能であるので, よく情報を整理して取組むことが重要である.

¹H NMR の帰属

	δ (ppm)	多重度	J (Hz)	積分比	帰属
a	1.56	s(br)		1	OH
b	1.63	d	1	3	9
c	1.72	d	0.9	3	8
d	1.78	dd	1.0, 2.3	3	10
e	2.11	m		2	5
f	2.12	m		2	4
g	4.11	dd	0.9, 7.1	2	1
h	5.13	m		1	6
i	5.46	ddt	0.5, 1.4, 7.1	1	2

¹³C NMR の帰属

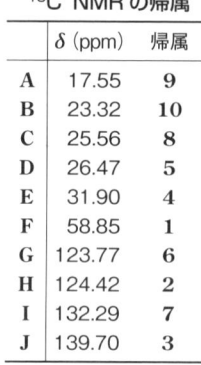

	δ (ppm)	帰属
A	17.55	9
B	23.32	10
C	25.56	8
D	26.47	5
E	31.90	4
F	58.85	1
G	123.77	6
H	124.42	2
I	132.29	7
J	139.70	3

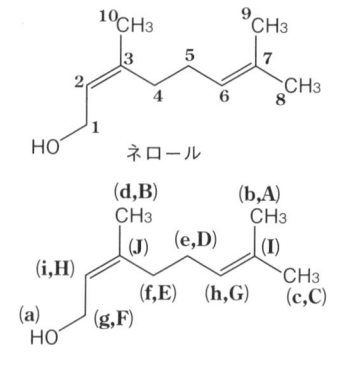

ネロール

最後に, スピン結合による違いを見てみよう. スピン結合はシス-トランス異性体で異なる J をもつから, シグナルの分裂パターンも少し異なる. 以下にゲラニオールのスペクトルを載せたが, 二重結合に近接するシグナルが影響を受け, シグナルの形が若干変わっているのがわかる. 詳細な解析は容易でないが, 知っておくと解析の手助けとなる.

ネロール

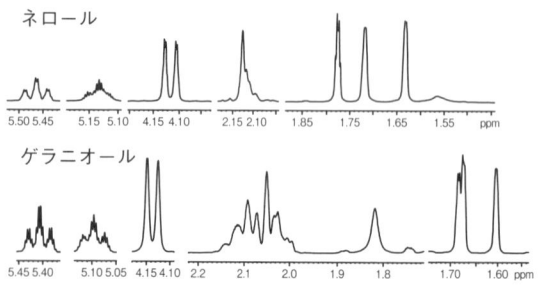

ゲラニオール

$^nJ_{CH}$ の解析 (数字は n)

		¹H	2 i	6 h	1 g	4 f	5 e	10 d	8 c	9 b	OH a
¹³C	9	A		4					3	1	
	10	B	3			3		1			
	8	C		4					1	3	
	5	D		2		2	1				
	4	E	3			1	2	3			
	1	F	2		1						
	6	G		1		1			3	3	
	2	H	1		2	3		3			
	7	I					3		2	2	
	3	J			3	2		2			

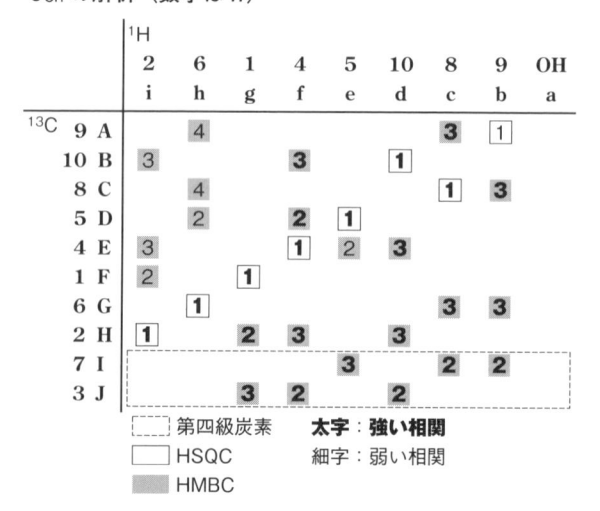

第四級炭素   **太字: 強い相関**
HSQC   細字: 弱い相関
HMBC

索　　引

APCI　7
APPI　7
ATR法　23, 24

C_{120} フラーレン
　――の同位体パターン　5
$CDCl_3$　41
$^{13}C-^1H$ スピン結合　71
CI　6, 15
^{13}C NMR　43, 62, 68, 69, 70, 71
^{13}C NMR スペクトル
　β-グルコース ペンタアセタート
　　　　　　　　の――　44
COSY　45, 63, 72, 73, 74
CPD　43

DEPT　44, 63, 70
δ 値　32
Δν/J　39, 41

EI　3, 6, 8, 65
ESI　7

FAB　7
FID　31, 43, 45
FT-ICR　67
FT IR　23
FWHM　66

GARP　48
GC　4, 68
GOESY　130

$^1H-^{13}C$ スピン結合　74
$^1H-^{13}C$ HMBC　63, 75
$^1H-^{13}C$ HSQC　62
$^1H-^1H$ スピン結合　71, 73, 74
$^1H-^1H$ COSY　73
$^1H-^1H$ COSY スペクトル
　β-グルコース ペンタアセタート
　　　　　　　　の――　45
HMBC　48, 63, 74, 75, 76
HMBC スペクトル
　β-グルコース ペンタアセタート
　　　　　　　　の――　49
HMQC　48
HMQC スペクトル
　β-グルコース ペンタアセタート
　　　　　　　　の――　48
^1H NMR　41, 42, 62, 68, 69, 70, 71
^1H NMR スペクトル
　アセトフェノンの――　39
　β-グルコース ペンタアセタート
　　　　　　　　の――　42
　酢酸エチルの――　36
HOHAHA　46
HSQC　48, 63, 70, 71, 72, 74, 75
Hz　37, 41, 64

I 効果　34
IR　62, 68, 69, 70
IR スペクトル　19
　o-アニシジンの――　20
　ヌジョールの――　24
IRR　43

J 値　37, 41

Karplus の式　41
KBr 錠剤法　24
KRS-5　23

LC　4, 68

MALDI　7
MS　3, 62, 65, 68, 69
m/z　3, 5, 66

n+1 則　38, 39, 40
NaCl　23
NMR　29, 62, 68
　――による構造解析　70
NMR スペクトル
　――の解析　63
NMR の基本方程式　32
NOE　43, 44, 47, 76
NOE 相関　47
NOESY　47, 63
NOESY スペクトル
　β-グルコース ペンタアセタート
　　　　　　　　の――　47

R 効果　34
ROESY　47

SEL　43
σ 結合
　――の異方性　35, 36

TMS　32, 43
TOCSY　46, 63
TOCSY スペクトル
　β-グルコース ペンタアセタート
　　　　　　　　の――　46

あ　行

アキシアルプロトン　35, 36
アシリウムイオン　10, 11
アセチルカチオン　10
アセチル基　36, 42, 46, 48, 69, 74, 75
アセチルフラン　70, 71, 74
アセチレン　21
アセトニトリル-d_3　42
アセトフェノン
　――の^1H NMR スペクトル　39
　――のスピン系　40
o-アニシジン
　――の IR スペクトル　20
アニスアルデヒド　98
アミド化合物　21
　――のマススペクトル　18
アミン　21
アリル開裂　11
アルカリハロゲン化物　23
アルカン　36, 74
アルキル　21, 33, 36, 40, 41, 62, 63, 70
アルキル鎖長　12
アルキン　21, 69
アルケン　22, 33, 69
アルコール　21
アルデヒド　21
　――の水素脱離　10
α-開裂　9, 68, 69
α-イオノン　115
イオン化エネルギー　10, 11
イオン化部　4
イオン化法　6
異種核直接相関　48
異種核ロングレンジ相関　48
いす形配座　74
異性体
　――の解析　71
位相検波 NOESY　47
イソプロピル基　53
一次元^1H スペクトル　63
一次元 NMR スペクトル　41
一次元^{13}C スペクトル　63
1 次のスピン結合　38
一重線　44, 49
一置換ベンゼン
　――のスピン系　40
異方性効果　33, 34

索引

液体クロマトグラフ　4
液膜法　23
エクアトリアルプロトン　35, 36, 74
エステル　21, 22
エチル　36, 40
エチルエーテル
　　――のスピン系　40
エーテル　21
エレクトロスプレーイオン化法　7
遠隔スピン結合　48

オニウム反応　14
オキソニウムイオン　14
オルト配置　39, 40
オレフィン　13, 21, 74

か 行

回転座標系 NOE　47
化学イオン化法　6
化学シフト　32, 36, 38, 43, 45, 46, 62, 63, 71, 72
　　^{1}H の――　33
　　^{13}C の――　33
化学シフト異方性　34
化学シフト差　39, 41
核オーバーハウザー効果　43, 47
核磁気共鳴分光法　29
核磁気モーメント　30
核スピン　30
ガスクロマトグラフ　4
カップリング定数　37
過渡的 NOE　47
β-D-ガラクトース ペンタアセタート　123
カルテット　38
カルボキシ基　12, 22, 68
カルボニル基　12, 20, 36, 44, 62, 63, 68, 69, 72
カルボン酸　21, 22, 36
カルボン酸ハロゲン化物　22
換算質量　19
環状構造　10, 22, 67
環電流効果　35, 69
官能基　19, 20, 21, 33, 63, 70, 72
　　――の決定　62, 68
D-カンファー　110

帰属　42, 61
既知試料　61, 62
基本方程式
　　NMR の――　32
逆対称伸縮　20
逆ディールス-アルダー反応　13
共鳴　29
共鳴効果　8, 33, 34
共鳴周波数　30, 32, 41, 43
共役構造　22
均一開裂　6, 9

β-グルコース ペンタアセタート
　　――の^{13}C NMR スペクトル　44
　　――の^{1}H-^{1}H COSY スペクトル　45
　　――の HMBC スペクトル　49
　　――の^{1}H NMR スペクトル　42
　　――の HMQC スペクトル　48
　　――の NOESY スペクトル　47
　　――の TOCSY スペクトル　46
クロスピーク　45, 46, 47, 48
クロロホルム-d　42

計算精密質量　64, 66
ケトン　21, 22, 68
ケミカルシフト　32
ゲラニオール　127
検出部　4
元素分析　62, 65

5 員環　73, 76
交換反応　37
交差緩和　43, 47
交差ピーク　45
高次のスピン結合　39
高磁場　32
高周波数　32
構造解析　61
　　NMR による――　70
高速原子衝撃イオン化法　7
高分解能マススペクトル　65, 67, 68
高分解能マススペクトロメトリー　66
コヒーレンス移動　45
混合時間　46, 47

さ 行

差 NOE　43
酢酸エチル
　　^{1}H NMR スペクトルの――　36
　　シグナル分裂の――　37
　　マススペクトルの――　17
三重結合　22, 35, 67, 69
三重線　38
酸無水物　21
残留プロトン　42

シアノ基　12, 20, 62, 68
ジイソプロピルアミン　53
　　――のマススペクトル　17
ジェミナルカップリング　37, 46
ジエン　13
磁化ベクトル　31
磁気異方性効果　34
磁気回転比　30, 43
磁気スピン　29
磁気的等価　40
磁気的非等価　40
磁気モーメント　29, 30
磁気量子数　30
シグナル　36

シグナル数　62
シグナル分裂　38, 71
　　酢酸エチルの――　37
シクロアルカン　74
シクロブタン　14
シクロプロピル　33
シクロヘキサン　74
シクロヘキセン　13
四重線　38
シス形　74
磁性核　29
質量　4, 5, 66
質量確度　64, 66, 67, 68
質量分解能　66
質量分析装置　4
質量分析法　3, 65
磁場強度　30, 41
磁場勾配パルス　49
脂肪族アルカン　73
脂肪族アルコール　21
脂肪族ケトン　69
指紋領域　21
遮蔽　32, 35
遮蔽定数　32, 35
重原子効果　34
重水素化溶媒　41, 42
重水素交換　69
周波数　29, 30, 31, 32, 41, 45
自由誘導減衰　31
試料調製法　22
試料導入部　4
シングレット　38
信号強度　3, 31, 45, 45
伸縮振動　20, 21, 22, 23, 68, 69
振動数　19

水素結合　21, 24, 69
水素脱離
　　アルデヒドの――　10
水素転位　12, 13
スティーブンソン則　10, 11
スピン　29
スピン結合（スピン-スピン結合）　37, 40, 41, 45, 62, 63, 72
スピンカップリング　37
スピン結合相関　45, 76
スピン結合定数　37, 39, 71, 73
　　プロペンの――　74
スピン量子数　30, 41, 76
スライススペクトル　46, 47

整数質量　3, 66
精密質量　3, 5, 15, 64, 66
赤外線　19, 23
赤外分光器　23
赤外分光法　19
積分　36, 37, 62, 63, 68, 70
ゼーマン分裂　30
セルホルダー　23
遷移元素　4
全スピン結合相関　46

索　引

相関　45
相対質量確度　66
測定精密質量　66
ソフトイオン化法　3, 7, 15, 69
ソフトパルス　31

た　行

対角ピーク　45
大気圧イオン化法　7
大気圧光イオン化法　7
対称伸縮　20
第四級炭素　49, 74, 76
多重線　38
脱水　14
縦緩和　31
縦磁化　31
ダブルダブレット　38, 39, 72
ダブレット　38
多量体　21
タンパク質　7, 29, 41, 76

力の定数　19
窒素ルール　5, 6, 9, 13

低磁場　32
低周波数　32
定常状態 NOE　43
低分解能マススペクトル　65
デカップル　43, 44
テトラメチルシラン　32
転位反応　6, 12
展開時間　45, 48, 49
電荷数　5
電気陰性度　8, 34
電子イオン化法　6
電子求引基　22
電磁波　19, 29
電子密度　34
天然同位体存在度　4, 30, 67

同位体パターン　4, 5, 16, 67
同位体ピーク　5
統一原子質量単位　5, 66
透過法　23
透過率　19, 20
同定　29, 61
特性吸収帯　20, 21, 62
トランス形　74
取込み時間　31, 43
トリプレット　38
トロピリウムイオン　11

な　行

二次元 NMR　38, 45, 63, 71
二重結合　12, 22, 35, 67, 69, 73
二重収束型 MS　67
二重線　38

二面角　41, 72
二量体　22

ヌジョール
　──の IR スペクトル　24
ヌジョール法　23

ねじれ振動　20
熱反応　6
　──による開裂　15
ネロール　127

ノミナル質量　66

は　行

はさみ振動　20
波数　19, 20
パスカルの三角形　38, 41
ハードパルス　31
パラ配置　39, 40
パルス　29, 31
パルスシークエンス　31, 43, 45, 74, 75
反射法　23

ピーク　36, 66
ビシナルカップリング　37, 41, 46
非遮蔽　35
一重線　38
ヒドロキシ基　14, 24, 24, 34, 62, 63, 68, 69

フェニル基　39, 69
フェノール　21
不均一開裂　6, 14
ブタナール　16
1-ブタノール
　──のマススペクトル　17
2-ブタノン
　──のマススペクトル　3, 10
ブタンニトリル　56
不飽和結合　21
不飽和度　67, 68, 69
フラグメンテーション　4, 8, 9, 69
フラグメントイオン　62, 65, 67, 68
フラグメントイオンピーク　3
フラン　70, 73, 75, 76
フーリエ変換　23, 31, 45
フーリエ変換イオンサイクロトロン
　　　　　　　　　　　　共鳴　67
プロトンデカップル　43
プロパノイルカチオン　11
プロペン
　──のスピン結合定数　74
1-ブロモ-5-ヘキセン
　──のマススペクトル　17
分解能　66
分子イオン　62, 65
分子イオンピーク　3
分子間水素結合　24, 69

分子構造
　──の決定　62
　──の推定　36, 61
分子式　3
　──の決定　62, 65
分子内水素結合　21, 24, 69
分子量　3
分析部　4

ヘキサクロロブタジエン　24
ヘテロ原子　8, 9, 10, 12, 14, 67
ヘテロリシス　6, 14
変角振動　20, 22, 23
ベンジル開裂　11
ベンジル基　69
ベンゼン環　20, 21, 34, 35, 67
1-ペンチン
　──のマススペクトル　17

芳香族　11, 22, 33, 35, 62, 63, 68, 69, 72, 73, 74, 76
芳香族ケトン　22, 69
飽和結合　21
飽和脂肪族ケトン　22
ホモリシス　6, 9
ボルツマン分布　19, 29
ホルミル基　21

ま　行

マクラファティー転位　12, 13, 14
マススペクトル　3, 65
　アミド化合物の──　18
　酢酸エナルの──　17
　ジイソプロピルアミンの──　17
　1-ブタノールの──　17
　2-ブタノンの──　3, 10
　1-ブロモ-5-ヘキセンの──　17
　1-ペンチンの──　17
　酪酸の──　17
待ち時間　31, 48, 74, 75
末端アルキン　22
マトリックス　7
マトリックス支援レーザー脱離
　　　　　　　　　　イオン化法　7
マルチプレット　38, 71
未知試料　61, 62, 65

メタ配置　39, 40
メチル　36, 40, 42, 44, 48, 49, 69, 70, 72
N-メチルアセトアミド　27
4-メチル-1,10-フェナントロリン　120
メチルプロトン　75
メチルラジカル　12
メチレン　36, 40, 44, 45, 46, 48, 49, 70, 72
メチン　44, 45, 46, 48, 49

モノアイソトピックイオン　5, 16

モノアイソトピック質量　66

や　行

誘起効果　33, 34
ゆれ振動　20, 23

溶液法　23, 24
溶　媒
　　NMR の——　41

横緩和　31
横磁化　31
4 員環　14, 22

ら　行

酪　酸
　　——のマススペクトル　17

ラジカル開裂　6, 9
ラジカルカチオン　8
ラベル付け　63, 71, 72
ラマン分光法　22
立体構造　33, 35, 63, 76
リレーシフト相関　46
6 員環　12, 14, 22, 35, 73, 74, 76
ローパス J フィルター　48

横山　泰
1953年 横浜市に生まれる
1980年 東京大学大学院理学系研究科
　　　　　　　　　　　博士課程 修了
横浜国立大学名誉教授
専攻 有機光化学，有機材料化学
理 学 博 士

廣田　洋
1948年 大連市に生まれる
1975年 東京大学大学院理学系研究科
　　　　　　　　　　　博士課程 修了
元理化学研究所研究員
専攻 天然物科学
理 学 博 士

石原 晋次
1977年 千葉県に生まれる
2002年 埼玉大学大学院理工学研究科
　　　　　　　　　　　修士課程 修了
現 横浜国立大学機器分析評価センター 勤務
専攻 有機化学，分析化学
工 学 修 士

第1版 第1刷　2010年3月15日 発行
　　　　第3刷　2022年2月7日 発行

演習で学ぶ
有機化合物のスペクトル解析

Ⓒ 2 0 1 0

著　者	横　山　　泰
	廣　田　　洋
	石　原　晋　次

発行者　住　田　六　連

発　行　株式会社 東京化学同人
東京都文京区千石3-36-7(〒112-0011)
電話 03-3946-5311・FAX 03-3946-5317
URL: http://www.tkd-pbl.com/

印　刷　大日本印刷株式会社
製　本　株式会社 松岳社

ISBN978-4-8079-0725-0
Printed in Japan

無断転載および複製物（コピー，電子データなど）の無断配布，配信を禁じます。

有機スペクトル解析入門

横山 泰・石原晋次・生方 俊・川村 出 著
B5判　2色刷　194ページ　定価3080円(本体2800円＋税)

有機化合物のスペクトル解析の基礎的事項とその実際(演習)をバランスよく組合わせた新しい入門教科書．原理やスペクトルの読み方を具体例をあげて丁寧に解説している．確認のための練習問題，応用力を養うための演習問題付．

有機化合物のスペクトルによる同定法
MS, IR, NMRの併用（第8版）

R. M. Silverstein・F. X. Webster・D. J. Kiemle・D. L. Bryce 著
岩澤伸治・豊田真司・村田 滋 訳
B5変　456ページ　定価5060円(本体4600円＋税)

世界的に高い評価を確立したロングセラーの教科書の最新改訂版．最近の10年の進展に合わせて大幅な見直しが行われた．構造決定に際して有用な新しい知識が随所に盛り込まれ，用語や内容も更新された．

有機化合物のスペクトルによる同定法
演習編（第8版）

岩澤伸治・豊田真司・村田 滋 著
B5変　168ページ　定価3410円(本体3100円＋税)

上記の改訂(第8版)に対応して，この演習編も全面的に改訂された．訳書の各章末に掲げられた全問題と演習問題のすべての解き方と答を示す．

2022年2月現在(10％税込)